RAISING A SENSORY
SMART CHILD

我的孩子
感统失调吗？

★ 儿童感觉统合能力早期训练指南 ★

[美]林赛·比尔　[美]南希·佩斯克◎著

刘玉娟◎译　丁　洁◎主审

升级版
★★★

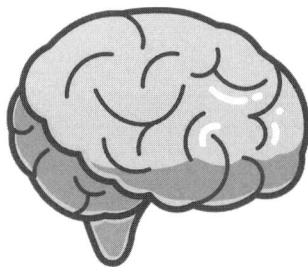

北京科学技术出版社

著作权合同登记号 图字：01-2024-0350

图书在版编目（CIP）数据

我的孩子感统失调吗？：儿童感觉统合能力早期训
练指南：升级版 /（美）林赛·比尔,（美）南希·佩斯
克著；刘玉娟译 . -- 北京：北京科学技术出版社，
2024.2
书名原文：Raising a Sensory Smart Child
ISBN 978-7-5714-3383-3

Ⅰ . ①我… Ⅱ . ①林… ②南… ③刘… Ⅲ . ①儿童—
感觉统合失调—训练—指南 Ⅳ . ① B844.12-62

中国国家版本馆 CIP 数据核字（2023）第 219531 号

策划编辑：潘海坤　路　杨
责任编辑：路　杨
责任校对：赵艳宏
图文制作：艺琳设计工作室
责任印制：吕　越
出　版　人：曾庆宇
出版发行：北京科学技术出版社
社　　　址：北京西直门南大街 16 号
邮政编码：100035
电　　　话：0086-10-66135495（总编室）　0086-10-66113227（发行部）
网　　　址：www.bkydw.cn
印　　　刷：河北鑫兆源印刷有限公司
开　　　本：710 mm×1000 mm　1/16
字　　　数：318 千字
印　　　张：18.5
版　　　次：2024 年 2 月第 1 版
印　　　次：2024 年 2 月第 1 次印刷
ISBN 978-7-5714-3383-3

定　价：98.00 元

专家推荐语

"这是一本专业性和趣味性并存的讲述感觉统合知识的指导读物，也是目前市场少有的对普通儿童和感觉异常儿童都有益处的书籍！它不难，深入浅出地将最基本的问题和解决方案展示给家长；它也不简单，将专业知识娓娓道来，需要读者静下心来好好阅读。我们会发现，原来儿童生活和成长的方方面面都涉及感觉统合。感觉统合训练也不是上一节体适能课或者进行一次简单的触觉刷按摩或感觉刺激那么简单，它贯穿儿童成长的各个阶段。希望家长朋友能从这本即有科学实证实操性又强的书中大大获益。"

——丁　洁

作业治疗师、供职于三甲医院儿童心理科

"作为注册行为分析师（BCBA），感统并不是我的专业领域，但不妨碍我喜欢这本书，因为我在工作中也遇到过不少有明显感觉处理问题的孩子。他们有的完全不能容忍一点点令自己不愉快的气味，如浓烈的香水味等；有的无法克制地寻求一些触觉刺激，如在手上涂抹颜料或其他黏性物质。这些感知觉不寻常的回避和寻求，某种程度上已经影响到了他们的生活，但是用一般的行为干预方法好像又很难真正解决问题。在美国，有这样问题的孩子往往会寻找作业治疗师的介入。这本书是美国一名从业三十多年的资深作业治疗师联合一位有感统问题的孩子的家长撰写的，通俗易懂地介绍了什么是感觉统合、感统失调的表现、如何评估感统失调、有哪些可以操作的针对性策略，以及如何对有感统问题的孤独症儿童、注意缺陷多动障碍儿童、发育迟缓儿童进行有效支持等。如果你是一位家长，怀疑孩子可能有感统方面的问题而不知道怎么应对，这本书非常适合你；如果你是一位治疗师，接触到了有感统问题的孩子，想要了解他们的感觉需求以及如何更好地支持他们，这本书同样不容错过。"

——小乔老师

"ABA 共享空间"公众号创始人、BCBA

《孤独症儿童认知与社交能力训练大书》译者

"这本书是我所阅读的关于感统失调方面最全面且实用的著作，也为我带来了深刻的启发。与我翻译的《战胜孤独症》一书相似，本书的作者同样由专家和家长组成，她们从各自独特的视角出发，以通俗易懂的方式介绍了儿童感觉统合方面的知识。书中针对儿童在日常生活中常见的感统问题提供了实用的解决方案，这不仅有助于家长更好地理解孩子的需求，也对我的工作产生了深远的影响。我坚信这本书会为感统失调儿童的家长和专业人士带来极大的帮助。"

——加州小胖妈

特殊教育专业硕士、BCBA

公众号"星宝在加州"创始人

《高功能孤独症儿童养育指南》《战胜孤独症》等书译者

英文版所获赞誉

"这是一本内容翔实的图书，对感觉统合失调儿童的父母来说很实用，是必读之书。作者用通俗易懂的方式，解释了感觉统合和感觉统合失调的相关知识。文中提供的建议，可以帮助感觉统合失调儿童应对在家庭、学校和其他环境中可能遇到的突发状况。"

——拉里·B. 西尔弗

医学博士，《被误解的孩子》

（*The Misunderstood Child*）作者

"林赛和南希结合各自的专业，创作了这本内容丰富的育儿指南，供父母参考。两位作者用简单明了的方式，介绍了丰富的儿童感觉统合相关的信息，同时，针对育儿过程中的问题，为父母提供切实可行的应对方案。我倾力向您推荐这本书。"

——玛丽·希迪·库尔辛卡

《养育性情儿》（*Raising Your Spirited Child*）、

《孩子、父母和权力斗争》（*Kids, Parents, and Power Struggles*）作者

"《我的孩子感统失调吗？》一书，真的堪称经典！它介绍了感觉统合失调儿童父母所需了解的知识，信息量非常大，而且研究深入、案例生动，实用技巧新颖独特，资源更新及时。得益于作为作业治疗师的多年经验以及感觉统合失调儿童母亲的身份，林赛和南希创作的这本书充分体现了她们的爱心和智慧。"

——卡罗尔·斯托克·克拉诺维茨

《帮孩子找到缺失的感觉拼图》

（*The Out-of-Sync Child*）、《感觉统合失调的孩子长大了》

（*The Out-of-Sync Child Grows Up*）作者

"这本书适合所有关爱孩子的父母阅读，尤其对于有感觉统合失调儿童的家庭，这本书堪称解决问题的最佳指南。先了解孩子与我们不尽相同的感觉体验，再以满满的爱意和合适的策略支持孩子，帮助他们茁壮成长。"

——梅勒妮·波托克
文学硕士，言语治疗师，儿科喂养专家
《让孩子吃得健康又快乐》
（*Raising a Healthy Happy Eater*）合著者

"在升级版的《我的孩子感统失调吗？》中，林赛和南希进一步解释了儿童感觉统合失调的相关知识，并通过大量实例来阐述具体的应对策略，帮助父母解决孩子面临的问题。这是一本非常宝贵的书，它专门为患感觉统合失调孩子的父母而写。同时，它为儿童教育工作者和临床专业人员提供了重要的参考，旨在帮助更多感觉统合失调的儿童，从而提高他们的生活质量。"

——巴里·M.普莱赞特
博士，言语治疗师
《这世界唯一的你：孤独症人士独特行为背后的真相》
（*Uniquely Human: A Different Way of Seeing Autism*）作者

"经常会有父母向我咨询与儿童生长发育密切相关的问题，并希望我推荐能给予专业指导和支持的书籍，我一直非常谨慎。对父母来说，从浩瀚的信息海洋中获得最准确的、最有帮助的信息是很重要的。每当有父母为孩子的感觉统合失调问题发愁时，我都会毫不犹豫地推荐这本书。林赛和南希合著的这本书条理清晰、内容丰富且实用性很强，获得我所荐书的父母的一致好评。"

——马克·古特曼，心理学博士

"林赛和南希揭开了儿童感觉统合问题的神秘'面纱'。这些问题虽然经常被忽视，却深深影响着儿童的行为处事。作者通过浅显易懂的语言，诠释了行之有效的方法，为父母和儿童教育工作者提供了缜密、全面的资源，帮助孩子解决了感觉统合失调的问题。"

——杰德·贝克，医学博士

"当孩子被诊断患有感觉统合失调时，父母通常感到束手无策。《我的孩子感统失调吗？》是一本很好的参考书，它从父母的视角出发，结合治疗师的经验智慧，进行了通俗易懂的阐述，更方便读者理解接受。我认真阅读了这本书，书中的很多内容引起了我的共鸣，我在阅读时总会觉得'我孩子就是这样！'。林赛和南希为养育感觉统合失调儿童的家庭编写了一本高水平的指南，这本书给了他们希望和帮助，让他们知道自己并不孤单。"

——嘉莉·范宁，感统失调儿童母亲

"这本书新增关于感觉统合问题的最新研究成果，并提出了内感受理论，其中的自我调节策略易于实施且有效。本书对希望了解感觉统合的相关知识、想更好地去帮助感觉统合失调儿童的人士来说，是一本必不可少的工具书。尽管在我还是一个患有孤独症且有感觉统合问题的孩子时，没有遇见这本可以帮助我的书，但仍然很感激成年后有机会阅读它。"

——斯蒂芬·M. 肖尔，教育学博士
《高墙之外》（ *Beyond the Wall* ）作者、
《傻瓜也能了解孤独症》（ *Understanding Autism for Dummies* ）合著者

"《我的孩子感统失调吗？》一书一直是我的最爱，恭喜林赛和南希推出了这个新的版本，强烈推荐父母和教师阅读它。父母理解感觉统合，以及知道如何在课堂或家里帮助感觉统合失调的孩子，对提升孩子的幸福感和学习能力非常重要。关于感觉统合，这个新版本较上一版本做了更深入细致的诠释。"

——尚塔尔·西西里
《孤独症谱系障碍》（ *Autism Spectrum Disorder* ）、
《孤独症人士的完整生活》（ *A Full Life with Autism* ）作者

"感觉统合问题不仅仅体现在特殊儿童身上，在某种程度上，很多孩子或多或少都会有这方面的问题。然而，许多成年人对感觉统合问题知之甚少，更不知道其会对孩子的日常学习、生活造成多大的影响。我读过很多关于感觉统合方面的书，这本书堪称是其中最优秀的，它注定会成为您了解儿童感觉统合问题的'圣经'！"

——维罗妮卡·兹斯克
《孤独症育儿百科》
（ *1001 Great Ideas for Teaching & Raising Children with Autism or Asperger's* ）合著者

"我们大多数人很难想象或理解感觉统合失调儿童的世界是怎样的。林赛和南希用条理清晰的、简明的话语阐述了感觉统合失调的相关知识。父母和教师读后，都能从中找到指导建议。通过这本书，我们可以理解那些本质优秀但有时令人发愁的感觉统合失调的孩子。"

——帕蒂·罗曼诺夫斯基·巴什

教育学硕士

《阿斯伯格综合征 OASIS 指南》（*The OASIS Guide to Asperger Syndrome*）合著者

"这本书帮助我们了解了感觉统合失调的儿童，以及他们体验世界的方式。他们需要依托外界的帮助来学习如何自我调节、适应环境和克服困难。作者相信感觉统合失调的儿童，也能够拥有快乐、成功的人生。"

——L. 奈特

《物理治疗师进步杂志》（*Advance Magazine for Physical Therapists*）负责人

"对想要了解更多感觉统合失调相关知识的父母、教师和儿科医生来说，这本书非常值得一读。"

——《领养儿童家庭杂志》

（*Adoptive Families Magazine*）

"对所有研究感觉统合领域的专业人士来说，这本书是不可多得的宝贵资源。"

——T.S. 布尔，《作业治疗师进步杂志》

（*Advance Magazine for Occupational Therapists*）负责人

推荐序

作为一个有孤独症和感觉统合失调的人，我总是以一种很特殊的方式去体验世界。记得上小学的时候，上课的铃声会刺痛我的耳朵，就像牙医在用钻头钻我的神经一样。气球爆裂之类的声响也会吓坏我。粗糙的衬裙和羊毛衣服像砂纸一样摩擦着我的皮肤。我会反穿内衣，这样接缝处就不会摩擦我的皮肤。我还会把洗过的柔软的旧 T 恤穿在新衬衫里面，这样感觉舒服些。

关于教父母如何应对孩子感觉问题的书很少，不同的孩子有很大的表现差异，这就是本书如此有用的原因。它将帮助你识别孩子是否存在特定的感觉问题，了解这些问题对孩子日常生活的影响及帮助孩子的方式。有的孩子喜欢玩水，有的孩子害怕水。有的孩子喜欢乘自动扶梯上上下下，有的孩子却因不知道如何下扶梯而避开扶梯。孩子们面对的感觉问题从轻微到严重，程度不一。有的孩子对声音轻度敏感，有的孩子每次走进大型超市都可能会因为视觉、听觉和嗅觉的超负荷而崩溃。有的孩子置身商店或其他日常环境中时，可能会觉得自己仿佛身处充斥着高音喇叭和灯光

秀的摇滚乐现场。当孩子处于感官超负荷状态时，他的大脑就无法合理整合感觉信息。

一些存在严重感觉问题的孩子，他们的感官通道通常是单通道的，即他们要么只能看、要么只能听，不能同时既看又听。感觉问题是非常令人困惑的。作为父母，你需要获得有用信息，弄清楚孩子的身体究竟出了什么状况，这样才能找到解决问题的行动方案。

孩子的感觉问题也会干扰学习。当我还是个孩子的时候，我无法听清别人的发音，这让我学习起来非常困难。当大人说话语速太快时，我会听不明白。他们的话听起来就像外语。尽管我通过了标准听力测试，但我的听觉处理能力却很糟糕。我没有视觉敏感问题，但有些孩子有。

有视觉处理问题的孩子，即使他们的眼科检查结果正常，他们也会经常眯着眼睛看东西或是从眼角往外看。他们可能会抱怨白纸上的黑字会颤动。戴有色眼镜或在淡灰色的纸上打印文字可能会解决这个问题。荧光灯的灯光和电视

电脑显示器的屏闪对他们而言，就像迪斯科舞厅里闪烁的灯光，让他们无法安心学习。使用白炽光台灯并将电脑显示器换成平面液晶显示器，或者配备全尺寸键盘（键距在 18mm ~ 19.5mm 的键盘）和鼠标的笔记本电脑，能防止闪烁现象对这类孩子的影响，有助于他们顺利完成学业。

感觉处理问题往往伴随许多疾病出现。被诊断患有以下疾病的儿童和成人都有可能存在感觉问题：生长发育迟缓、孤独症谱系障碍（简称孤独症）、注意缺陷多动障碍（俗称多动症）、学习能力低下、早产、脆性 X 综合征、胎儿酒精综合征、图雷特综合征、焦虑症等。一个孩子也可能没被明确诊断出疾病，只是有感觉问题。

父母与作业治疗师及其他专业人士合作应对孩子的感觉问题非常重要，例如将感觉统合失调的治疗与其他治疗方法如言语治疗或应用行为分析（Applied Behavior Analysis，ABA）结合在一起。有的孩子就像一台因为信号故障出现静电噪声和"雪花"画面的电视。一些方法可以减少孩子的感觉混乱，帮助信息传输到大脑，例如让孩子躺在厚垫子下感受深度压力或缓慢摆动身体。

本书将帮助父母、教师和治疗师了解如何应对儿童感觉系统的功能失调。遗憾的是，一些专业人士并没有认识到孩子的感觉统合失调会引发一系列问题。他们很难想象，孩子的感觉系统功能与自己的不同。有些人甚至认为，针对感觉统合失调的治疗并不见效，因为 ABA 等其他疗法会有更多的科学研究支持。研究感觉统合失调需要面对的问题是，孩子可能被诊断为孤独症或多动症，而非特定的感觉处理问题。由于每个孩子的感觉问题差异很大，所以一种特定的疗法可能对某个孩子有用，而对另一个孩子没用。

这本书将帮助你确定孩子是否存在感觉统合问题，并为你提供能立即采取的治疗措施及方案。你可以从本书中找到许多实用的信息，来解决孩子的多动、注意力不集中等问题，并改善孩子的行为能力。

你还会从本书中学到一些非常有用的技巧，帮助你和孩子面对日常生活中的挑战，例如洗头、梳头和理发，穿衣服、脱衣服，去大商场购物，挑选食物，睡个好觉，上学，参加社交活动，看牙医，处理对噪声敏感的问题等。本书提供了家长们一直在寻求的见解和答案，以帮助孩子应对和克服感觉问题。

天宝·葛兰汀
畜牧学博士，
美国科罗拉多州立大学动物科学学院副教授，孤独症人士；《天生不同：走进孤独症的世界》(Thinking in Pictures: And Other Reports from My Life with Autism)、《我们为什么不说话》(Animals in Translation)等书作者。

新版序言

来自南希

当我最初决定与林赛合著这本书时，我儿子的发育迟缓和感觉问题的治疗已经取得了很大的进展。那时，感觉饮食（Sensory Diet）①已成为我们家生活方式的一部分，我也已经自学了感觉统合相关的知识，所以想要帮助那些与我处境相似的人。他们就像我在儿子刚被确诊有感觉问题时一样，害怕、不知所措、需要指导和安慰，希望寻求帮助。写作期间，我受到了儿子的作业治疗师林赛·比尔以及许多其他父母的鼓励和启发。在那段特别具有挑战性的日子里，他们会从忙碌且压力沉重的生活中抽出时间通过邮件和我沟通，给我提供建议，让我对未来充满希望。

我的儿子科尔在还不会说话时就被我们送进了全日制特殊教育托班，全年无休。那时，他的感觉问题让他有时会伤害到自己。在离开托班后，科尔进入了一所普通的公立幼儿园，开始了他幼儿园生活的第一学年。当那一年的普通教育结束时，我收到了科尔幼儿园的言语治疗师发来的报告。当时我很有信心，认为只要有优秀的言语治疗师帮助他解决理解和表达语言的困难，他就可以在普通班级上课。我的丈夫乔治和我觉得我们终于可以考虑搬离纽约市，自由地去到一个更清静、更接近自然的地方了。虽然纽约市有很棒的市政服务设施，但是我们想给成长中的儿子更多自由成长的空间。我永远不会忘记刚搬回中西部老家几周后的那一天，我看到我的儿子和一位新朋友一起走过我家附近公园的一块草地。男孩们的身影越来越小，科尔虽然还在我的视线中，但比以往走得离我更远，而且一刻也没有回头。当我意识到我们的生活翻开了新篇章时，泪水在我的眼眶里打转。感觉问题不再阻挠科尔前进的步伐了，他正在进入一个新的独立阶段，不再因感觉冲击而心烦意乱、发呆发愣、想完全脱离环境，或把头撞向地面并尖叫了。他已经能够应

---

① 感觉饮食是感觉统合失调治疗的重要部分，是指按照个别儿童的感觉需要而设计的一天活动及流程，好像一个均衡的饮食餐单，能为神经系统提供适当的"营养"，帮助儿童保持稳定的情绪及对环境有恰当的反应，让儿童发挥应有的能力。

付曾经"轰炸"他的感觉，也能够面对过去我无法为他掌控的那个不可预测的世界。

如今，科尔正在读大学，并有意成为一名治疗师或教师。他有一份兼职，就是教孩子们玩《我的世界》①，还为我和我丈夫的业务提供技术和实际支持。他已经比我和他爸爸都高了，成为了一个自信、自知且富有同情心的大男孩。我确信他能拥有丰富的、有意义的人生。科尔已经发展出感觉智慧（Sensory Smart）②：他用可以被社会接受的方式来表达自己的感觉需求，并用创造性的方法来解决日常问题。事实上，他认为感觉统合失调对他来说更像是一种优势。正如天宝·葛兰汀所说，他喜欢自己特别的视觉处理方式、非凡的视觉空间记忆和"用图片思考"的能力。科尔欣赏各种各样的人，他乐于帮助他人接纳自我、找到自信。就如同他喜欢说的那句话："我们都是不一样的，又或许我们都一样，一切仅仅取决于你看事情的角度。"

无论孩子面临什么挑战，无论他选择做什么，我都知道应该先培养自己的感觉智慧，并将其灌输给我的孩子，这就是迄今我们家庭幸福的关键。我对自己在儿童感觉问题上所学到的一切，以及能有机会与他人分享这些知识，一直心怀感激。

请注意，在这个升级版中，我仍按我们在写这本书的第一版时科尔的年纪进行描述。虽然那些日子已经远去，但我相信，保持故事的原貌会让年纪较小孩子的父母产生共鸣。我可以保证，读完这本书，你会觉得自己变得更强大、更明智、更有信心了，同时也为孩子未来的人生旅程做好了更充分的准备。

来自林赛

自南希和我共同撰写了《我的孩子感统失调吗？》一书的首版以来，时光飞逝，这些年发生的一切令人惊叹。我们收到了成千上万的读者（包括父母、治疗师等）的来信。近10万名家长和专业人士在脸书和推特上关注了我们。我们了解到，世界大部分地区，甚至在美国部分地区，人们对儿童感觉统合失调都还一无所知。即使有这样的问题，人们在当地也很难得到帮助。我们对收到的读者邮件、网站上的留言，或是询问的基于个人情况的具体问题，都尽最大努力进行回答。谁曾想到我会坐在曼哈顿的办公桌前，帮助地球另一端的某个家庭呢？我已经给美国各地成千上万的父母、教师、作业治疗师、物理治疗师、

---

① 《我的世界》（Minecraft），一款全球发行的沙盒式建造游戏，于2017年8月8日被引入中国，由网易独家代理。

② 感觉智慧，指能理解感觉统合的理论知识且能帮助自己（或他人）克服感觉统合失调带来的困难的才智。

言语治疗师、心理学家等做过讲座。我也有幸与儿童图书馆的管理员深度探讨，如何让图书馆对有特殊需求的孩子更友好。我曾和医生讨论如何鉴别患者的感觉问题，以及如何帮助他们。我和治疗师不仅谈论如何在治疗过程中与孩子打交道，还谈到如何与家庭合作以帮助父母和孩子共同处理问题。我与不同的父母群体交谈过，倾听他们的担忧和困惑，感受他们的痛苦，帮助他们寻找解决方案，也从他们身上学到了很多。最重要的是，我非常珍惜与年轻患者在一起的时间，这些可爱有趣的男孩女孩每天都让我学习到新东西。

2014 年，我撰写了《应对感觉处理问题：针对儿童和青少年的有效临床工作》（ *Sensory Processing Challenges: Effective Clinical Work with Kids & Teens* ）一书，以帮助心理学家、儿科医生、社会工作者、教师以及其他与儿童及其家庭打交道的专业人士更好地了解感觉问题，并学习如何帮助患者自我调节、表达自我及茁壮成长，让他们摆脱感觉问题的困扰。我曾为一本关于帮助遭受过重大创伤的学生的书撰写过一个章节，在各种杂志上发表了几十篇文章，在小型研讨会和大型会议上发言，上过电视，并接受了电台和出版社的采访。与此同时，我在纽约还经营着一家私人诊所，为儿童和青少年服务。

在我成为作业治疗师的第 30 个年头，我比以往任何时候都更热爱我的工作。我知道，虽然将自己掌握的专业知识和技巧传授给他人已经实现了我的个人价值，但只有当家长真正掌握这些知识，和我们一起帮助孩子，带来的效果才是最好的。

南希和我都很高兴地看到，现在越来越多的教师、治疗师、医生和其他专业人士都认识到了儿童和青少年的感觉统合失调问题。如今，一些商场、购物中心、体育场馆、电影院、剧院，甚至机场都提供了对孩子感官友好的设施。公众意识的增强利于那些有感觉问题的人出门走动。当然，家庭、学校和社区想营造出对这些儿童、青少年更具包容性的环境，还有很多工作要做。

这本书经过全新修订，比以往任何时候都更有价值。这一版的内容变动之处很多，包括：

- *增加了儿童感觉问题与科技的章节。* 许多人努力尝试将科技巧妙融入孩子的生活，试图利用科技增加孩子学习、组织活动、社交和休闲的时间，而不是单纯地减少屏幕时间。在这个新章节中，我们主要讨论如何让热爱科技的孩子融入大自然，如何进行有益的运动，以及如何利用科技支持孩子的学习，等等。

- *介绍了对感觉统合失调的最新研究。* 这些研究帮助我们更好地了解感觉问题，在与那些不熟悉或者"不相信"感觉统合失调的人交谈时，能有更充分的依据。

● *增加了关于内感受的信息*。内感受是指感知到自己身体内部信号并传送到大脑的能力，能够反映身体内部及其内脏器官的状态。

● *增加了对孤独症的更多见解*。包括最新的患病率统计数据、当前研究成果和孤独症儿童感觉问题的新的诊断标准，以及解释为什么我们总是要在这个领域不断探索。

● *介绍了更多自我调节的工具和技巧*。它们能帮助儿童、青少年更好地感受信息，让他们的感官更好地发挥作用。

● *增加了有关压力服和加重毯的信息*。包括使用建议和安全措施。

● *增加了有关在学校创建感官安全场所的内容*。讲述了如何帮助学生保持自律。

● *增加了对反应－干预法（Response to Intervention，RTI）的阐释*。还介绍了它如何影响孩子的感觉问题。

● *诊断标准的更新*。根据美国精神病学会发布的《精神障碍诊断与统计手册（第五版）》（DSM-5），介绍了关于感觉统合失调诊断的最新信息。

● *更新了写作语言*。当不指代特定的人时，此版本使用中性代词，如他、他们。

希望这个最新的版本能为你带来更多的帮助！

致　谢

两位作者共同感谢

本书得到了很多顶尖专家的宝贵建议。我们非常感谢那些分享了专业知识和见解的杰出作业治疗师，特别是琳达·卡利斯、蒂娜·尚帕涅、普鲁登斯·海斯勒、史蒂文·凯恩、林赛·科斯、杰瑞·林奎斯特、宝拉·麦克里迪、克劳迪娅·迈耶、莎瑞·奥克纳、玛丽·佩蒂、安妮·巴克利和凯伦·罗斯顿。此外，我们还要感谢营养学家、理学硕士凯莉·多尔夫曼，视光学博士、资深验光师弗兰·莱茵斯坦，儿科医生费利西娅·威利恩、简·阿伦森和尼玛利·费尔南多，理疗师伊丽莎白·克劳福德和凯莉·辛德尔，听觉专家、理学硕士露易丝·利维，言语治疗师梅丽莎·韦克斯勒·格法因、朱迪·拉普·科兹纳、瑞莎·科什和梅勒妮·波托克，牙医艾伦·弗兰克尔，教育学博士琳达·班巴拉，心理健康顾问辛迪·阿尔法诺，特殊教育学硕士罗宾·安杰尔，临床社会工作者希尔达·库西德，乔治华盛顿大学的玛格丽特·邓克尔，特教专业的支持者雪莉·施密特。

我们非常感谢那些存在感觉问题的儿童、青少年以及他们的父母，他们愿意和我们分享自己的故事，并希望能以此鼓励和帮助他人。这些人包括保罗·巴利乌斯、海蒂·巴克、米西·菲尔德豪斯、芭芭拉·赫特尔、埃莱娜·帕根科夫、克洛伊·罗斯柴尔德、维多利亚·西奥尔蒂诺、弗吉尼亚·卡尔森、海蒂·杜特勒、史黛西·安·塞尔、妮娜·阿黛尔、卡罗尔·马里诺和凯利·沃尔伯特、里马·雷加斯以及艾达·扎金。

在此，我们还要感谢本书第一版的编辑珍妮特·戈尔茨坦，她的非凡远见、专业指导和热情帮助极大地激励了我们；感谢拉奇亚·克拉克，他在本书取得进展时细心地引领我们；还要感谢布兰达·马霍兹、山姆·雷姆、萨布丽娜·鲍尔斯，以及我们的经纪人尼蒂·马丹，他们从一开始就对出版本书充满信心。我们还感谢 Southpaw 公司的总裁安德鲁·M.鲁西和 WittFitt Learning in Motion 公司的丽莎·威特，感谢他们提供的产品照片和予以的帮助。

最后，我们要衷心地向天宝·葛兰汀博士致谢，感谢她的激励、指导和支持。

林赛还要感谢

我感激那些欢迎我进入他们生活的父母和孩子们，他们教会了我很多。非常乐意与他们相识，这是我的荣幸！特别感谢艾米·霍奇菲尔德、乔安妮·西奥尔蒂诺、塔玛拉·伯恩斯坦，以及梅德曼一家。还要感谢肯尼迪儿童研究中心、哥伦比亚预科学校等机构的支持。特别感谢纽约大学临床助理教授、作业治疗师莎莉·普尔，是她教会了我热爱科学。

我的父母威廉和杰拉尔丁·比尔，还有兄弟蒂莫西和迈克尔，给了我源源不断的爱和支持，并在本书的写作过程中给予我很多帮助。在我撰写本书早期版本的日子里，我的爱犬米妮和耀西一直陪伴着我这本书的出版。我尤其要感谢里克——我睿智而完美的生活伴侣。他不仅为我提供情感上的支持，还在生活中无微不至地照顾我。

南希还要感谢

我感谢多年来在各种在线小组论坛上给予我和其他存在感觉问题的孩子的家长支持和建议的人。

纽约市葛兰姆西学校的每一个人，他们给予了我儿子很多的关爱支持，以及丰富的教育体验。

我希望每一位有感觉问题孩子的父母都能有幸遇见这些极其负责的专业人士，比如校长、文学硕士帕特里夏·哈蒙，临床社会工作者唐娜·米兹拉希和温迪·卡根，教育学硕士麦克·南德利和克里·魏辛格，作业治疗师劳伦·门克斯，物理治疗师杰里琳·弗兹，文学硕士、言语治疗师艾莉森·哈伯曼等。我还要感谢言语治疗师朱迪·拉普·科兹纳——第一个让我了解到儿子的运动障碍的人，以及我儿子的早期干预治疗师里索瑞·德利翁。

非常感谢我的家人给予我的关爱以及情感和工作上的支持。我特别感谢我的丈夫乔治，他以无限的热情、创造力和爱心，激励和支持着我。我更要感谢我的儿子，他的善良、好奇、热情和幽默，给我带来了欢乐并深深地鼓舞着我。

引　言

南希的故事

在一个晴朗的春日，经过好几个小时的阵痛，我终于迎来了我的第一个孩子科尔——一个可爱的小男孩。我的丈夫乔治和我对他寄予厚望：他将会很聪明、爱说话、懂礼貌、有责任心、活泼好动——简而言之，几近完美。

几个月过去了，显然，我们已经成为了那类典型的新手父母——为孩子成长过程中每一个微小的进步而感到惊喜，不亦乐乎地谈论着孩子美好的未来，并录下了他无数可爱淘气的瞬间。这个孩子真是个乐天派，可以坐在我们身上连续荡几个小时的秋千，也玩不腻各种吊在他眼前的玩具。他很勇敢，对接种疫苗毫不畏惧。他会不停地摇头然后自顾自地笑起来，或是在幼儿音乐课上比其他孩子更用力地敲打玩具鼓。对此我们总是一笑置之，认为小科尔只是很有个性。

但在乐观之余，有时我们也会想，这个孩子到底怎么了？ 在操场上，警报声会让他出现一阵恍惚；当救护车鸣笛经过时，即便身后的孩子已经排起长队，他还是会站在滑梯顶端，盯着某个地方却不挪动一步。我常常喊他的名字并在他面前挥手，然而得不到任何回应。这真是有点奇怪啊！虽然我心里有些纳闷，但是没有太在意。我想也许他只是比其他孩子更容易分心罢了。

更令人苦恼的是，尽管科尔热爱读书，我们也一直对他进行语言指导，而且他很早就会开口说话了——他在六个月时就能喊妈妈和爸爸，但他似乎即便说出什么单词也会立即遗忘。比如"水（water）"这样一个简单的单词，会突然从他嘴里蹦出来，但此后我们一连几个月都不会从他嘴里听到了。面对他递过来的杯子和咕哝声，即便我们假装不明白他表达的意思，他还是说不出"水"这个单词。如此下去，他变得越来越沮丧。

在科尔一岁半时的幼儿健康体检中，我们把对科尔的担忧告诉了儿科医生，医生建议我们再等等看。我们选择了听医生的建议，尽量不再担心。但科尔到了两岁的时候，还只会说 7 个单词，于是儿科医生建议我们请言语治疗师对他进行评估。医生终于正视了我们的担忧，这固然让我们松了一口气，但同时也忐忑不安，看来孩子的健康确实出了问题，而且我们不知道问题有多严重。同时，我们也收到了众多来自朋友和家人的善意建议，如"不要担心，时候到了他就会说话了""别老是提前满足他的要求，让他自己说出需求""男孩通常比女孩说话迟一些的"，以及"爱因斯坦说话也迟，但他多聪明啊！"。这些安慰反倒令我们既迷惑又沮丧。

当我得知还要等四个月言语治疗师才能给科尔进行评估时，我更加焦虑了，不知道是否应该强迫自己停止担忧，静候一段时间，观察科尔的语言能力在接下来的几个月里是否会突飞猛进。无奈之下，我在一个在线留言板上发布了信息，心想可能其他家长也有过与我相似的经历。一位妈妈力劝我带着孩子去接受早期干预项目（Early Intervention Program，EIP）的评估。根据美国《残疾人教育法案》（Individuals with Disabilities Education Act，IDEA），每个州都应为可能患有发育迟缓的三岁以下儿童提供免费评估及免费或低价的服务。评估只需要几个小时，主要评估孩子包括语言能力在内的各种能力。对我儿子来说，这就像是去一个大游戏室玩耍，被几个对他感兴趣的陌生人逗一逗。若是孩子发育正常，我就可以内心平静、满怀安慰地离开；反之，孩子则将开始接受干预服务。

乔治和我最终决定几周后带孩子去接受免费的发育评估。评估当天，我们有点紧张，尽管科尔看起来很享受能向三位专业人士（包括一位作业治疗师、一位教育评估员和一位言语治疗师）炫耀自己的技能。在我们回答了一连串关于孩子的成长过程中发生的重大事件和他的日常习惯等问题后，专家们在笔记本上飞快地记录，这让我们更加担心了。坦率地说，我们开始有戒心了。为什么他们把科尔的每一个小举动都解读为一个问题？洗澡时兴奋地拍手是问题，擦干身体后哭着坚持要求被长久、安静地抱着也是问题……

专家们确定科尔有语言发育迟缓的问题，并建议我们每周带孩子做两次言语治疗，这是我们早就预料到的。但他的精细动作技能发育迟缓，却是我们始料未及的。为什么要关注他在两岁时是如何握住蜡笔的？这方面要是有问题，就要接受每周两次的作业治疗吗？

我们的心情十分沮丧，不敢相信科尔真像他们说的那样糟糕。看看这孩子有多聪明啊！我不知道这一切对我儿子的未来意味着什么。

随着时间一天天过去，我做了更多的研究，与我儿子的作业治疗师林赛以及在线支持小组里的其他父母进行了更多的交谈，我的感受和看法也开始发生转变。最终接受了事实：我的儿子确实出了问题——他患上了感觉统合失调（Sensory Processing Dysfunction，

SPD）[①]。在接触了林赛的作业治疗课、练习了她建议的活动后，我注意到科尔在学习和玩耍时的专注力有了明显的提升。这些活动包括将枕头压在他的身上从而对皮肤施加深度压力，或是让他跳跃对关节施加压力等。

我们开始教导科尔认识自身的感觉需求，并以他能接受的方式来满足这些需求，这样他在面对不可预测的周遭世界时就不会感到不知所措了。乔治也发挥了很重要的作用，他改良了与科尔玩打架游戏的方式，从而能更有效地帮助科尔获得他需要的感觉输入。现在我们对待孩子的态度是：是的，科尔是和其他孩子有些不同，但那又何妨？他很快乐、适应性良好，而且举止得体；他热爱学校，喜欢各种疗法，在发育的很多方面都取得了长足的进步。而我和丈夫也不会在得知他的某些方面落后时再感到惶恐了。

乔治和我已经开始接受现实，孩子有感觉问题，意味着每一天对他而言都充满了挑战。今天他可能对穿着毫不在意，明天他就可能会因衬衫领子上残留的标签而烦恼不已。有一次，我们要前往某个小岛度假，乔治购买了不可退款的往返渡轮船票，出发当天正好是个大风天。想到科尔总是对刮风、晃动以及渡轮会发出的汽笛声有强烈的反应，我说道："好吧，等待我们的要么是一次奇妙的冒险，要么是自讨苦吃的事情。"那天，我们很幸运，平安到达了目的地。但学会应对科尔的过度敏感问题，对我们来说仍然是不小的挑战。

林赛的故事

当我决定离开广告行业转而从事作业治疗师的工作时，我不知道应该如何做好这个工作。纽约市教育局为我的深造提供了全额奖学金，相应地，我必须承诺在本市的一所特殊教育学校里工作两年——这对我来说是很不错的实践机会。

慢慢地，我爱上了这份和孩子们在一起的工作。他们有的患有孤独症，有的患有学习障碍或脑瘫。我很兴奋——原来通过做游戏，就可以帮助一个孩子把相当困难的事情做得足够好。为了帮助与病症斗争的孩子，我必须让他们的学习变得更有趣——不管是让一个四年级的孩子学会如何在一碗巧克力布丁中正确地书写字母 D，还是使一个坐在轮椅上的少年学会用特制的勺子独立吃饭。

帮助身体明显表现出问题的孩子比较容易。比如，有许多方法可以帮助有肌肉痉挛问题的孩子，而有学习障碍的孩子也可以通过特定的干预手段进行治疗。但仍有许多孩子饱受着折磨，因为他们的问题不容易被人发现。帮助这些聪明但"被忽视"的孩子成为了我最大

[①] 感觉统合失调，简称感统失调，也可称为感觉统合障碍。另外，文中其他地方出现的感觉处理问题、感觉处理障碍、感觉问题、感觉统合问题等术语，均指同一类问题。

的挑战。尽管这些孩子智商不低，但他们在课堂上无法集中注意力，容易情绪失控或者性格孤僻，在校园里总是形单影只。他们字迹凌乱、身体笨拙，动作也显得不自然，不仅做事丢三落四而且经常感到悲伤和沮丧，这些都被贴上了"行为问题"的标签。每个孩子就像是一个谜，需要耐心、爱心和数小时的评估工作才能找到他们真正的问题。有一个五年级的女孩对噪声过于敏感，于是她屏蔽了所有的声音，包括老师的声音。还有个一年级的孩子对气味非常着迷，他喜欢在教室里四处走动、摸摸闻闻，而不愿意专心听老师讲课。甚至还有个十几岁的男孩觉得自己是个怪胎，总是想弄明白为什么每个人都讨厌他。

通过与家长和老师交谈，观察这些孩子在不同环境中如教室、体育馆和餐厅的表现，以及在安静的空间里与孩子们一对一地接触，我意识到这些可爱的孩子在整合感觉信息方面都存在问题。他们的感觉系统功能欠佳，无法很快适应环境，所以容易感到不适。他们缺乏学习、玩耍、社交和充分发挥潜力所需的感官基础。于是我采取了双管齐下的方法：改变物理环境以满足孩子独特的感官需求，以及提高孩子自身对外界和体内感觉刺激的耐受力和统合能力。

如今，我开设了一家私人诊所，为婴儿、学步儿、学龄儿童、青少年提供帮助。我热爱我的工作。每当我遇到有感觉问题的患儿时，都在思考应该怎样运用寓教于乐的方式，帮助他们建立安全感、学会独立、生活得更好。大多数儿童是因为发育迟缓类问题而被推荐到我这里进行治疗的，比如精细运动、视觉感知技能发育滞后，注意力集中时间短，或者过于活跃。他们中的大多数人还存在沟通方面的问题。通常，我很快就能发现正是感觉统合的问题导致他们发育迟缓，这并不令人意外。

由于潜在的感觉问题，南希的儿子科尔在许多方面发育滞后。我每周给科尔和他的父母上两次课，课程持续了一年，直到他因超龄而退出早期干预系统。其后，他继续在一所特殊教育幼儿园接受作业治疗，随后入读了普通公立学校，现在他正准备上大学。时光飞逝，我真为他感到骄傲，并惊叹于他的刻苦和努力！科尔能取得这样突出的进步，得益于他自身坚定的决心，以及治疗师、教师和父母之间的良好沟通。南希和乔治想了解关于感觉统合失调的所有知识，在遵循每一个合理建议的同时，他们还创造了许多能提升孩子感官和技能水平的绝佳活动。成为了解感觉统合知识的父母将会彻底改变孩子的一生，南希和她的丈夫就是最好的榜样。

截至目前，大多数关于感觉问题的信息都局限于作业治疗师的专业圈子，或是在那些学习了相关知识的父母之间流传。南希和我之所以决定撰写本书，是因为我们认为有全面而实用的信息资源至关重要，这能帮助父母、教师、治疗师、儿科医生和其他专业人员应对患有感觉统合失调或是有轻微感觉问题的孩子。我们与数百位患儿的家长和数十位专业人员进行交流，倾听了他们的经验，仔细研究，以便能收集更多有用的信息。我们希望这本书能够让读者更容易拥有感觉智慧。

我们的目的不是让读者变成专业的评估员或作业治疗师，而是帮助父母全面了解相关知识。无论在何种境况下，这都是一个巨大的挑战。本书将给予父母合理的建议、最新且实用的信息，使其能肩负起培养孩子感觉统合能力的重任。尽管专业人员受过系统培训、经验丰富，但父母才是最了解孩子的人，也是实际面对日常育儿问题的人。他们必须贯彻专家的治疗建议，并和学校、干预机构等进行良好的沟通。

通过翻阅本书，你将会学到：

● 以正确的视角看待孩子的感觉统合问题，有鉴别能力；

● 识别孩子神经的过度刺激（或刺激不足），知道如何帮助孩子的身体增强行为表达能力；

● 找到适合孩子的作业治疗师及其他专业人士，并与之进行有效合作；

● 提高孩子在家里、学校和社区对感官刺激的耐受力；

● 关注孩子独特的感觉需求，并帮助他找到自身可接受的方式来满足这些需求；

● 充分利用学校系统中的资源；

● 实施培养孩子感觉统合能力的策略，减少孩子感觉统合失调的行为，让孩子有能力去应对生活中的困难与挑战；

● 解决孩子的口腔运动问题导致的语言发育迟缓和进食困难等；

● 应对孩子发育迟缓、学习困难和缺乏组织能力等问题；

● 改善家庭环境以帮助孩子提高感觉统合能力，包括购置合适的玩具和设备；

● 善于使用解决方案和技巧，把育儿变成愉快的体验。

你可以定期访问我们的网站获得更多资讯：

www.sensorysmarts.com

www.sensorysmartparent.com。

目　录

第一部分

认识和理解孩子的
感觉问题

第1章

为什么我的孩子会如此不寻常？

凯蒂是一个开朗活泼的四岁女孩，喜欢和姐妹们一起跳舞。跳了一会儿舞后，她就会变得异常兴奋，不停地跑圈，然后瘫倒在沙发上，咯咯地直笑，还唱个不停。她喜欢去海边游泳，经常会花好几个小时在沙滩上挖洞、打滚，而当你试图给她涂抹防晒霜时，她会号啕大哭。比起穿凉鞋或人字拖，她更喜欢赤脚走在被烈日晒得发烫的人行道上或满是沙砾的海滩上。

看起来凯蒂只是有一些怪癖，而且仅仅是让父母头疼的一些小癖好。但是，当凯蒂进入幼儿园，她在课堂上也出现了一些问题。此时她的父母并不知道凯蒂无法适应课堂背后的真正原因。即便是听说凯蒂在音乐活动课的课后无法平静下来，他们也并不感到惊讶。直到老师告诉他们凯蒂在听故事时无法端坐聆听，而且满地打滚、跑来跑去或冲撞其他孩子时，他们才意识到必须重视凯蒂的问题了。

凯蒂经常在上美术课时拒绝剪贴图片，并坚称自己很累。事实上，上美术课时她才到学校一个小时，而且每天晚上都有充足的睡眠。更令凯蒂父母感到惊讶的是，他们开朗的女儿竟会在自由活动时远离其他孩子独自玩耍，当老师鼓励她和大家一起玩耍时，她会使劲摇头。

凯蒂的困扰在于，她的感觉问题不仅仅引发了她的小怪癖，还干扰了她的日常生活以及学习和社交能力的发展。凯蒂患有感觉统合失调（Sensory Processing Disorder，SPD）。

理解感觉问题

在美国，父母通常通过以下几种方式得知孩子患有感觉统合失调。第一种情况，当怀疑孩子语言发育迟缓或观察到异常行为时，父母会给所在州的早期干预项目机构打电话，经评估得知孩子有感觉问题；第二种情况，孩子是早产儿，父母会被告知如果发现孩子有任何发育迟缓的迹象，要尽快联系早期干预机构，还可能会被告知要格外留意早产儿的感觉问题；第三种情况，当孩子在学校遇到困难，学校的心理医生、老师或儿科医生会怀疑孩子有感觉统合问题；第四种情况，孩子患有孤独症，父母会面对孩子出现的感觉问题。还有一种情况，父母阅读了相关书籍。

无论孩子的感觉问题是轻度的，还是严重到极大程度地影响了自身及家人的生活，父母能帮孩子做的事都很多。如果你刚发现孩子有感觉问题，想马上找到对策，你可以直接阅读本书第二部分"满足孩子的感觉需求"，了解如何对孩子进行评估、作业治疗以及有哪些实用的解决方案应对日常问题，包括可以立即采用的有效练习等。

什么是感觉统合？

感觉统合，是指人体在环境内有效利用自身的感觉器官，从外界获得不同的感觉信息（包括视、听、嗅、味、触、前庭和本体觉等）输入大脑，大脑对输入信息进行加工处理组织分析，并作出适应性反应的能力。感觉统合是一个信息加工的过程。我们通常将感觉视为独立的信息渠道，实际上不同的感觉共同发挥作用，让我们对世界及周围环境形成可靠的认知。各种感觉统合在一起，让我们对自身、所处的环境以及周围正

在发生的事情形成一个完整的理解。我们的大脑会有序地处理有关景象、声音、质地、气味、味道和运动的信息，为感觉体验赋予意义。相应地，我们会知道应做出怎样的反应和行为。例如，我们在逛商场时闻到浓烈的芳香，就能识别出是蜡烛或精油的味道，并意识到自己正走过一家出售沐浴用品的商店。喜欢香味的人会驻足享受片刻，而不喜欢的人则会赶紧离开。

过去，感觉统合失调被认为是中风、多发性硬化、眩晕症或其他疾病的症状。然而，在 20 世纪 70 年代，作业治疗师吉恩·艾尔斯博士奠定了感觉统合失调的理论和实践基础。根据自己接诊儿童的情况，艾尔斯认识到，感觉统合功能受损会干扰儿童的学习和发展。此后，诸如洛娜·吉恩·金、温妮·邓恩和帕特丽夏·威尔巴格等作业治疗师以及其他的专业人员在艾尔斯的研究基础上，又借鉴了神经心理学、神经学和儿童发育方面的临床经验和研究成果。而天宝·葛兰汀等感觉统合失调患者的现身说法，更直接地深化了我们对这个问题的认识。据估计，有 10% ~ 15% 的儿童受到这方面问题的影响。一些专业人士和研究人员发现，不同的感觉偏好和耐受度影响着一个人的游戏、工作、学习、社交互动，以及穿衣、吃饭等日常活动，而运用特定的技巧和策略可以提高统合感觉信息的能力。

感觉统合失调的三种类型

感觉统合失调有三种类型，我们在书中都会对其进行讨论。具体情况如下：

类型 Ⅰ：感觉调节障碍（Sensory Modulation Disorder，SMD）

感觉调节是指中枢神经系统对感觉刺激做出反应的过程。如果一个人有感觉调节问题，那么他对感觉输入的反应可能与实际情况不相称，或反应过度，或反应不足，或出现感觉寻求行为。

类型 Ⅱ：感觉相关动作障碍（Sensory–Based Motor Disorder，SBMD）

如果一个人患有感觉相关动作障碍，那么他可能会难以掌握运动技能，显得笨拙、迟钝，身体协调性差，平衡感差，缺乏力量和耐力。

类型 Ⅲ：感觉区分障碍（Sensory Discrimination Disorder，SDD）

感觉区分障碍患者难以对感觉输入进行判断，或是难以区分两种感觉刺激。例如，存在这个问题的孩子可能无法判断要用多大的力气抓握物体，所以当他们涂色时会把蜡笔弄断。

患有感觉统合失调在现实生活中意味着什么？

对大多数人而言，感觉统合是在不经意间发生的。比如，你一边叠衣服，一边和孩子聊天。你的注意力集中在谈话上，听女儿讲述昨天在表兄弟家发生的趣事的细节。你会发现自己不知不觉地就叠好了一摞衣物。当你抻开毛巾，将其叠成正方形时，你当然不需要有意识地去考虑如何施加正确的力道。你也不必弄明白如果袜子里面被翻过来应该怎么办，你只是无意识地叠好了衣物。大多数人就是这么善于自然地运用感觉来做事情。当然，如果出现意外情况，比如你注意到衣服有污渍或是毛巾还湿着，你的感官就会提醒你专注于这些提示信息。

对另一些人来说，他们的感觉统合效率很低。有感觉问题的人很难感受到其身体内部和外部的真实状况，而且也无法确认他们所处理的感觉信息是否准确。作为应对方式，孩子可能会逃避这些令他困惑或烦恼的感觉，或者去寻找更多的感觉来增进了解。例如，难以统合触觉输入的孩子可能会为了避免不愉快的触摸体验，故意用颜料、沙子或胶水弄脏自己的手；而另一个孩子可能渴望这种触觉输入并积极地寻找这类体验。

如果一个人存在感觉问题，熨烫衣物就会变得非常费力，甚至很危险。同样是经过洗浴用品商店，他可能会感到非常难受，那股气味可能会让你心烦意乱和恶心，以至于不得不立即离开商店。

对大多数孩子而言，感觉统合能力是自然发展的。随着孩子们不断体验新的感觉，他们会对自己的能力更加自信，反应能力也在不断提升，从而能完成更多的事情。当消防车鸣笛呼啸而过时，婴儿会受惊并哭泣；但当他们成为少年时，面对同样的噪声，可能只会捂住耳朵看着消防车驶过大街；到了成年之后，他们可能仅仅是暂停与朋友的交谈，直到车辆飞驶而过。随着感觉统合能力的成熟，神经系统中的重要通路就会得到改善和加强，孩子们就能更好地应对生活中的挑战。

对另一些孩子来说，他们的感觉统合能力发展得并不顺利。他们无法依靠感官来准确地感受周围的世界，也不知道应该如何反应。他们还可能遇到学习困难，行为也显得不得体。父母帮助孩子解决感觉问题的第一步，是培养自己对孩子体验世界方式的同理心。

患感觉统合失调是什么感觉？

想象一下你打算做意大利面作为晚餐。你用眼睛环顾厨房，看到各种烹饪设备和食材。当你打开冰箱门时，耳朵会听到"呼"的一声；剥大蒜皮时会听到"噼啪"的声音。当你切蒜时，皮肤会感觉到刀柄的光滑、坚硬，以及蒜瓣的湿润。当你将一片甜椒放入口中，你的鼻子能嗅到香味，舌头能尝到刺激的味道。虽然你没有意识到，但你的身体同时也在感觉着地球的引力。

你可能会细细体会所有的这些感觉，也可能会对它们视而不见，因为它们太稀松平常了。你的神经系统运作正常，所以你可以很好地处理所有的感觉输入。微小的感觉信息以神经冲动的形式流入你的大脑。你如何从这些微小的感觉输入中获取信息呢？其实是把所有的部分组合起来形成一个整体。这有点神奇，就好像散落在你家里的数百万块拼图突然摇身一变，组成了一张可辨识的图片。感觉统合可以让你专注于手中正在处理的事情，在上述例子中，这件事就是准备晚餐。

现在试想一下，假如你的感官无法有效地工作：荧光灯发出的光让你头痛；你无法在拥挤的食品储藏室里找到番茄酱；生菜摸起来又黏又令人恶心；大蒜的味道让你想吐；你听不到灶台上沸腾的开水声，导致水溢出来浇灭了燃气灶的火苗；你的头撞到橱柜上，走路时被猫绊倒，弄洒了沙拉。等到把晚餐摆上桌子，你已经有些神经衰弱了，你冲每个人都大喊大叫。此刻，你只想爬上床睡觉。

如果你每天晚上准备晚餐都得经历这样的"灾难"，又得不到别人的理解，那该怎么办呢？毕竟，其他人都能看到架子上的罐头和地板上的猫，为什么你不能呢？其他人不会因强烈的气味袭扰而心烦意乱，也不会因闪烁刺眼的强光而头痛不已。事实上，他们可以在这些情况下有序地准备晚餐，不会错过一个步骤，不会弄掉勺子，也不会感到片刻的不适。而且，当你试图描述为什么你在做这些事时压力如此之大，他们会认为你荒唐、难相处或很懒惰。如果你能接受再次经历这种不愉快的烹饪体验，那下次你会选择做完全相同的饭菜，尽管你知道还是会遇到困难，但至少你已经有经验了。你不想尝试做新的晚餐，主要因为不想为更多不可预知的糟心事冒险。

这就是有感觉问题的人的日常生活。对他们而言，因对环境和自身身体的反应异常而分心、烦恼是常态。更糟糕的是，他们接收到的感觉输入和神经系统反应并不是一以贯之的。世界似乎是一个不可预测、令人失望甚至是危险的地方，而大人们却期望孩子们快乐地学习、专心致志，做什么事情都能一次成功。有感觉问题的孩子经常会分心、焦虑或易怒，主要是因为当生活中出现陌生的压力源时，他们可能会停止思考、走神或乱发脾气，例如学校日程的改变、计划的意外取消或洗澡时没拿到最喜欢的毛巾。他们可能表现出很强的控制欲并提出苛刻的要求：必须找到正确的毛巾，否则就不依不饶！养育这些孩子真的是一种挑战。

你处理感觉输入的能力如何？

我们大多数人的感觉都有不耐受性和偏好，只是程度不同。某种感觉输入对你有多大影响？你会在何种程度上避免这类感觉或试图对其进行补偿？你可能是那类永远不会坐过山车的人，也可能是坐在第一排高兴得不停尖叫的人。为了加深你对孩子感官敏感性的了解，请先审视自己的情况，设想自己会如何进行补偿，想想你是如何处理这些常见的感觉烦恼的？

当你参加一次无聊的会议时，你会嚼口香糖或喝咖啡吗？会坐立不安或者给旁边的人写便条吗？会走神或是打瞌睡吗？

街上的噪声或吵闹的邻居让你睡不着，你会戴着耳塞、开着风扇，还是开着空调睡觉？是吃安眠药让自己昏睡，还是用枕头捂住耳朵？

你讨厌触碰糊状、湿润的东西，你会戴着手套清洁盘子上的黏着物吗？会借助工具去处理黏糊糊的东西吗？会使用防晒喷雾和保湿霜吗？

轻微的触碰会让你感到恼火，刮风时即便天气热也坚持穿长袖吗？会避免佩戴各种首饰吗？是喜欢头发碰不到脖子或前额的发型吗？

"正常"与否的界定

虽然孩子们通常都会有一些感觉问题，但患有感觉统合失调的孩子，在处理感觉信息方面比其他孩子困难得多。他们通常会有以下某些行为表现，在学习和日常生活中备受困扰。

- 对触碰、移动或某些景象、声音、味道、气味过度敏感或不敏感。

- 极其容易分心，难以集中注意力或持续专注于一项任务。

- 异常高或低的活跃程度。

- 经常走神。

- 对有挑战性的事情和不熟悉的环境有强烈的、过度的反应。

- 冲动，少有或没有自制力。

- 难以从一项活动过渡到另一项活动，或从一种情境过渡到另一种情境。

- 有时非常刻板，不灵活。

- 粗心笨拙。

- 在集体场合感觉不适。

- 社交或情感调节困难。

- 发育状况和学习能力滞后，行为愚蠢或不成熟。

- 在外人面前会感觉尴尬、不安，感觉自己"愚蠢"或"怪异"。

- 难以处理沮丧的情绪，比其他孩子更容易发脾气；脾气更大且持续时间更长，也更难恢复到平静状态。

- 难以从警觉、活跃的状态过渡到平静、安定的状态，反之亦然（例如存在入睡困难，起床也困难）。

上述这些表现有的在孩子特定的年龄段出现是合理的。大多数蹒跚学步的孩子都很容易兴奋冲动（想想可爱又淘气的两岁宝宝）。但是对一个四岁的孩子来说，只要有情绪波动就有行为的异常，就是另一回事了。比如，强烈厌恶羊毛织物、不愿与陌生人有眼神接触，或害怕在动物园里突然"咩咩"大叫的山羊，只要这些不影响孩子的日常生活，就属

于所谓的儿童感觉敏感的范畴。但有感觉统合问题的孩子，通常对日常情境有不适应的反应，不断地表现出与年龄不符且无法被忽视的行为。

高敏和低敏

孩子患有感觉统合失调的一个标志，是他对感觉信息的反应变化无常。也许你的孩子对某些类型的感觉输入过于敏感（高敏），而对其他类型的感觉输入不够敏感（低敏）。听觉敏感的孩子可能喜欢特定频率范围内的声音（比如低频的割草机的声音），而讨厌其他频率范围的声音（比如高频的电话铃声）。高敏的孩子可能会主动避免某种感觉；低敏的孩子则会去寻找某种感觉，因为这种感觉使他们平静，让他们感到心安。当然有的孩子前一天可能对某种感觉过于敏感，而第二天就不敏感了。这真的令人非常困惑，且通常看起来更像是行为问题。举个例子，有一天你的儿子渴望在泡泡浴中嬉戏，但第二天他就完全拒绝踏进浴缸一步了。与其认为他很难相处，倒不如理解成昨天他的神经系统还保持"有序"状态，可以让他享受泡泡浴，但今天他的神经系统就"混乱"了，让他无法忍受泡澡。你不可能预测到一个功能失调的神经系统当遇到新的感觉挑战时会如何反应。

在本章开头提及的凯蒂对乳液或胶水黏糊糊的感觉高敏感，但对学校地板上沙粒或泥土的粗砂质感却低敏感。皮

肤感受粗糙的质感反而会让凯蒂感到更平静、更放松，就如同其他孩子入睡前通过捻弄头发或摩挲毯子得到安抚一样。但那种黏糊糊的乳液或胶水的触感却是凯蒂极其厌恶的，对她来说，触摸它们就像是在触摸沾满了黏液的正在爬行的塔兰托毒蛛一样令人恐怖。

孩子对感觉敏感的另一个表现是对一些事情想要有掌控感。一个讨厌头顶突然亮灯的孩子可能会喜欢把那盏灯开了又关，一遍又一遍，只要是他自己操控那盏灯。而害怕巨大噪声的孩子可能会喜欢吵闹，只要那个吵闹的人是自己。

更令人困惑的是，孩子的感觉敏感会随时发生变化。比如，一个终于开始接受梳头、洗头和剪发的孩子，可能会突然无法忍受衣服的标签或接缝接触皮肤。如果父母对儿童感觉问题一无所知，那么当孩子遇到这类问题，父母就会有些紧张。

我们需要知道的是，孩子的这些对感觉体验的反应并非出于自愿，而是异常的神经反应所导致的。

那么，为什么孩子不能靠意志力忍受梳子碰到头皮的感觉和刷牙时嘴里的牙膏泡沫呢？的确，很多孩子长大后对感觉输入有了更高的耐受力。随着年龄的增长，我们会有更多办法去适应问题、取悦别人以及表达自我，在满足自己需求的同时与环境共处。我们这些拥有典型感觉统合能力的成年人，可以忍受穿着硬挺的正装，或者去别人家做客时因为不想让女主人难堪而吃并不喜欢的炸鱿鱼。然而，孩子的年龄越小，他们就越难装出可以忍受的样子。

此外，孩子在生活中承受的外部压力越多——学校的要求、疾病、睡眠不足、家庭关系紧张、青春期的激素波动、药物的影响——他们就越难"振作精神"，也越难忍受自己的感觉问题。

保持唤醒水平的平衡

大脑最重要的工作之一是调节对感觉输入的反应，因此神经系统的唤醒水平或警觉性，与人们所经历的感觉刺激强度有关。

孩子的大脑在一天中会接收到数以亿计的感觉信息。神经系统的"抑制"作用让大脑能滤除或压抑不重要的感觉信息。例如，孩子在看电视的时候不会注意到房间里的其他东西，走路的时候也不会感觉到自己的重心在左右脚之间转移。神经系统的"促进"作用会让孩子注意到重要的感觉信息。比如，孩子感受到被他人推的感觉，然后会调整自己的身体姿势以防备跌倒。神经系统对感觉信息的抑制和促进作用通常是平衡的，从而形成舒适的自我调节状态。然而，有感觉问题的孩子无法很好地自我调节，生活中也很少感受到这种平衡。

感觉反应

	反应不足/低敏	调节良好	反应过度/防御/高敏
神经系统 发生了什么	神经系统抑制感觉信息，导致低唤醒或无法唤醒。感觉输入记录太少或根本没有记录	神经系统很好地记录和调节传入的感觉信息	神经系统促进感觉信息的输入，导致不适当的高唤醒状态。感觉输入记录太多
外在行为	孩子倾向于消极被动，对刺激反应慢；往往肌张力低下、情绪平缓（不活跃）并喜欢久坐不动	和人以及物进行与其年龄相匹配的互动	孩子往往处于警惕状态以回避有害的感官刺激。可能会因感知到人身安全受威胁而表现出战斗或逃跑行为（采取行动）
孩子如何 进行补偿 （行为上的补偿可能会非常令人困惑，这就需要家长和作业治疗师一起认真观察以便弄清楚到底发生了什么）	有时，一个低唤醒程度的孩子可能会加快"引擎转速"并表现得非常活跃，以保持神经系统处于有所准备的状态	孩子偶尔会受到过度或不足的刺激，尤其是在疲倦或饥饿时，但通常能够忍受各种感觉体验且不会有异常反应	孩子可能会试图通过停止思考和走神来屏蔽压倒性的感觉输入，这使得反应过度的孩子看起来性格孤僻、不活跃

感觉问题会影响生活的方方面面

　　感觉问题如何影响孩子的日常生活？生活理所当然是一种多感官的体验，大多数患有感觉统合失调的孩子在多个感觉系统上出现了问题。我们暂且先讨论一种感觉——触觉。

触觉过度敏感

　　触觉过度敏感的儿童，在以下一个或多个方面会遇到困难。

- **感觉探索**。生活中他们可能会避免与周围其他人和物进行接触，这导致他们感觉体验的贫乏和社交上的孤立。即使是父母的拥抱，也不能令不习惯触碰行为的孩子感到安全、安心。而那些避免触碰寒冷、潮湿物体的孩子体会不到堆雪人的乐趣。

- **情感和社交**。他们可能难以按照社会规范行事，将自己与他人隔离，并且变得好斗或抑郁。不喜欢被其他孩子碰到或撞到的孩子，可能会避免靠近他人，拒绝排队或拒绝与别人握手。他们也可能拒绝参加团体活动，并且会把其他孩子推开，宁愿独自待着。

- **运动**。他们可能不愿意尝试新的精细运动和大幅度的活动，比如用剪刀剪东西或游泳，身体协调性很差。他们可能在运动规划方面同样存在困难，无法让身体按顺序行事，比如起跳时双脚并拢、落地时也双脚并拢。

- **认知**。由于需要分心去避免触觉输入，他们可能会表现出在注意力和学习方面的障碍。因为讨厌拿着奶瓶的感觉，婴儿可能会拒绝抓握奶瓶。青少年可能会因担心同学的吵闹而分心，以至于在上课时无法认真听讲。

- **语言。**如果一味回避与他人互动，他们的沟通技能会变差。如果口腔的触觉有问题，会影响他们的说话，更无法清楚地表达自己的想法、需求和愿望。

- **进食。**如果他们回避某种口感的食物（通常是难以被察觉的），可能会营养不良（详见第2章"八种感觉"）。如果讨厌用餐具吃饭的感觉，他们可能会拒绝用餐具吃任何食物，除非可以用手来吃。在一些社交场合，如果他们迫于压力去吃排斥的食物，此后他们会避开这样的场合。

- **梳洗和穿衣。**他们可能会拒绝刷牙、理发、使用洗发水或淋浴，坚持穿自己熟悉且感觉舒适的衣服（即使衣服已经很脏了，不适合当下的场合或天气）。

触觉低敏感

触觉敏感度较低的孩子，需要更强烈的触碰来获得所需的触觉信息。这些对触觉低敏感的孩子可能会在以下方面遇到困难。

- **感觉探索。**他们可能与人或物进行过度的接触，甚至可能会用舌头去舔；会过于用力或用不恰当的方式（如咬或打）触摸其他孩子；会用手指触摸商店里的所有物品，甚至可能会伤到他人或打碎东西。

- **情感和社交。**他们对触摸的渴望程度可能会让朋友、家人甚至陌生人感到恼火、不安或责骂他们，让他们觉得自己不被需要或行为怪异。他们可能是需要经常被抱着的婴儿，或者是紧紧抓住妈妈裤腿的学步幼儿。他们渴望与他人有持续的身体接触。

- **运动。**触觉敏感度较低的儿童的大脑无法充分记录触觉输入。为了获得更多的触觉信息，他们需要更多地通过皮肤表面接触物体来进行感受。比如，他们用整个拳头来真正感觉手中的记号笔，或者摊开四肢趴在地板上才能清楚地感知记号笔就在自己身下。由于感知触觉输入的能力受损，他们只能凭借有限的技能来进行精细运动，比如书写和抓球。

- **认知。**由于需要分心去获得触觉输入，他们可能会表现出注意力和学习方面的问题。举个例子，如果他们太专注于体验铅笔、纸、桌子和椅子的感觉，就很难集中精力学习，导致无法熟练地拼写单词或是理清思路再写出来。

- **语言。**他们如果不能很好地处理口腔内的触觉，就很难掌握嘴唇和舌头的精细动作，无法清晰地说话。

- **进食。**如果他们口腔内和周围的皮肤不够敏感，就可能会流口水，食物可能会堆积在腮帮处或者挂在嘴唇上。直到过多的食物塞满嘴巴，他们才能感觉到嘴里有东西，这可能造成窒息的风险。

※ ***梳洗和穿衣。*** 他们可能会选择对正常人而言过于紧身或宽松的衣服，会因为刷牙太用力而伤到牙龈；女孩可能会把辫子扎得太紧并且不肯放松，以致头发受损。有的孩子可能会坚持穿自己最喜欢的运动鞋，即使鞋子并不合脚，把脚磨出水泡也不肯放弃。

对触觉低敏感的孩子而言，上面这些例子可能都对得上，或者完全对不上。你的孩子也可能根本没有触觉问题，而是有其他感觉问题。无论如何，如果孩子在处理某些感觉输入方面有困难，你需要明白，他在日常生活的许多方面都经历着你意想不到的困境。

南希的故事

我很难将儿子科尔的表现看作是异常行为，毕竟，我小时候也经常和他一样。我丈夫乔治说他童年经常躺在地板上一边推玩具车，一边盯着玩具车车轮看，这也是科尔最喜欢的活动之一。如果这些都是"不正常"的行为，那是不是意味着我们全家都不正常了？当早期干预人员告诉我科尔的行为有问题时，我是非常抵触的。但后来我发现，他的行为确实让他无法安心学习，影响他正常与人交往。

即使是科尔那些看似优秀的特质，也可能阻碍他完成任务。例如，他的听力一直很好——他会认真倾听远处火车过河的声音，但他确实不知道如何优先考虑自己身边的声音信息。他没有能力区分噪声和有用的声音，比如有人叫他的名字或问他问题。

科尔的视觉技能也是如此。他的目光能越过整个房间，找到他最喜欢的那本书，哪怕那本书在拥挤的书架上只露出了一个小角，这令我非常惊讶。科尔很难集中精力完成一个简单的拼图，因为他总是忙于环顾四周，注意着房间里的细微之处，包括各种玩具、积尘和掉落的猫主。林赛教我帮助孩子简化周围环境（即在科尔拼拼图时把其他玩具收起来，周围清理干净），经过训练，科尔的视觉注意力很快得到了较大提高——能够在不分心的情况下完成拼图了。认识到了这一点，我就敞开心扉接受了现实：科尔感受世界的方式与我截然不同，如果想要帮助他，我需要更好地理解他是如何感知世界、统合感觉信息以及调节自己的神经系统的。

过去，我没有将科尔的怪异行为当回事，但现在我不得不警惕他不寻常的行为和过激反应。我不再执着于"正常"这个词，因为它让我感到焦虑。我选择接受事实：儿子的行为已经对他造成困扰，我们得去试着理解和改变他的行为。

林赛的故事

儿童感觉统合失调有很多需要注意的地方，我们需要学习许多新的概念和术语，还有很多事情要做。我们将会在本书的第二部分讨论如何对其进行评估、治疗，以及家长需要着手做些什么。同时，你要知道你并不孤单。你可以在本书的帮助下，一步一步地帮助你的孩子。

当我第一次见到科尔的时候，就爱上了这个漂亮活泼的孩子，他有一头蓬松的金发和一双棕色的大眼睛。他的父母，乔治和南希，显然愿意不惜一切代价来帮助他们的孩子，但两人都对孩子早期干预评估的结果感到很不安。虽然科尔非常友善、喜欢玩耍，但他不能久坐，因此无法完全投入到他正在做的事情中。当时我跟他在一起的大部分时间，他用鼓槌猛敲沙发，冲到角落里转圈，抓挠脖子，拒绝碰我带来的橡皮泥或震动球，还会突然站起来去撞墙，又突然停止动作开始发呆。

对我来说，识别孩子感觉问题的迹象很容易，但我知道我得向孩子的父母做很多解释。毕竟，父母并不确定孩子出现异常行为时，他们是否需要出手帮助。我向南希和乔治解释什么是感觉统合失调以及科尔的感觉问题正在干扰他的发育，然后我等待着他们露出那种忧虑的表情，像是在问我"你讲的是什么'外星语'？"。然而，南希对着我频频点头，乔治也"嗯嗯"应个不停。最后南希问："我们能做什么？"这太好了！她能这样问就是迈出了帮助科尔的第一步。

在几次治疗课期间，我解释了打击和碰撞如何让科尔的皮肤、关节和肌肉产生"本体感受"，从而增强身体意识；旋转是如何刺激内耳感受器的；某些类型的纹理、振动和触感如何让他感到强烈不适；以及感官超负荷为何会迫使他停止活动并"关闭"大脑来应对问题。随着时间的推移，南希和乔治发展出了感觉智慧，他们开始将科尔的行为看作应对感觉输入的特殊方式，了解他们的儿子在面对那些感觉刺激时为何难以调节应对方式，以及这一切如何影响他说话、进食和学习的能力。

科尔已经大有长进，获得一些提示就可以进行自我调节，并使自己的身体感觉良好。他可以告诉父母他什么时候需要安静，什么时候想在便携式蹦床上蹦跳，或在他的转盘玩具上用快得令其他人想吐的转速快乐地转圈。他没有被"治愈"，因为这并不是真正的疾病，他只是一个有着复杂反应的孩子——今天喜欢某个东西，明天却可能讨厌它。他的父母一开始很难理解他的行为，但随着时间的推移，他们已经学会如何帮助他认识自己的身体和不同的感觉了。

孩子遇到的许多困难，通常是由潜在的、不可察觉的感觉问题引起的。一旦发现这一点，你就会清楚地知道，自己可以做很多事情来改善孩子的行为。我们将在第 5 章"寻找作业治疗师并与之合作"中详细解释获得作业治疗和评估的过程，但现在让我们将目光转向孩子的感觉系统。我们先要了解孩子的感官是如何工作的，以及感官为什么偶尔会给孩子"添堵"。

第 2 章

八 种 感 觉

很多人都以为人类有五感，但实际上人类有八种感觉，它们并不像你在小学学到的那么简单。你熟悉的是从外部环境中获取信息的感觉：触觉、视觉、听觉、味觉和嗅觉。此外，还有另外三种感觉：前庭感觉、本体感觉以及内感受。这三种感觉帮助你感知身体处于何时何地，应该如何在重力作用下移动身体，以及感受身体内部的生理功能发生了什么变化。

八种感觉不是各自独立的信息通道。实际上，你和孩子所体验到的一切不单是涉及某一种感觉，而是所有的感觉输入在神经系统中被一起处理的结果。举个例子，当你睁着眼睛原地旋转时，你会获得有关身体位置移动、变化的景象、双脚接触地面以及空气拂过皮肤的感觉，甚至还有双脚移动发出的声响引起的听觉。

触觉：人类最先发育的感觉

当你第一次把小婴儿抱在怀里时，你会感觉到他小小身体的重量，吸入美妙的婴儿气味，轻轻地摇晃他，听他的呼吸声并惊叹于他柔软、细腻的皮肤。

触觉系统是在子宫内最先发育的感觉系统，也是覆盖人体范围最广的感觉系统。人类的触觉感受器不仅遍布外层皮肤，还覆在包括口腔、咽部在内的消化系统，以及耳道内部及生殖器官等部位。感受器接收各种触觉，并以不同速度在特定的神经纤维中传输。感觉信号在中枢神经系统中沿着两条独立的通路传播，最终进入大脑进行处理。在这个复杂的感觉网络中，发生任何神经传输的问题都会导致混乱的感觉体验。

触觉类型

提及触觉，你可能会想到小婴儿肉嘟嘟的小脸、爱人温柔的爱抚，或是去年你的阿姨织的那件穿起来让人感觉痒痒的毛衣。触觉系统包含多种触觉。有触觉问题的孩子有着各不相同的表现：有些对某种触觉过度敏感，而对另一种不敏感；或者对某种触觉表现出令人困惑的反应，并且每天的表现都因情况而异。当你学会了理解孩子的触觉问题，他们那些看似古怪而令人困惑的行为和反应就逐渐变得可预测和可理解了。

轻触。轻触是通过某些皮肤细胞和皮肤上毛发的位移来感知的。对有感觉问题的孩子来说，这往往是最令他们不安的情况。下列物体或动作带来的触感可能会轻微刺激或完全吓坏这些孩子：某些衣物的质地，人的轻抚，落在皮肤上的草、沙或尘土，洗脸、洗头，梳头或刷牙，以及特定食物的口感。举个例子，被亲吻脸颊可能会令某些孩子感到脸像被粗糙的砂纸摩擦一样。

深压。对有触觉问题的孩子来说，深压通常比轻触更容易忍受。深压的感觉是由诸如拥抱、按摩、敲击、撞击、滚动和弹跳等活动产生的。这些触觉体验也会给关节和肌肉提供重要的感觉信息。

振动。振动通常是由诸如电动按摩仪、振动玩具或者冰箱、空调等电器运转产生，会让一些有感觉统合问题的孩子感到十分恐惧。当卡车驶过造成地面震动时，触觉高敏感的孩子可能会感觉非常不适。而触觉低敏感的孩子则可能认为坐在洗衣机盖板上感受剧烈震动很棒。

温度。一个人对温度的感受取决于他的触觉灵敏度。一些孩子会抱怨温热的泡澡水太烫；一些孩子喜爱吃冰冷的冰激凌；一些孩子则想趁着比萨的奶酪还热得冒泡就狼吞虎咽地吃掉；还有一些孩子对食物温度稍有不满就拒绝进食。

痛觉。从被纸割伤造成的刺痛到阑尾破裂带来的剧痛，对我们大多数人来说都是十分不好的体验。一些有触觉问题的孩子对一点小擦伤就非常敏感；而另一些孩子甚至根本意识不到自己已经骨折了。

触觉实际上可以分为两类：区辨性触觉（触觉辨识）和保护性触觉（触觉防御）。这两类触觉通过不同的通道（神经细胞束）从触觉感受器传递到大脑。沿区辨性通道传输的触觉能让孩子感觉到物体表面的差异，这样孩子就能在黑暗的卧室里分辨出哪个玩具是毛茸茸的泰迪熊、哪个是光滑的橡皮鸭。触觉系统没有问题的孩子，区辨性触觉能帮助他准确地从书包底部拿出一支铅笔，而不是记号笔。

触摸定位帮助孩子在闭上眼睛时确定自己被触摸的位置。如果触觉辨别或定位技能出现了问题，就会导致孩子对物体的识别和探索能力变差，因为孩子在接触物体时无法获得足够的信息。这方面能力差的孩子即便知道自己被触摸了，也可能不知道对方用的是拇指还是手掌。如果孩子很难确定触觉输入的位置，那么每当他们处于陌生环境时，比如在满是活跃儿童的游乐场，他们可能会保持高度警惕。

在神经系统保护性通道上传导的触觉输入移动非常快速，以确保你和孩子的安全，让你们避免受到伤害，比如当你们碰到热火炉时会条件反射性地把手缩回去。

触觉防御和其他问题

最典型的感觉问题之一是触觉防御，这是一种将所有或某些类型的触摸一律认作是有害和危险的情况。就像所有的感觉问题一样，触觉防御的症状从轻微到严重不等。以莉亚为例，她是一个被收养的十个月大的女孩，林赛曾对她进行过治疗。在孤儿院的时候，莉亚几乎一天二十四小时从头到脚都被裹在毯子里。虽然她是个惹人喜爱的婴儿，很快就喜欢上了她的养父母，但当任何人摸她的手脚时，莉亚都会变得非常不安。她会避免抱着奶瓶，用赤脚的方式表示抗议，不玩手感粗糙的玩具，只愿意伸出一根食指触摸物品。由于触觉过度敏感，莉亚的精细运动和大运动技能明显发育滞后。还有一个更极端、更罕见的触觉防御的例子：一个孩子拒绝被抱着，也无法接受食物进入口腔和喉咙的感觉，因而必须通过特殊管道进食。

有的孩子会有触觉不敏感的表现。南希的儿子科尔在接种疫苗时毫不畏惧甚至咯咯笑，这就是触觉不敏感的表现。

科尔在学走路时，经常在操场上擦伤膝盖，然后站起来继续活动，哪怕膝盖还在流血。他并不认为这种感觉是疼痛。

触觉不敏感的孩子需要大量的触觉输入才能获得他们需要的触觉信息，这样的孩子经常用不安全的方式自行寻找触觉输入。触觉防御型儿童需要脱敏，以便更容易接受触摸体验。这可能很棘手，因为父母都希望通过帮助孩子避开危险来让孩子活得更轻松，同时培养他对不可避免的令他不愉快的经历的容忍度。

适应触摸

我们大多数人很快就会习惯轻触或深压的感觉，但需要更长的时间来适应疼痛或温度的变化。例如，你穿上袜子后很快就不在意它们了；而有触觉问题的孩子可能会在之后的数小时内持续意识到他们正穿着袜子，他们的身体认为穿袜子是一件不断开始的新事件。当你们一家人在冬天去佛罗里达州度假，你下飞机时，虽然已经换上夏天的衣服，但你还是可能感到不适，因为你的身体仍然习惯于较冷的温度，不过这种感觉在几个小时内就会消失。而你的孩子可能会整个假期都在抱怨热得要命，即使他一直身穿短裤和背心。

在帮助孩子解决触觉问题时，很难判断父母是否干预过度。例如，一些父母和育儿专家认为，不该给孩子挠痒痒，这对孩子有害，可能会刺激过度。事实上，痒感主要沿着保护性触觉通道传播。对触觉防御型的孩子来说，挠痒痒的确令他无法忍受。但是，也有许多感觉统合失调孩子的父母注意到，他们不敏感或者过度敏感的孩子喜欢挠痒痒，会主动要求被挠，而且也会因此平静下来。父母需要判断挠痒痒是否应该成为孩子触觉脱敏计划的一部分。他们需要一些指导才能确定应该通过哪些技术来帮助自己触觉敏感的孩子，了解对孩子而言什么是安全的触觉输入量。

触觉敏感的常见表现

尽管许多孩子有以下触觉敏感的表现，但你需要考虑你的孩子是否比其他孩子表现得更频繁、更显著。你的孩子是否有下列表现呢？

- 在手、脸或衣服被油漆、胶水、食物或沙子等东西弄脏时，会变得心烦意乱或者根本意识不到。

- 赤脚在草地、沙滩、地毯或油毡等表面上行走时会变得焦虑（甚至会踮脚走路以减少皮肤接触）；抑或渴望在这类表面上行走。

- 在穿衣服的时候表现得大惊小怪，抱怨衣服穿着不舒适。

- 避免被触摸，尤其是被不熟悉的人触碰；或者是过度寻求身体接触。

- 与他人相比，痛感更强或更弱。

- 强烈厌恶刷牙、洗头或剪指甲等清洁护理行为。

本体感觉：感觉自身肢体位置和运动的感觉

当你闭上眼睛，能感受到你的脚在哪里吗？手臂呢？手呢？本体感觉是一种内在的感觉，"告知"你身体部位的位置而无须你刻意查看。这种内在的身体意识依赖于关节、肌肉、韧带和结缔组织中的感受器，它们接收肌肉弯曲和伸展时以及身体静止时的信息。当你坐下来阅读本书时，你的臀部、腰背部和腿部的关节、肌肉和结缔组织被"压缩"（推挤到一起）；而当你拉住杠子准备做引体向上时，它们则会"分散"（被拉开）。

关于身体位置的信息会通过脊髓传送到大脑中。正因如此，除非主动去思考，否则你很少会意识到自己身体各个部位的位置。当你在阅读本书时，你的注意力会集中在书中呈现的信息上，从而可能会过滤掉孩子在另一个房间玩耍的声音。也许你正在吃零食，但无论你在做什么，你可能都没有考虑过自己的身体姿势。然而，你并不会从椅子或沙发上摔下，因为感受器帮你把这些都处理好了。

对本体感觉受损的孩子来说，生活并不容易。他们就像是在受训的宇航员，不知道自己的身体在太空中的确切位置；他们的身体内部缺少可以定位身体的"地图"。除非主动查看，否则他们很难确定身体各部位在任何特定时间的位置。同样，他们也需要有意识地努力操控，才能完成移动和停留的动作。为了弥补此类缺陷，这些孩子可能会动作缓慢、笨拙。因为缺少适当的来自躯干和腿部的本体感觉输入，他们可能会从教室的椅子上滑下来、上楼梯时跟跟跄跄或在跑步时摔倒。

手指的本体感觉较差会让他们难以完成好好写字、系扣子以及在不撕碎面包的情况下做三明治等精细动作。由于无法评估东西的重量，这些孩子会握不住铅笔，或者用太大的力气去捡东西。

本体感受器会检测肌肉和关节的伸展和拉力，并"告诉"大脑肌肉需要多少张力，而受损的本体感受器会妨碍身体获得保持良好肌肉张力所需的关键信息。

劳拉是林赛教过的一个学龄前儿童，她是一个非常活泼、热情的孩子，但她的拥抱过于用力。吃饭的时候，她把果汁弄洒了。她试图用勺子舀食物的时候，却不小心让盘子从桌上飞到地板上。在她朋友的生日聚会上，当有人用眼罩蒙住她的眼睛让她玩给"驴"钉尾巴的游戏时，她彻底崩溃了。她妈妈抱着她安慰了很久，才使她平静下来。

劳拉的行为并不粗鲁或具有破坏性，她只是不知道如何在物体上施加正确的力度。她无法轻微调整自己的动作，因为她无法从身体内部获得可靠的感觉信息。当被蒙上眼睛时，劳拉无法掌握自己身体的空间位置。

劳拉渴望强烈的本体感觉体验，比如撞墙、敲打玩具、在一堆枕头上翻滚等，以获得更强的感觉信息。但有些孩子却不愿意这样，可能会尽量避免这种感觉输入。这些孩子经常会在做作业时像软面条一样瘫倒在课桌上，或者常常因为觉得"太累了"而不想和其他孩子一起在外面玩耍。

本体感觉异常的常见表现

随着孩子的成长，他们的身体意识都会增强。与同龄的其他孩子相比，你的孩子是否有下列行为特征？

- 行动笨拙或僵硬。

- 似乎比其他孩子体弱。

- 抓握东西时，力气太小或用力过猛（例如，难以扣上扣子、不擅长玩弹珠和乐高，写字下笔太轻或太重，经常弄坏玩具）。

- 并不好斗，却经常推、打、咬或撞到其他孩子。

- 回避或热衷于跳跃、碰撞、推、拉、弹跳和悬挂等活动。

- 比其他孩子更喜欢啃衣服或其他东西。

- 需要经常查看自己在做什么，例如，走路或跑步时看着自己的脚。

前庭感觉：维持人体平衡

想象有三个学龄前儿童在游乐场上玩耍，他们是露西亚、麦克斯和爱德华多。露西亚跑到秋千上，然后蹬腿荡起秋千，但秋千的高度还不够令她满意，她要求妈妈把她推得更高。几分钟后，她跑向大滑梯，爬上滑梯，在轮到她时一滑而下，一路傻笑。接下来，她又爬上螺旋滑梯，从上面滑下来，并注意观察妈妈是否在下面等着她，因为螺旋滑梯是有点吓人的。过了片刻，露西亚准备吃点零食并休息一下了。

麦克斯的妈妈还在哄他坐在她腿上荡秋千。他们已经浪费了一些时间，因为麦克斯在跑向秋千的过程中绊了一下摔倒了。妈妈把他扶起来，他就拼命地抱住她，忍耐了几分钟后，他又开始扭动身体，脸色发白。妈妈抱住他，一起在沙坑里玩了片刻。当妈妈再次问他是否想去滑大滑梯时，麦克斯尖叫道："不！"他只同意去滑小宝宝的滑梯，并且自己爬上滑梯滑了下去。之前妈妈曾经让麦克斯坐在她的腿上一起滑下大滑梯，那天操场上比较安静。然而，今天麦克斯似乎满足于只玩沙子和滑小宝宝滑梯了。只不过他看到其他孩子在攀岩墙上玩得很开心时，露出了伤心的表情。

与此同时，爱德华多仍在开心地荡秋千。他妈妈根本无法带他离开，尽管他已经荡了足足二十分钟，而其他排队的家长都开始不高兴了。爱德华多占用秋千的时间实在太长了。

三个孩子的表现，分别代表三种不同的感觉处理情况。露西亚能很好地统合前庭感觉。麦克斯和爱德华多表现出

前庭统合不良的迹象：麦克斯逃避运动，爱德华多渴望运动。麦克斯很难保持身体平衡，而且容易头晕，荡几分钟秋千就会让他感到恶心。他觉得只要双脚离开地面自己就会摔倒，只有妈妈紧紧地抱着他时情况才会好一些。爱德华多却是玩不够的那种类型，他总是动个不停，很难坐着不动。

前庭系统是如何发挥功能的？

内耳的感觉感受器为孩子提供有关运动、重力和振动的重要信息。由于地球恒定的引力影响着我们周边的一切，所以前庭系统一天二十四小时都在发挥着作用。孩子每次移动头部，前庭感受器都会受到额外刺激，接收所需的感觉信息。

内耳上有细小的毛发，覆有微小的碳酸钙晶体。当孩子倾斜头部、左右摇头或头朝下时，这些细小的毛发及晶体就离开了它们的正常位置。这样的位置改变能保证孩子姿势变化如弯腰时不会失去平衡，也保证了他们在侧手翻时可以保持腿部伸直的状态。

内耳道也可以检测到加速、减速以及正在进行的转头运动。耳道基部的毛细胞浸润在一种叫作内淋巴的液体里。当我们坐在汽车上汽车开始启动时，该液体使得毛细胞向后弯曲，这样我们就感受到了加速。当汽车匀速前进时，液体稳定下来，毛细胞回到正常位置，我们也就不再感觉到移动了。而当汽车停

下时，毛细胞向前弯曲，我们就感受到减速。快速的启动和停止会产生非常强烈的前庭刺激。有些孩子会因前庭信号的输入而平静下来，例如坐在行驶的汽车上或荡秋千时；而另一些孩子则对此深感不安。

不同类型的运动产生不同类型的前庭刺激，这一切都对维持正常的前庭功能极为重要。当孩子上下跳动例如跳绳时，前面提及的碳酸钙晶体会上下晃动。奔跑和荡秋千的运动使该晶体来回摆动，也使得内淋巴液体不停晃动。旋转会强烈地激活耳道中的感受器。而当孩子触摸振动的物体时，振动会经骨骼传递到内耳，从而激活感受器。

前庭系统使得克服重力并在空间中移动，比如弯腰捡起背包、乘坐校车、步行去教室和参加体育运动等变得容易。更细微的前庭活动包括在课堂上保持坐姿、保持适当的兴奋和专注、抬头看黑板和低头写笔记，以及协调有序地活动自己的身体。

连接其他感官

正常情况下，前庭系统主要负责组织感觉输入。有感觉问题的儿童，前庭系统和其他感官之间的联系通常较为薄弱，这意味着他们无法得到可靠的感觉信息的输入。统合前庭的感觉输入与其他感觉输入非常重要，究其原因如下。

- 帮助孩子理解人是如何确定头部和身体的方位的，以便他们能保持平衡，让他们在移动时拥有安全感。一个没有信心移动的孩子，很可能会感到不安。

- 当头和颈部移动时，前庭系统可以帮助稳定视野。举个例子，孩子可以一边注视着篮球筐，一边跑动并将球运向篮筐。如果前庭神经输入不能很好地与视觉统合，孩子也许能够很好地阅读板书和课本，但在走向门口时，他可能会撞到桌子或其他孩子。

- 保持肌肉的张力和身体的姿势。肌肉无时无刻不需要收缩，这样身体才能保持直立并对抗始终向下的重力。

- 帮助调节警觉程度和注意力水平。大脑中的网状激活系统负责唤醒神经系统，这些细胞接收大量的前庭感觉输入。缓慢而稳定的运动，如坐在椅子上摇晃，通常会降低唤醒程度。但快速而剧烈的运动，如在跳跳杆上弹跳，则会加速唤醒。你可能需要每天早晨在真正清醒之前就起床并四处走动，因为你太久没有活动了。

前庭敏感性

前庭系统有许多不同的通路，要完成各类不同的工作。请记住，与其他感觉系统一样，有些通路可能在有效地发挥作用，而另一些则根本无法正常发挥作用。对移动过度敏感和不太敏感的孩子，其差别是巨大的。孩子通常会对情况进行评估（即"我有危险吗？"），并采取相应行动。但对于前庭系统功能不良的儿童则不然。

重力不安全感。 有重力不安全感的孩子，通常会对反重力运动产生强烈的反应，但他们未必会真正跌倒。我们大多数人都对重力对自身的影响习以为常，但重力却对一些孩子造成了很大困扰。由于身体内部不能稳定地感应到重力，所以只要稍微动一下，这些孩子就感觉像是在蹦极或有失重的感觉。研究表明，重力不安全感可能是来自耳石的前庭感觉系统过度敏感，加上本体感觉缺失造成的。缺乏重力安全感的孩子更喜欢待在接近地面的低处，害怕姿势的改变，对一点点高度就会畏惧。这类孩子在被迫移动时，尤其是在没有防备的情况下，会变得非常不安。

害怕荡秋千的小男孩麦克斯就是一个典型的例子。一旦他的双脚没有牢牢地踩在地面上，他就会变得害怕和焦虑。他讨厌别人逼他移动，但他很信任他的妈妈。游乐场上的其他家长和保姆都很羡慕麦克斯，因为他从来不会像其他孩子那样乱跑。麦克斯会紧紧地贴在妈妈的身边，靠她来挡住那些可能会撞到或推搡到他的孩子。他等着妈妈发现他应付不了这样的混乱场面并安全地把他带到沙坑那里，他就可以在那里找个角落坐下，紧挨着地面。

移动不耐受。 有的孩子会对快速移动或旋转感到不适。前庭敏感的儿童在玩旋转木马或乘车时很快就会头晕或恶心。对视觉敏感的孩子来说，仅仅是看着另一个孩子旋转就会令他们难受。一个孩子可能会同时存在重力不安全感和移动不耐受的问题。

移动低敏感。 当孩子对感觉刺激不敏感时，他们会越来越渴望得到更多的刺激以获得需要的感觉输入。而对前庭刺激反应不足的孩子可能很爱移动，但不一定是以有序的、适当的方式移动。他们的肌张力可能会较低，难以抵抗重力去移动；可能较难从一种姿势转换到另一种姿势（比如站起来走动）；也可能在移动的起止上有问题；还可能会很冲动地行动，没有一点安全意识。

前庭感觉异常的常见表现

孩子们对活动的喜爱程度各不相同。有些孩子喜爱一连几个小时蜷在一处读一本好书，有些孩子则坐久了就会发疯。为了确定孩子的前庭系统是否有问题，请看看你的孩子是否有下列表现。

- 不停地动来动去（不能静坐不动，否则会坐立不安）。
- 不喜欢或喜欢双脚离开地面并挑战平衡的活动。
- 头部、颈部和肩部看起来很僵硬，或始终保持头部伸直。
- 上下楼梯或者在游乐场玩耍时表现出害怕或犹豫。
- 对移动、登高和跌落过于恐惧或过于无畏。
- 很容易头晕，或者从不头晕。

● 乘车、乘船时容易晕车、晕船或很快入睡。

听觉：在声波作用下产生的对声音特性的感觉

李是一个安静的十四岁男孩。他喜欢看书、画画和遛狗。最近还喜欢和他最好的朋友山姆一起玩。山姆很喜欢逛商场、滑旱冰或参加派对。而李只想邀请山姆来家里谈天说地。李如果加入一个社团小组，只会觉得每个人都在叽叽喳喳地说话，听着太累太无聊了。在学校，当老师写下教学内容时，他能完成得很好。但如果老师只是大声地说出要求，他就会搞混。李总是觉得其他的孩子很吵。他的妈妈也常常生气，因为李从不听她的话。他有时甚至听不见妈妈叫他的名字，尤其是当他在看视频或听音乐的时候。

吉娜是一个刚会走路的可爱女孩，她的父母很担心她，因为吉娜非常害怕噪声，听到妈妈使用吸尘器时，她就会尖叫。在路边，吉娜会焦虑地看着过往的汽车。当听到鸟叫时，她会停下正在做的事情。她需要绝对的安静才能入睡并保持睡眠状态，甚至连风声都能把她弄醒！最让人困惑的是，吉娜似乎能听到别人听不见的声音。

许多儿童在处理听觉输入方面有困难，即使他们的听力和智力都正常。听觉处理是指中枢神经系统识别以及理解声音的过程。当声波传到内耳耳蜗时，我们就"听到"了声音。而当这些信息被转化为能被大脑处理和解读的电脉冲时，我们就能听懂这些信息了。

有听觉处理问题与失聪或听力受损不同。听觉处理障碍（也称为中枢听觉处理障碍、中枢听觉功能障碍等）是一种神经系统问题，是由声音信号在传递到大脑的过程中发生错误而引起的。

对声音的反应

听是一个复杂得令人难以置信的过程，涉及听觉输入和声音处理。声音有很多维度：强度（响度，以分贝为单位）、频率／音高（每秒声波数）、持续时长（声音持续的时间）及定位（发声位置）。

有感觉统合问题的孩子可能很难把所有这些信息整合起来。有的孩子，听觉可能极其敏感，能听见大多数人听不到的声音。虽然正常听力的音量阈值是0～15分贝，但听觉高度敏感（听觉过敏）的人实际上可以听到0分贝以下的声音（0分贝不等于没有声音）。显而易见，如此多的听觉输入增加了听觉高度敏感的孩子在过滤不相关的声音和只关注显著声音方面的难度。当音量超过一定水平时，我们大多数人都会感到不舒服，但哪怕音量很小，一个过度敏感的孩子也可能会感到痛苦。

孩子对声音的不适感并不总是源自高音量，相反，也可能是对特定频率过度敏感。有些孩子对高频声音（比如某些人声和特定的语音，以及电话铃声）过于敏感，听到高频声音就会感到非常痛苦。而另外一些孩子则可能对低频声音，比如割草机、空调或吸尘器的声音过于敏感。有些孩子对声音反应不足。他们喜欢大声响，如活泼的人声或响亮、有力的音乐，才能"唤醒"他们的耳朵。

存在听觉问题的儿童，他们在耳朵和大脑如何记录和处理听觉输入方面存在神经生理学上的异常。2011 年的一项研究将患有感觉统合失调的儿童与发育正常的儿童进行了对比，发现前者的听觉敏感度较弱，即他们对简单听觉输入的感知和辨别能力较弱，例如滴答声和电子提示音。这样的孩子很难对某些声音做出适当的反应，因为他们无法轻易发现这些声音。

存在听觉问题的儿童可能无法理解声波来自何处，以及它们传播了多远。例如，这样的孩子可能会认为外面"轰隆"经过的卡车会对他们的人身安全构成威胁。

还有的孩子往往很难过滤掉背景声音——对他而言，冰箱压缩机工作的"嗡嗡"声和你喊他吃饭的声音听起来是一样的。这样的孩子可能不得不闭上眼睛或移开视线，以减少来自某个"通道"的感觉信息，从而提升听觉处理的能力。

听觉问题和学习

听觉感受问题会严重干扰孩子的发育和学习。在课堂上，有听觉问题的孩子可能会耗费大量的精力来抵挡那些看似微不足道的干扰，例如另一个孩子写字的声音、翻书的声音或者有人在过道甚至另一间教室里走动的声音。老师

听觉和前庭系统的连接

听觉与前庭系统联系密切。每当你听到声音，就会激活你的重力感受器；而每当你开始移动，则会激活你的听觉感受器。这是为什么呢？原因在于前庭系统和耳蜗（内耳中负责听觉的部分）在解剖学和生理学上是紧密相连的，它们都位于内耳，其感受器也以同样的方式工作。它们依赖于相同的神经，甚至共享部分相同的神经纤维。因此，摆动等动作会刺激重力感受器，也会影响到听力，这是有道理的。同样，一声巨响会吓孩子一跳，摇滚乐可能会让他们像疯子一样跳舞，而轻柔的节奏可以让他们入睡。研究还表明，前庭刺激可以帮助自然发声，这意味着运动非常有利于言语迟缓孩子的语言开发。

用记号笔在白板上写字发出的声音或响起的上课铃声都可能会让这类孩子难以忍受。

如果孩子需要全神贯注地保护自己免受潜在的噪声的影响，那他们显然是无法专心学习的。那些需要更多听觉输入来记录和留住信息的孩子，当其他人以口头形式传达信息时，他们会感到不知所措。这些问题常发生在发育迟缓、有学习障碍、孤独症、注意缺陷多动障碍的孩子身上。

有听觉问题的儿童通常也有语言发育障碍，例如他难以理解别人说的话，在谈话或写作时容易偏离主题，存在阅读或拼写困难，或无法使用合适的词语。你将在本书的第 10 章了解到更多相关知识。

听觉问题的常见表现

听觉问题的表现因人而异。例如：有的孩子想要一个东西，会反复念叨直到获得满足；有的孩子听到一千米外的消防车经过都会尖叫。你的孩子有下列行为或表现吗？

- 对巨大或不寻常的声响反应过于强烈，或几乎没有反应。
- 语言能力不如同龄儿童。
- 当你叫孩子的名字时，他看起来无动于衷，尽管你确定他能听得到。
- 有严重的耳部感染史。

- 频繁捂住耳朵以屏蔽声音，或无缘无故地捂住耳朵。
- 在人群中或声音嘈杂的房间里，显得不自在或心烦意乱。
- 对你听不到的声音有反应——或者早在你听到声音之前就会做出反应。
- 说话的音量异常高或异常低。
- 经常要求别人重复说过的话。
- 在拼读和跟读方面有困难。

视觉：所见非所得

大多数人一想到视觉，脑子里会出现美丽的画面，比如令人惊叹的日落或孩子抱着喜爱的毛绒玩具睡觉。当人们想到视觉问题时，他们可能会联想到导盲犬、视力表或是眼镜。然而，视觉所涉及的范畴不仅仅是眼睛准确捕捉图像的能力。你不仅要观察环境中的事物，你的大脑还必须处理这些视觉信息——关注一个物体，在它或你自己移动时，你的视线能跟随它，知道自己是否需要对它做出反应；如果需要做反应，能够选择最佳的方式。

婴儿会学着跟随一个移动的物体，比如他们的妈妈。他们用目光追随着妈妈，还可以通过移动头部保持视线追随，他们也会学着寻找发出声音的地方。之后，幼儿通过蹒跚学步，缩短自己和物体之间的距离，加深对感兴趣的物体的了解。他们会触摸物体，用牙咬它们，并学习如何推、拉、捡以及扔它们。随着孩子逐渐长大，他们可以更好地利用视力来玩耍和学习。他们可以一边看着球，一边做好接球的准备，还懂得如何观察字母排列的顺序以帮助记忆。他们发展视觉记忆，并以流畅、有序的方式来阅读书籍。

那么，环境中的图像是如何转化为大脑可以使用的信息的呢？答案非常复杂，但我们会用简单的语言来进行解释。眼睛里的视觉感受器受到刺激，会产生脉冲传达到视神经，视神经将视觉信息再发送到大脑的各个部位，在那里信息被感知、整理，并与其他的感觉进行关联。

眼球运动和眼球协作技能

视觉的产生依赖于眼部肌肉的作用。眼部肌肉使眼球处于合适的位置，并帮助左右眼球同时平稳顺畅地移动。即便每只眼睛的视力都正常，如果两只眼睛不能像双筒望远镜一样进行"团队"协作，视觉输入的冲突部分也会导致认知混淆与误解。要与前庭协同处理视觉信息，眼部肌肉需要具备以下功能。

- 跟随移动的物体，比如滚动的球或在操场上奔跑的孩子。

- 移动时能将视线锁定于某一目标，以便保持视野稳定。

- 按照一定的顺序浏览，例如阅读书中

一行行的字。

- 将视线从一点转移到另一点，如阅读时从一个词读到下一个词；或从近处看到远处再看回近处，如摘抄黑板上的笔记。

许多感觉统合失调的儿童，其眼球运动和眼球协作技能有损。这使得他们极难完成诸如注视他人双眼、爬楼梯、绕过家具和人等障碍物、运动、阅读和写作等日常任务。

我们的世界充斥着铺天盖地的视觉图像。随着孩子大脑的成熟，他们学会了过滤掉不重要的东西，关注他们需要看到的东西。也许你正站在电视机旁和孩子说话，但他只能看到《爱探险的朵拉》[①]。这个时候，你可能得大声点，轻拍孩子的肩膀，或者完全挡住电视机屏幕才能引起他的注意。有的孩子会坐在教室里看着老师，视线跟随老师的一举一动。而有的孩子则会环顾整个教室，对外面的卡车、老师漂亮的新靴子、擦了一半的黑板给予同样的视觉关注。后者会被相互冲突的视觉刺激分散心神，从而很难控制自身的视觉注意力。他们什么都看，但有时却什么都没学到。

孩子可能会通过过度聚焦来弥补视觉处理上的缺陷。过度聚焦的孩子，尽管全神贯注观看视频，但其实他们没有接收到任何信息。

有些孩子渴望视觉刺激。他们会盯

---

① 美国尼克频道出品的动画片。

着某样东西一动不动，看似在走神，实际上却是在学习。例如，林赛曾观察到，马龙在两岁的时候很喜欢倒出一桶字母、数字和各种形状的卡片，然后盯着它们看上几个小时。六个月后，他开始自发地书写和描画简单的形状，准确率超过了同龄孩子。

就像所有的感觉问题一样，视觉敏感的程度有轻有重。内森是林赛曾治疗过的一个幼儿园小朋友。在课间休息的时候，他只想在沙坑里玩。而当没人愿意和他一起玩时，他就会大哭。林赛了解内森，这是一个红头发、白皮肤、蓝眼睛的男孩，他的卧室窗帘总是紧闭着。林赛知道蓝眼睛的人对光更敏感，于是要求内森的父母下次送他去学校时给他戴上太阳镜和棒球帽。果然，当林赛哄着内森和小乔什一起玩跷跷板时，内森爬上了跷跷板。当跷跷板上下晃动时，他高兴得大声喊叫。虽然需要大人的帮助才能把篮球投进篮筐，但内森玩篮球时显得特别开心。林赛意识到，内森之前只喜欢在沙坑里玩，是因为沙坑是唯一有树木遮阴的地方。内森之所以不愿和朋友们一起玩，也没有机会在更有难度的游戏设备上发展他的技能，都是因为朋友们和这些游戏设备处于阳光下。

视觉过度敏感

部分儿童、青少年对移动非常敏感，他们可以比同龄人更快地察觉到动作的发生。因此，视觉过度敏感的人在热闹的环境中会迅速出现视觉超负荷。他们在与说话时面部表情和肢体动作过多的人交谈时也会出现不适。

一些有孤独症、学习障碍和发育障碍的孩子还患有暗视敏感综合征（也称爱伦综合征）[①]，这是一种由对颜色、光线、图案和对比度过敏引起的视觉感知问题。最严重的情况下，孩子可能会出现"雪盲"，并会暂时失去视力。视觉过度敏感包括以下内容。

对亮度敏感。 对亮度敏感的人，太亮的光线、正午的阳光、眩光和荧光等会干扰他们的神经系统，引起疲劳、焦虑、头晕、头痛和其他身体问题。环境中或印刷物页面上的眩光使他们的视觉焦点难以保持固定，而荧光尤其容易导致视觉问题。对亮度的敏感会严重影响孩子的注意力。

对对比度敏感。 大多数人在阅读时很容易将文字与页面的背景区分开来。但对有些人来说，页面的白色背景与黑色文字相互"竞争"，看上去文字失去了明显的边缘轮廓。

印刷物识别困难。 一些人在阅读时，感觉页面上的印刷字看起来不稳定，会闪烁、移动、变化或分开。随着孩子的成长，他们必须阅读很小的印刷字，每

[①]　爱伦研究所（Irlen Institute）估计，这种处理障碍影响了超过 10% 的普通人和近一半的孤独症人士。

次阅读也会持续很长的时间，印刷物识别困难会变得更加明显。

识别范围受限。 有这种问题的人无法一行一行轻松地阅读书上的文字，也不能轻易地从一组字词读到另一组字词。他们在阅读、抄写和校对方面极为困难。

他们看环境中的物体会变形。类似印刷物识别困难，这类人看到的环境中的物体会模糊、移动、变化，或像是正在消失和重现。例如，楼梯可能会摆动或消失，父母的脸可能看起来"很怪"，地板可能会移动，等等。了解了这些，父母也就可以理解孩子为何拒绝爬楼梯、避免与他人眼神接触、更愿意待着不动了。

请记住，视觉技能与运动技能密切相关——当学习一种新技能时，我们都会用眼睛引导肢体动作。当孩子开始学习使用电脑键盘时，会看着自己的手指；学习滑旱冰时，会看着自己的双脚。随着逐渐熟悉新的运动模式，他们的脑子里会形成做这些事的思维导图，可以越来越不依赖视觉。他们可以在打字时不看电脑屏幕，可以一边滑冰一边欣赏风景。

视觉问题的常见表现

因为孩子意识不到自己和其他人看待事物的方式不同，所以父母必须关注到孩子的细微表现。你的孩子有下列表现吗？

- 经常抱怨头痛或疲倦、经常揉眼睛或眯眼。

- 难以集中注意力。

- 阅读时容易跳词或跳行，或者经常忘记读到哪里，除非用手指来指引。

- 书写和绘画能力较差。

- 无法很好地抄写老师的板书。

- 似乎对身边的事物不感兴趣，或很容易分心。

味觉和嗅觉：是美妙还是糟糕？

因为有嗅觉，我们能"闻"到危险，闻出变质的牛奶、腐烂的肉、有毒的烟雾和其他臭味，以确保自身安全。如果闻到的味道令你觉得"哦，真恶心"，你就会捏着鼻孔匆匆逃离。气味通常是由自由流动的气体带到鼻子里的。当我们不确定自己在闻什么，或者想要好好闻一闻的时候，我们就会通过抽动鼻子来产生更强的气流，将更多的气味分子吸到鼻腔的感受器上。一旦到达那里，气味分子就会被鼻黏膜上毛茸茸的、随着气息摇摆的感受器吸收。等收集到足够的气味时，神经冲动就会沿着嗅觉（气味）通道传递到大脑。

气味直接进入大脑的边缘系统，这是处理情绪、储存记忆的中心。没有其他感觉能像嗅觉那样触动我们的情感。对为孩子提供治疗、经常出入纽约市各种公寓大楼的林赛来说，走廊里飘来的炖牛腩的气味会让她想起祖父母在布鲁克林公寓里的情景，以及那种温暖的感觉。对南希来说，塑料的气味会让她想起童年的圣诞节以及芭比娃娃。

味觉和嗅觉是密切相关的。你有没有想过为什么感冒的时候吃东西，会觉得索然无味呢？问题在于鼻塞，而不是你的味蕾。虽然人类的嗅觉大概可以区分 10 000 种气味，但我们只能尝出几种味道如酸、甜、苦、辣、咸等。其他我们认为是味道的东西，实际上是气味。食品的口感和温度属于触觉的范畴。舌尖最先感觉到甜味，舌尖和两侧感觉到咸味，舌中部和舌两侧感觉到酸味，苦味主要在舌根处被感知。在"品尝"某样食物之前，你需要用唾液来溶解它，这就是当你渴望食物的时候会流口水的原因。

味觉和嗅觉一起协作，给我们大多数人带来了极大的快乐和满足。但对有感觉统合问题的孩子来说，许多味道和气味会令他们讨厌。受到影响的孩子会认为生活处处充满散发臭味的东西，从刷牙用的薄荷牙膏和父母喝的咖啡，到发霉的校车、其他孩子的衣服、木制铅笔、学校的浴室以及气味混杂的餐厅等。

理解孩子的饮食问题

除了能引起恶心或美妙感觉的气味，大多数人都会自动屏蔽掉大部分气味，但有些人做不到。有些气味可能令孩子不知所措，并妨碍他们学习、玩耍，甚至让他们失去快乐的童年。嗅觉防御型的孩子可能会被各种气味困扰，以至很难集中注意力做其他的事情。还有一些孩子喜欢寻找特殊的气味。林赛曾经治疗过的一个幼儿园小孩过去常常在教室里四处游荡，喜欢闻各种东西，从积木到黏土再到老师的头发。

对味道不敏感的孩子往往会寻求一些刺激的味道。他们喜欢吃辣薯片，在炸薯条上放很多盐，吃柠檬以及在汉堡上加辣酱等。有味觉防御意识的孩子很可能是对食物散发的气味而非食物本身的味道做出反应。另外，很多时候孩子挑食，实际上是在回避或寻求某种特殊的口感。有些孩子只吃像酸奶或香蕉等光滑的食物；下颌肌肉力量较弱的孩子可能会拒绝吃像肉或贝果这样耐嚼的食物；喜欢吃椒盐脆饼和炸鸡这类酥脆食物的孩子，可能是在寻求口腔关节和肌肉的感觉输入。有的孩子则受到视觉方面的影响，他们可能会拒绝吃那些会颤动的食物，比如果冻；或者坚持只吃偏白色的食物，比如黄油意大利面、奶油奶酪、咸饼干、鸡肉、蛋白和香草冰激凌等。

一旦孩子找到了一种自己喜欢的食物，就有可能一直想吃它。假设你要和邻镇的一户人家外出共进晚餐，你觉得中餐馆是一个合适的选择，因为那里的鸡肉、西蓝花是你儿子最爱的食物。但是当服务员把食物端上来时，你的孩子却抱怨："这不对！"对一个敏感的孩子来说，这可能确实不对——西蓝花或鸡肉块切得比以前更大或更小。这家餐厅炒菜用的油可能是菜籽油而不是花生油，食物可能太热或太冷，有变化的地方真是数不胜数。更重要的是，孩子的敏感反应可以天天变化、餐餐不同。孩子的挑食问题可能引发你们之间的"战争"。孩子的味觉和嗅觉出现问题时，可能引起营养不良。

味觉和嗅觉敏感的常见表现

- 回避大多数同龄儿童喜欢的食物。

- 可接受的食物种类有限。

- 渴望某些气味、味道。

- 即使你没闻到任何糟糕的气味，孩子还是会捏紧鼻子。

- 容易噎到、恶心或呕吐。

内感受：身体用来感知自身的状况

内感受是一种重要的但鲜为人知的感觉系统，有了它，我们在这个世界上的体验才会变得完整。内感受指的是来自心脏和膀胱等内部器官的感觉输入，它向大脑提供有关身体内部状况的信息。内感受会"告诉"你，你是饥还是饱，是渴还是需要大小便，是冷还是热，是感到恶心、疲劳还是亢奋。它还会"告诉"你心率、呼吸等方面的情况。

我们通常不会意识到这些感受，除非有一些明显的症状会引起我们的注意，如发热、心跳加速、呼吸急促、困倦或

突然想上厕所。当我们意识到来自内感受的信息时，我们必须理解它并思考如何处理它。例如，热衷于跑步的人会体验心率、血压和呼吸的变化，并监测这些生理变化是否与运动强度成比例。也就是说，这些信息帮助他们决定是否需要放慢速度、补充水分、停止跑步，甚至寻求医疗援助。

如果你感到恶心或疲惫，或者心怦怦地跳，你就会失去平静和舒适的感觉。只有当你能够感知和理解自己的内感受时，你才能采取行动来满足自己的需求。作为孩子的监护人，父母要发挥的关键作用之一是帮助孩子学会适当和及时地识别内感受并做出反应。有感觉问题的孩子需要认识自己身体的自然节律，这样他们就可以"定期地"（有规律地）休息、吃饭和排便，并在他们感到身体不适时告诉父母。

正是这种内感受让孩子意识到，尽管他们可能很享受用乐高积木搭一座超酷的塔，但他们需要停下来去如厕了。也正是这种内感受在"告诉"青少年，尽管他们必须花时间复习准备期末考试，但他们确实也应该停下来好好睡一觉了。这种内感受还会"告知"你：是的，你发高烧了，你不能继续打扫厨房了，你得照顾好自己。

有研究人员认为，我们对健康、活力和压力的感知都基于我们的内感受，认为内感受是主观感受、情感和自我意识的基础。

应对内感受问题

当内感受系统接收到异常信号时，大脑就会做出反应。应对的方法可能很简单，你只需要听大脑的，去吃点零食、喝点水、小睡几分钟，或做几次深呼吸放松一下就好。但是，当一个人难以解读自己身体的信号、不知道如何识别和选择最好的策略来让自己更好受一些的时候，就会产生焦虑、恐惧。

处理内感受问题的第一步，是要考虑是否有值得关注的生理原因。如果孩子有不规律的排便习惯，父母得咨询儿科医生。儿科医生可能会推荐你带孩子去看泌尿科医生或胃肠科医生等专科医生。如果孩子出现习惯性便秘或腹泻，他很可能会抵制如厕训练，因为他想要避免生理疼痛。这种情况并不是孩子无法读取自己身体的内部信号的表现。要知道，一个食欲难以得到满足的孩子可能患有罕见的染色体疾病，比如普拉德–威利综合征（Prader-Willi Syndrome，又称低肌张力–低智力–性腺发育低下–肥胖综合征）。一个因感到胸部偶尔剧烈颤动而变得焦虑的孩子，可能患有二尖瓣脱垂等常见的心脏瓣膜疾病。如果你对孩子的行为产生困惑，切记一定要检查并排除医学方面的问题。

接下来需要解决的问题是，如何更好地识别身体哪些系统出问题了，以及哪些策略最有助于孩子恢复其身体的内部平衡。深呼吸、正念冥想和身体扫描冥想等活动可以帮助人们更好地了解自身内部的状况。但是，请记住，当孩子压力过大、极度焦虑时，可能需要额外的专业治疗。他们的焦虑反应可能会出现得又快又强烈，以至于他们会很快陷入深深的痛苦之中，而父母却无法有效地引导他们平静下来。认知行为疗法、作业治疗等方法可能对焦虑的孩子甚至父母都非常有帮助。接受心理咨询并转向积极的生活方式，都能达到不错的效果。

请注意，我们可以教孩子一些简单的自我调节技巧，并通过练习来重新训练大脑，使其对压力的反应变缓，不会再深受影响，如正念呼吸和冥想等都是有效的。研究表明，正念冥想可以帮助孩子重塑大脑，减轻压力的影响。

在你调查清楚孩子的每一种感觉之前，你永远不会知道敏感的孩子到底出了什么问题。既然你对每种感觉系统及其工作方式有了更多的了解，那么你可以开始关注孩子身上到底发生了什么。

推荐阅读

Ackerman, Diane. *A Natural History of the Senses.* New York: Vintage Books, 1995.

Mahler, Kelly. *Interoception: The Eighth Sensory System.* Lenexa, KS: AAPC Publishing, 2017.

Ratey, John J. *A User's Guide to the Brain.* New York: Vintage Books, 2001.

第3章

理解你的孩子

作为父母，你有必要像你的孩子一样开发你的感觉智慧。如果第一步是了解感官如何运作，以及一个人是如何过度敏感或不敏感，那么下一步就是将这些"智慧"直接应用到你的孩子身上。了解孩子体验和应对世界的独特方式，需要足够的观察、耐心，以及对孩子的信心。现在，你有一个绝佳的机会，退后一步真正了解你的孩子到底在与什么做斗争。幸运的是，孩子给我们留下了很多线索。就像他们偷吃零食时会把饼干屑弄得满地都是一样，孩子们也会留下微妙的信号供敏锐的父母发现。

请记住，有感觉问题的孩子可能难以应对再平常不过的事情。经过良好调节的神经系统就像一台汽车的引擎，能以恰到好处的速度运转：既不太慢也不太快。如果"引擎"快速运转，那是因为孩子对日常生活中的意外变化感到焦虑，或是难以承受大家庭假日聚会上的嘈杂环境，以致孩子很难让自己的"引擎"恢复到适当的运动速度。即使是大一点的孩子，如果他们因为要在学校学习一整天而感到压力过大，或者因为热浪、季节性过敏或激素激增而痛苦不堪，也会对自己通常能够忍受的感觉过度敏感。或者，孩子可能会寻找能让自己平静下来的感觉输入，例如不断地撞击墙壁。

如何发现孩子的感觉问题导致的异常行为呢？我们得先确定他们有什么样的行为，然后找寻所有可能的影响因素。孩子将手举在脸前挥动是在告诉你一些关于他视觉处理的事情。孩子可能在用这种奇怪的行为来获取更多的视觉信息，或者在用视觉技能来屏蔽其他类型的感觉输入。总是四处走动的孩子是在告诉你他的身体是如何处理感觉信息的。他可能会持续跑动，因为他的身体喜欢动，或者因为他的神经系统非常迟钝以至于他被迫像跳跳虎一样蹦来蹦去，只为了让自己感觉正常。

孩子前后不一致的感觉反应、大量的古怪行为和各类感官敏感，真的是让人恼火极了！但随着你拥有越来越多的感觉智慧，你会懂得如何发现、理解、应对甚至预测孩子在特定情况下的行动。

孩子的感觉"画像"

下面的检查表将帮助你专注于孩子独特的感觉"画像"。它旨在帮你加深对孩子感官敏感性及其异常行为背后的触发因素和模式的理解。检查表可以作为专业评估的重要补充，帮助你及作业治疗师和其他专业人员全面了解你的孩子，并明确哪些治疗方法和实际解决方案最有帮助。因为孩子在学校会获得一套完全不同的感觉体验，你可以让孩子的老师也填写一下这些检查表。

虽然孩子的感官敏感性每天都在变，甚至每小时都在变，但大多数父母通常能够识别出对自己的孩子具有挑战性的具体活动。你的孩子通常会避免哪些感觉刺激？他又会主动寻求什么？他是否反应多变，有时喜欢某些东西，但有时又不喜欢？与同龄孩子相比，在遇到事情时他是否反应既不过激也不迟钝？

触　觉

	回避	寻求	回避、寻求兼有	既不回避也不寻求
身体的某些部位被触碰，被其他人拥抱和依偎	☐	☐	☐	☐
接触某些服装的面料、接缝、吊牌、腰带、袖口等	☐	☐	☐	☐
穿非常紧身或非常宽松的衣服、鞋子或戴配饰	☐	☐	☐	☐
手、脸或身体其他部位沾上油漆、胶水、沙子、食物、乳液等	☐	☐	☐	☐
与个人卫生相关的活动，如洗脸、洗头、梳头、理发、修剪指甲、刷牙	☐	☐	☐	☐
泡澡、洗淋浴或游泳	☐	☐	☐	☐
用毛巾擦干身体	☐	☐	☐	☐
尝试新食物	☐	☐	☐	☐
感觉口中食物的特殊口感（如脆、黏稠、坚硬）	☐	☐	☐	☐
靠近他人站立	☐	☐	☐	☐
赤脚走路	☐	☐	☐	☐

本体感觉

	回避	寻求	回避、寻求兼有	既不回避也不寻求
打闹、跳跃、敲击、推搡、弹跳、攀爬、悬吊等各类大幅度运动	☐	☐	☐	☐
高风险活动（从高处跳下、爬树、在碎石上骑自行车）	☐	☐	☐	☐
精细运动，如写字、绘画、系扣子、串珠串和拼搭积木玩具①	☐	☐	☐	☐
需要体力和力量的活动	☐	☐	☐	☐
吃松脆的食物（椒盐脆饼、干麦片）或耐嚼的食物（肉干）	☐	☐	☐	☐
吃奶酪、布丁这样的食物	☐	☐	☐	☐
闭上眼睛或遮住眼睛	☐	☐	☐	☐

前庭感觉

	回避	寻求	回避、寻求兼有	既不回避也不寻求
被动地移动（被成年人推动、摇晃或转动）	☐	☐	☐	☐
乘坐移动的设备（秋千、跷跷板、自动扶梯和电梯）	☐	☐	☐	☐
旋转活动（旋转木马、转圈圈）	☐	☐	☐	☐
需要改变头部位置的活动，如弯腰或头朝下的运动，如翻筋斗、倒挂金钩	☐	☐	☐	☐
挑战平衡活动，如滑冰、骑自行车、滑雪和走平衡木	☐	☐	☐	☐
在楼梯、滑梯和梯子上爬上爬下	☐	☐	☐	☐
站在高处向下看，如在滑梯顶部或在山顶俯瞰	☐	☐	☐	☐
在地毯、草地、沙滩、雪地等不太平滑的表面行走	☐	☐	☐	☐
乘坐汽车或其他交通工具	☐	☐	☐	☐

---

① 虽然孩子避免此类任务的原因有很多，但许多有本体感觉困难的孩子，会抗拒或难以完成需要手指灵活协调的精细运动任务。

听 觉

	回避	寻求	回避、寻求兼有	既不回避也不寻求
听到响亮的声音，例如汽车喇叭、警报器、汽笛、吵闹的音乐或电视的声音	☐	☐	☐	☐
置身于热闹拥挤的餐厅或商店等嘈杂的环境中	☐	☐	☐	☐
以极高或极低的音量看电视或听音乐	☐	☐	☐	☐
在嘈杂的环境中说话或听别人说话	☐	☐	☐	☐
专注于一项任务时的背景噪声（他人谈话、音乐或洗碗机工作、风扇转动的声音）	☐	☐	☐	☐
需要根据口头指令快速做出反应的游戏，例如"我说你做"或"认识左右"①	☐	☐	☐	☐
开展互动式的对话	☐	☐	☐	☐
陌生的声音、外语	☐	☐	☐	☐
独唱或合唱	☐	☐	☐	☐
自己制造噪声	☐	☐	☐	☐

视 觉

	回避	寻求	回避、寻求兼有	既不回避也不寻求
学习阅读或尝试长时间的阅读	☐	☐	☐	☐
看闪亮、旋转或移动的物体	☐	☐	☐	☐
需要手眼协调的活动，如打棒球、接球、串珠、书写和描红	☐	☐	☐	☐
需要视觉分析的任务，如拼图、走迷宫、寻找隐藏的图片等	☐	☐	☐	☐
需要区分颜色、形状和大小的活动	☐	☐	☐	☐
置身拥挤的商店和游乐场等视觉景象热闹的地方	☐	☐	☐	☐
找寻物品，如在抽屉中找袜子或在架子上找特定图书	☐	☐	☐	☐
非常明亮的光线或阳光，或用闪光灯拍照	☐	☐	☐	☐
昏暗的灯光、阴影或黑暗处	☐	☐	☐	☐
看色彩丰富的影像资料	☐	☐	☐	☐
新的视觉体验，例如看万花筒或彩色玻璃	☐	☐	☐	☐

---

① "我说你做"是一款适合在小朋友之间进行的游戏，能够锻炼孩子的英语口语表达、动手协调、反应能力；"认识左右"是风行英美的民间舞蹈，参与者围成一圈依次伸出左右手、左右脚，并晃动、转圈等，能锻炼孩子认识左右及身体的协调性。

味觉和嗅觉

	回避	寻求	回避、寻求兼有	既不回避也不寻求
闻陌生的气味	☐	☐	☐	☐
闻强烈的气味，如香水、汽油、清洁用品的气味	☐	☐	☐	☐
闻不是食物的东西，如塑料制品、橡皮泥、垃圾	☐	☐	☐	☐
尝试新食物	☐	☐	☐	☐
吃熟悉的食物	☐	☐	☐	☐
吃味道很重的食物（很辣、很咸、很苦、很酸或很甜的食物）	☐	☐	☐	☐

接下来如何应对？

在前面的表格中，如果你或孩子的老师勾选了很多"回避""寻求"或"回避、寻求兼有"，应该请作业治疗师进行评估。他们在评估和应对儿童感觉统合问题方面受过专门训练。我们将在本书的第 5 章进行具体讨论。

找出孩子行为背后的原因很重要

当你仔细分析填的表格时，你会更容易认识到，你每天都在面对的、令人困扰的孩子行为背后的原因。你现在可能会意识到，孩子的很多你认为奇怪和无法解释的行为都是有原因的——可能与他的感觉问题有关。与其试图强行纠正孩子的行为，不如先处理感觉问题本身。

如果你发现孩子经常会打或咬其他的孩子，与其纠结自己到底是怎么生出这么有攻击性的孩子，不如思考孩子是否在试图保护自己免受噪声和不可预知的触摸的伤害，或者孩子可能不知道如何才能控制接触他人时的力度。如果你能这样想，你就不会再因为孩子坚持在吃饭中途去洗手就认为他是有洁癖的"怪胎"，而是会意识到孩子的身体可能无法忍受食物湿滑、黏稠或粗糙的质感。你会意识到孩子长时间咀嚼东西是为了获得所需的感觉输入。

感觉问题当然不是一切行为问题的借口。毕竟，了解孩子身上的这些异常行为是一回事，忍受它们却是另一回事。但是，只有当你先了解孩子行为背后的原因，才能真正找出应对之策。

坚持写行为日志

为了进一步开发你的感觉智慧，请开始记录孩子的异常行为和反应。记下那些令你烦恼或费解的行为发生的时间、地点和之前发生的事件，以及孩子食用的食物、服用的药物等。你可能需要请孩子的老师也参与进来，以帮助查明孩子在学校里异常行为的模式。

许多父母已经发现，坚持写行为日志有助于他们发现孩子对哪些食物不耐受以及哪些药物会对孩子产生副作用，或者发现孩子运动量过大却没有时间恢复的情况。

除了寻找引发孩子相关行为的原因之外，你还应该寻找孩子的行为模式。例如，一位家长发现他的孩子总是在周六晚上和周日表现不佳。在记录了一段时间的孩子的行为问题后，这位家长发现家里的保姆每周六晚上都会带巧克力给孩子吃，这可能是引发孩子异常行为的原因。

以下是一位家长记录的他四岁孩子的行为日志。

在学校里，孩子的感觉问题可能在每周一表现得更为明显，因为刚度过较放松的周末；或是在周五，因为孩子已经辛苦学习了快一周的时间；另外还要考虑激素的波动。少女的感觉防御能力可能会在月经前或月经期间或每次月经周期的不同时刻有明显差异。关键是你要坚持记录孩子的行为一段时间。

学会提问

当孩子发牢骚、行为古怪或不配合时，其实只需要问你自己或孩子几个关键问题就能弄清楚到底是怎么回事。孩子越大，语言能力越强，拥有的感觉智慧也越多，就越容易找到他苦恼的原因。然而，不要指望孩子大一点就会意识到自己的感受和其他人不同。哪怕孩子已经意识到这一点，他也可能无法清晰表达出自己正在经历什么以及受到了怎样的影响。如果你是戴眼镜的，你还记得自己是怎样戴上第一副眼镜的吗？是你自己意识到视力出了问题，还是其他人比如父母、老师或验光师发现的？如果你当时意识到了自己的视力问题，那么你能描述出具体是怎样的感觉吗？是远处的物体看起来有点模糊，还是页面上的文字似乎变弯了？

为了提高你的分析能力，设想一种你的孩子可能遇到的困难，然后根据实

四岁孩子的行为日志

日期和时间	观察到的行为	情境	之前发生了什么	做什么有帮助
星期一 12:30	发脾气，扔玩具	准备去公园	吃午餐：金枪鱼、三明治、浆果和牛奶。他经常吃这些，没出过问题，所以可能不是对食物的反应	出发前让他再玩五分钟。下次，我不会仅仅告诉他我们要走了，而是提醒他要准备换地方了

际情况，问自己一些问题。

1.孩子是否遇到了强烈的感觉刺激，比如触觉、前庭感觉、本体感觉、视觉、嗅觉或是味觉方面的？

*令人费解的行为：*你三岁的女儿总是抵触洗澡，但在暑假你却发现她喜欢在户外淋浴。

*对感官友好的因素：*户外淋浴的环境更安静，因为没有流水敲击在卫生间瓷砖上的回响，另外自然光线也不像浴室的荧光灯那么刺眼。

*仔细想想：*你发现上个月她在祖父母家洗澡时，反抗的情况没有平时严重；而且祖父母家浴室里的灯光似乎更柔和，回声也更少。

*解决办法：*除非有条件安装一个全年使用的户外淋浴设备，否则请调整家中浴室的灯光和使用具有消音效果的建筑材料。或者，如果孩子对泡澡接受度更高的话，就改用浴缸泡澡吧。

2.孩子最近一次有这种行为是什么时候？他是否不止一次这样做过？有什么共同之处吗？

*令人费解的行为：*最近你的儿子变得非常神经质和好斗，甚至会打弟弟。

*他最近一次有这种行为：*过去几天他一直这样做，尤其是在下午。

*共同之处是什么？*每天发生的时间相同。

*仔细想想：*这周你让他看了更多的电视节目，尤其是在下午。你注意到如果他看的节目的镜头切换不频繁，他就不会那么兴奋。

*解决办法：*少看电视，或者只让他看没什么刺激性的节目，并提供更多机会让他恰当地寻求本体感受输入（不准打弟弟，只准打鼓、打枕头等）。

3.孩子是否正在经历过于突然或令人震惊的转变？

*令人费解的行为：*当你说"是的，我们要去漫画书书店。但去之前，我们得先赶在邮局关门前过去一趟"，你十三岁的儿子强烈抗议。

*他最近一次有这种行为：*每次计划突然变更时，他都会大发牢骚，但这次确实反应过度了。

*仔细想想：*他可能感觉有些失望。他在学校度过了漫长而辛苦的一天，他觉得到漫画书店看书会令自己获得平静，而这个时候的邮局又吵又拥挤，去那里会让他感觉不安。

*解决办法：*向他保证他将有足够的时间待在漫画书书店，并且在你进邮局的时候，他可以留在车里，或者考虑把去邮局的时间推迟到第二天。

4.孩子的行为是否缺乏可预测性？

*令人费解的行为：*你六岁的女儿哭着说放学后她不想再去奶奶家了，而她之前是愿意每天都去的。

发生了什么变化？ 通过与奶奶的交谈，你了解到她上次给你女儿吃了另一个品牌的酸奶（是你女儿以前没吃过的），并坚持让你女儿吃完。

解决办法： 和奶奶谈谈你女儿的感觉问题。请奶奶买你女儿喜欢的品牌的酸奶，或者你自己给女儿准备好酸奶。

罗克珊的故事

罗克珊的父母找到了林赛，请她来帮助他们的女儿。罗克珊读一年级，身材苗条。虽然她非常聪明友善、脾气温和，但她更喜欢独处或与成年人待在一起。在学校，她不愿意参加有趣的小组活动，总是独自坐在一旁。课间休息时，她会一个人在操场上玩耍。她的一些行为，比如用剪刀剪空气、一遍又一遍擦拭已经擦得发亮的纸巾盒，也引起了老师和学校心理医生的担心。她在自由活动时间里会东玩玩西摸摸，蹦蹦跳跳地玩玩具，除非看到一本特别有趣的书，她才能全神贯注地阅读。她向妈妈抱怨她很讨厌学校，因为那里的孩子太多了。

在一对一的情况下，比如和一个成年人待在家里，罗克珊就显得活泼快乐，也懂得如何交际。她经常微笑，表现出令人惊讶的成熟的对话技巧，尽管她会避免与对方有眼神接触。她很喜欢她的小音乐播放器，会把音量开得很大，一遍又一遍地播放同一首歌。她会一边把书排成一行，一边开心地讲故事。她坐着的时候会摇晃身体，父母说她经常这样做；还会不断地站起来，在房间里走来走去。她喜欢坐在瑜伽球上弹跳，利用臀部保持身体姿势的稳定，但她坚决不用腹部或背部滚球。罗克珊热爱艺术和手工，她也非常执着地频繁洗手。当她从架子上取下玩具时不小心擦到了胳膊，就坚持要用绷带包扎，并且在接下来的半个小时里反复抚摸擦伤的地方。

她的父母想知道为什么他们口齿伶俐、聪明可爱的孩子会表现得如此奇怪。罗克珊似乎经常听不到他们的声音。她看电影时要求坐在电影院的后排看电影，但看书时却凑得很近。听觉矫正师说她听力正常，儿科医生也向她的父母保证没什么可担心的。罗克珊的学习成绩良好，在校外也有很多朋友，但她的父母还是觉得有些事情不太对劲。

究竟是哪里不对劲呢？罗克珊是一个机智的小女孩，大部分时间她都能够掩盖自己的感觉问题，而且她找到了避免感官超负荷的行为策略。罗克珊的"正常"听力报告显示：对低频听力反应正常，对高频听力过于敏感。罗克珊试图通过放音乐和看电视时调大音量，来应对她的听觉敏感问题。其他时候，她干脆屏蔽声音，让听觉"关闭"，以便她把注意力集中到视觉上。

罗克珊也有触觉问题，这导致她回避可能会发生的触摸、碰撞或推挤等意外情况，而且她不喜欢弄脏手。她对诸如轻微擦伤之类的触觉输入有长时间的行为反应。

罗克珊也在努力克服双眼辐辏不足的问题，这个问题会使眼球倾向于向外移动。让双眼一起工作以保持专注需要付出很大的努力，所以罗克珊常会感到疼痛和疲惫。功能不良的眼部肌肉也使她无法跟踪移动的物体，比如飞行中的球、其他行走或奔跑的孩子，或电影屏幕上的人物。当她往远处看东西时，更多的景象会进入她的中央视野，这样她的眼睛就不太需要从一边转动到另一边。难怪她在嘈杂的教室里或孩子们肆意奔跑大叫的操场上会感到不舒服，她更喜欢和安静的、可以预判其行为的成人待在一起，或者只是待在家里和一个朋友玩。

除了单独给罗克珊治疗之外，林赛还教她的父母和老师重新思考罗克珊遇到的困难。他们没有给她贴上对抗性行为或行为问题的标签，而是学会分析她每次在遇到问题时的感觉需求。一旦意识到这个孩子很容易因为有过多的视觉和听觉输入而不知所措，并且在处理触摸和移动方面有困难，大家就明白了为什么当罗克珊处于集体环境中——从操场到教室、从生日派对到游乐园时，会感到巨大的痛苦。于是，林赛、罗克珊的父母、老师，以及她生活中其他重要的人团结起来，一起帮助罗克珊提升对感觉问题的耐受度，学习用积极的方法来避免她的感官系统超负荷。

像罗克珊这样的孩子，由于各种各样的原因，存在感觉处理的问题。这样的孩子的父母自然想知道孩子感觉问题的根源。接下来我们将探讨一些可能的原因。

第4章

究竟是哪里搭错了线？

我们希望能用简单的一句话告诉你为什么你的孩子会有感觉问题，但我们能告诉你的只有一些理论和相关性研究。在你对造成孩子感觉问题的潜在因素感到不知所措之前，请记住感觉统合失调只是一种失调症，而不是一种疾病。感觉统合失调通常是独立发生的，很少出现诸如孤独症之类的共病诊断，程度可能是轻度、中度或重度。在程度严重的情况下，父母和临床医生可能很难将由感觉问题引发的行为与其他潜在病症引发的行为区分开来，比如注意缺陷多动障碍或焦虑症。请记住，如果孩子另有被确诊的疾病，如孤独症或脆性 X 综合征（将在本书后面的章节中讨论），你可以通过治疗该疾病，极大地改善孩子的感觉问题。

可能的原因

神经网络的不同

婴儿出生时其大脑就有数百万个神经连接，对接收到的信息进行编码。父母充满爱意的凝视、爱抚，以及摇晃婴儿的动作，都会加强这些神经连接。随着婴儿不断地学习新鲜事物，这个神经网络会扩展，运行速度会加快，效率会提高。

当胎儿在子宫内发育时，细胞分裂会以惊人的速度发生。大脑中的神经元不断分化，迁移到特定的位置，并扩展其分支与其他神经元连接，从而形成功能区域。在正常发育过程中，大脑可能过度地产生连接，而这些连接会互相争夺营养物质以形成长久的关联。没有连接或连接到错误"邻居"的神经元通常会死亡，而"成功者"则会蓬勃发展并形成牢固的连接。在孕后期，细胞会进行"修剪"，清除掉薄弱和有故障的连接，就像是大脑在做"大扫除"。

如果"修剪"掉的神经元太多或过少会发生什么呢？当某些特定的连接得

到加强而另一些没有被加强时，会发生什么呢？这些问题目前还没有明确的答案。可以确定的是，大脑中有如此多的连接，形成了各式各样的神经网络结构，而正是儿童大脑中神经的连接方式决定了他们如何体验和回应各种感觉输入。

目前，科学家们仍在研究孤独症患者大脑中受损的细胞修剪和扩大的皮质表面积之间的关系，以及这可能会如何影响患者的感觉统合能力。

脑干结构在感觉输入的初始处理和统合中起着重要的作用。当它正常发挥功能时，网状结构就充当了"看门人"，对所有传入的感觉信息进行把关，过滤掉无关的刺激，只允许最重要的感觉信息传递到大脑，从而让孩子了解外界正在发生的事情。这种脑干结构在睡眠和觉醒的过程中起着至关重要的作用，帮助孩子保持最佳的唤醒水平，使孩子可以集中注意力而不会被过度刺激。研究一再表明，患有感觉统合失调的人有着异常的唤醒模式。

一些感觉处理问题与小脑异常有关。研究表明小脑对感觉输入起着容量管理的作用。一旦这一功能有所改变，人们就可能会觉得收到的感觉输入太"大声"了，无论输入来自触觉、移动感、视觉、味觉或是其他感觉。

下丘脑起的作用也非常关键，影响着与体温、饥饿、口渴、昼夜节律和激素调节相关的功能。它像一个中转站，接收感觉信息并将其传送到大脑的特定区域。除嗅觉外，所有的感觉输入都会通过下丘脑。其他边缘系统结构也会参与其中，给感觉体验贴上情绪标签，并将其烙印在记忆里。

神经递质在感觉问题中扮演着重要的角色。脑干内的细胞产生多巴胺、去甲肾上腺素和 5- 羟色胺（血清素），影响中枢神经系统中的广泛区域，对唤醒及睡眠、注意力和保持积极性有显著影响。研究人员在大脑负责精细感觉辨别的区域发现了异常的 5- 羟色胺的合成。

多项研究表明，有感觉统合问题的儿童也存在神经系统紊乱的情况。自主神经系统帮助身体应对环境的变化。交感神经系统分支激活身体以对抗或规避高压和紧急情况，而副交感神经系统分支帮助身体在面对不断变化的刺激时冷静下来并自我调节。研究人员发现，对感觉体验反应过度的儿童的大脑无法习惯各种感觉输入，总是将其视为一种全新的体验，一遍又一遍地去感受，并向神经系统发出警报。

2013 年和 2016 年有两项使用弥散张量成像的突破性研究，发现了被诊断为感觉统合失调且没有其他疾病的儿童在大脑方面与普通儿童的重要差异。在这些研究中，研究人员测量了大脑中水分子的运动，以更好地了解感觉问题患者的白质束（白质是大脑的一部分，在我们感知、思考和学习时，起到至关重要的作用）。两项研究都发现感觉统合失调患者存在白质束异常现象。这种异常主要位于大脑的后部，这一区域连接着听觉、视觉和触觉系统。感觉统合失调患者大脑中的这些微观结构的异常，破坏了其感觉统合能力。值得注意的是，位于大脑前部的白质束通常与注意缺陷多动障碍或孤独症有关。有关大脑后部差异的发现表明，感觉统合失调可能确实与孤独症所带来的感觉问题不同，它是一种独立发生的失调症。

遗传因素

虽然没有关于感觉统合失调的确切遗传学数据，但众所周知，感觉统合失调的常见共病，如孤独症和注意缺陷多动障碍，大多数有家族遗传性。然而，在一个家庭中，有的家庭成员的感觉问题可能只是表现为轻微的怪癖，而有的则可能会严重干扰学习、玩耍、工作和日常生活。

回顾过去，你可能会意识到孩子的感觉问题甚至在他们出生之前就有征兆了。一些感觉统合失调患儿的母亲还记得，她们的孩子还在子宫里的时候，就是一个过于活跃的胎儿；出生后，也总是找不到一个令他们觉得舒适的姿势，或者是似乎很不愿动。有的母亲则说她们的孩子经常会有肠绞痛，或者总是在睡觉。

所以，查看孩子的家族史可以获得有用的信息：有的亲戚似乎总是动个不停，有的亲戚总爱挥舞手臂，有的亲戚不

会骑自行车，有的亲戚在蹒跚学步时就是个常常会发几个小时脾气的暴躁宝宝。

早产儿

早产儿出现感觉问题的风险很大，尤其是那些极早早产儿和极低出生体重儿。在子宫内的时候，胎儿蜷缩在黑暗中，感到温暖惬意，聆听妈妈的心跳和来自外部世界的柔和声音。如果婴儿提早出生，他们可能会发育不全，紊乱的神经系统尚未准备好处理所有向他们袭来的感觉信息。大多数新生儿重症监护病房（Neonatal Intensive Care Unit，NICU）的护理团队成员都会尽力减少对新生儿的过度刺激，但设备不可避免发出的"哔哔"声和"嗡嗡"声、24 小时不间断的室内照明和繁忙的气氛仍会刺激到敏感的早产儿。NICU 基础护理团队的人员包括照料新生儿的护士、物理治疗师以及发育专家等，他们指导父母为婴儿找到舒适的、适合发育的身体姿势，找到最佳的感觉输入类型和强度，来安抚婴儿，增强婴儿的自我调节能力。父母通常会被告知，回家后要注意婴儿是否有感觉问题和发育迟缓的迹象。几位妈妈表示，在处理了几个月的各种早产儿医疗问题之后，孩子被诊断为感觉统合失调并没有让她们感到特别不安，因为她们觉得只是又多了一个需要解决的问题罢了。

早产儿常见的感觉问题有：

● 对声音、光线、触摸和移动高度敏感，

甚至在两岁后依旧如此；

● 保持惊吓反应的时间比普通孩子长；

● 肌张力高、肌张力低，或两者兼有（虽然这可能预示着有严重的神经系统问题，但早产儿的肌张力异常通常是一种暂时的状况，会在孩子十二至十八个月的时候自行消失。）；

● 非常容易分心并且高度活跃；或者非常安静，睡得比预想的多；

● 出现近视和双眼视力受损等视力问题的风险更高；

● 可能会出现口腔感觉防御的状态，干扰孩子口腔周围区域对触觉的耐受度和进食能力（口腔肌肉张力高或低也会造成进食困难）。

出生创伤

出生创伤如缺氧、紧急剖宫产、新生儿手术和其他医疗程序，会加大婴儿出现感觉问题的风险。例如，静脉输液时使用的针头、绷带等会对婴儿脆弱的皮肤造成刺激，可能导致触觉防御。

那些病重、身体脆弱或身体严重残疾的儿童，无论疾病是在妈妈的子宫内、出生时还是后天发生的，他们出现感觉问题的风险都更高。例如，长期卧床不起的孩子错过了进行感觉探索的重要机会，错过了被拥抱、被抛到空中、听到新奇的声音和做有趣事情的机会。现在，医院越来越多地通过治疗性触摸、音乐治疗和动物辅助治疗等项目，来处理婴儿对刺激低敏感的问题。

孩子的感觉问题不一定与妈妈的分娩方式有关。很多妈妈说她们怀孕和分娩都非常顺利，但生出来的宝宝却有感觉统合失调；而那些经历孕期不顺和分娩困难的妈妈，她们的孩子却没有任何感觉问题。

创伤及创伤后应激障碍

研究发现，创伤幸存者出现感觉处理困难的风险更高。遭受过身体或精神虐待、遭遇或目击暴力犯罪、有过被欺凌经历的人，都更可能出现感觉问题。创伤经历通常会对幸存者的情绪和感觉造成深刻影响。创伤幸存者通常对景象、声音、气味或其他感官触发因素反应异常敏感，而且很难受意识控制。他们可能会对特定的颜色、气味、声音或触摸体验产生强烈反应，因为这些会唤起他们早先经历的创伤性记忆。当创伤性记忆被触发时，人们可能会变得极度烦躁，出现无理取闹、攻击他人、逃避外界的行为，或通过分散注意力并封闭内心以应对痛苦的情绪。

重金属中毒

未被检测到的重金属中毒也会导致感觉问题以及众多其他神经系统问题，并且因程度不同可能会产生不同的后果，有的甚至非常严重。孩子发生重金属中毒时一开始可能没有明显症状。家庭环境中常见的铅污染存在于：进到家里的尘埃；玩具和家具，尤其是较陈旧的物品或在生产法规宽松的国家制造的商品；某些瓷器或陶瓷制品；一些劣质品牌生产的塑料百叶窗；浴缸水（一些制造商直到 1995 年之前还在用铅制造浴缸釉面）。另一种常见的铅中毒源头是喝了经由内衬铅的管道输送的水。如果你家里有人从事彩色玻璃制造或是修理和更换汽车电池的行业，或是你正在翻新旧房子，全家人都极有可能面临铅中毒的风险。

我们不太容易消除环境中的铅。如果你怀疑孩子铅中毒，可以去医院做一个简单的血液测试；还可以购买铅检测设备来检测浴缸等物品的表面；当地卫生部门或许也可以帮助你检测家庭用水或家中环境的铅含量。在任何情况下，你都应该使用冷的自来水，而不是直接用水管中放出的温水来烹饪或饮用，因为温水会使管道中的铅松动并导致流出的水被铅污染。

汞中毒最常见于食用了受汞污染的鱼。有些种类的鱼比起其他鱼更容易受到污染，你将在第 12 章了解到很多相关知识。美国食品和药物管理局（Food and Drug Administration，FDA）提醒，几乎所有的鱼类和贝类都含有微量的汞。

多年来，关于汞合金充填材料的安全性一直存在很多争论。FDA 网站指出"牙科使用的汞合金中含有汞，可能会毒害儿童和发育中的胎儿的神经系统。当汞合金充填材料被放入牙齿或从牙齿上取下时，会释放汞蒸气。人咀嚼这类材料时也会释放汞蒸气。"而许多牙医认为汞合金充填材料是安全的并继续使用它。如果你对孩子所使用的口腔充填材料有疑虑，请咨询牙医。

共患病

虽然感觉统合失调可以单独发生，但它经常与其他疾病一同出现。这就令人大为困惑了，因为这些病症可能有重叠之处，有时几乎不可能区分感觉统合失调和接下来我们要讨论的其他疾病的症状。请记住，许多儿童被诊断出的病症，如注意缺陷多动障碍和对立违抗性障碍（Oppositional Defiant Disorder，ODD），是基于对症状行为的主观评估，而非生物学测试（如血液测试）。

如果你怀疑孩子有感觉问题，特别是如果专业人士已经诊断你的孩子患有感觉统合失调，请首先解决孩子的感觉问题，然后再查看是否有其他症状。当孩子开始能够应对日常感觉信息的洪流时，他们的焦虑可能就自然消散了。一旦孩子获得了充足的本体感和运动并完善了自我调节系统，他们就可能会停止冲动和危险的行为，也就不会表现得过于焦虑不安或兴奋了。如果你解决了孩子因感觉问题而产生的不适，但他仍然焦虑、抑郁、紧张，你可能就需要咨询小儿神经科的专家了。这些临床医生将根据美国精神病学协会的诊断标准做出正式诊断，并可能为你的孩子或者家人开处方和推荐治疗方法。

食物不耐受

当饮食中没有讨厌的食物时，患有感觉统合失调及食物不耐受的儿童通常会发现自己的感觉问题得到了极大的改善。有可能食物本身会导致感觉问题，但也可能是因为身体必须做额外的运动来消化食物，使得孩子没有足够的能量来控制感觉敏感度。有关食物不耐受的知识，以及如何去除某些食物或提供某些补充剂（如消化酶）以帮助孩子解决感觉问题，请参阅本书第13章的内容。

孤独症谱系障碍

在过去的几十年里，美国精神病学协会的诊断和分类指南发生了很大变化。其发布的《精神障碍诊断与统计手册（第五版）》（简称《DSM-5手册》）是目前临床医生和研究人员用来诊断和划分精神疾病的依据。该版本删除了过去人们熟悉的分类，如阿斯伯格综合征和广泛性发育障碍，取而代之的是以下两种诊断：孤独症谱系障碍（简称孤独症）和社会（语用）沟通障碍。这些改变颇受争议。虽然感觉统合失调备受关注，但其最终未被作为一种单独的疾病纳入《DSM-5手册》中。另外，孤独症的诊断标准增加了以下内容：

对感觉输入反应过度或反应迟钝，或对环境中感觉方面的现象抱有异常的兴趣（例如，不关心疼痛或温度，而对特定的声音或质感有不良反应，过度闻嗅或触摸物体，对光线或运动产生视觉迷恋）。

关于孤独症和感觉统合失调之间的联系，依然存在很多未解的问题。我们一直在强调，不能仅仅因为孩子有感觉问题——即使问题十分严重——就将孩子诊断为患孤独症。患有感觉统合失调的孩子可能没有任何社交障碍。鉴于此，很显然除了那些针对二者共有的感觉问题的措施，许多经常用于帮助孤独症儿童的行为、医疗和营养干预手段可能未必适用于未患孤独症的感觉问题患儿。研究表明，绝大多数孤独症患者都有感觉问题，通常听觉、触觉和视觉受到的影响最严重。在本书的第9章"感觉问题与孤独症儿童"中，你可以了解到更多内容。

要被诊断为患有孤独症，一个人必须表现出在多种情境下的社会交往和社会互动存在持续性缺陷，具体为：

- 不会与他人互动对话、很少分享自己的兴趣和感受；
- 在非语言交流行为上存在缺陷，如不会使用眼神接触和肢体语言；
- 在发展、维持和理解人际关系上存在缺陷，如对同龄人缺乏兴趣、难以调整行为去适应各种社会环境；
- 兴趣狭窄，常专注于不寻常的物体；
- 常有仿说；

- 有重复、刻板行为，对生活中的微小变化感到极度痛苦、活动过渡困难及思维僵化；

- 对感觉输入反应过度或反应迟钝。

《DSM-5手册》指出，孤独症的典型症状一般在孩子早期发育时就会出现。但该书也指出，这些症状也可能不会完全表现出来，并且某些症状可能会被掩盖。

《DSM-5手册》还指出，在社交方面有明显缺陷但症状不符合孤独症标准的人，应该被评估为社交（语用）沟通障碍。尽管《DSM-5手册》已不再将阿斯伯格综合征作为正式的诊断，但它仍然继续被用来描述具有平均或高于平均水平的认知和语言技能并且有社交困难和感觉问题等其他特征的个人。

请记住，许多人，尤其是年幼的孩子，会在不同程度上表现出"类似孤独症"的症状，而你必须关注其症状的程度。也许孩子会有一段时期痴迷于汽车或地理，为了转移孩子的注意力，可以让他去思考和谈论其他事物。大人必须有耐心和创造力。同时，不要忘记孩子天生就喜欢探索新事物。你的孩子可能每天早上都会坚持吃一模一样的早餐麦片，或者避免与他人眼神接触，或者喜欢把玩具排成一排，但是，这些行为可能都是基于感觉问题，并不一定是孤独症的信号。请务必向儿科医生表达你对孩子可能患有孤独症的担忧和疑虑，并

从有资质的专业人士那里获得对孩子的全面评估。

注意缺陷多动障碍

注意缺陷多动障碍（Attention Deficit and Hyperactivity Disorder，ADHD）如今已经成为一个家喻户晓的术语了。从某种程度上来说，这是好事，因为父母、教师和其他家庭成员在观察到孩子有注意力、冲动和多动方面的问题时，会考虑采取干预措施，以便帮助孩子更好地生活。然而，一个孩子可能看起来有ADHD的症状，实际上却是由其他原因导致的，比如感觉统合失调。这可能会引起混淆、导致误诊，以及进行不必要的药物治疗。

《被误解的孩子》（*The Misunderstood Child*）一书的作者，儿童和青少年精神病学家拉里·西尔弗指出，ADHD实际上是导致多动、注意力不集中、注意力分散和冲动的最不常见的原因。他列出导致这些表现的主要原因反而是焦虑，其次是抑郁、学习障碍和感觉统合失调。

ADHD是一种神经系统疾病，通常被认为是由大脑中的化学物质失衡引起的，而服用药物就是为了纠正这种失衡。需要注意的是，任何服用神经兴奋类药物的人都会表现出行为上的变化。因此，对药物治疗的正向反应（如注意力提升），并不能作为诊断的依据。

注意力问题通常在孩子上学后变得越来越明显，因为随着年级提升、课业

增多，对孩子长时间集中注意力的能力要求都会增加。朱迪斯·拉波波特博士和黛博拉·伊斯蒙德指出，学习障碍、智力障碍，包括学生自身能力只要有一项匹配不上学业要求，都可能导致学生课堂上的烦躁行为，看起来很像是患有ADHD。

注意力不集中的表现

- 不注重细节，粗心大意。

- 可能会回避需要持续集中注意力的任务。

- 当其他人跟他说话时，看起来没有在听。

- 没有坚持完成学校作业或家务等，且不是因为拒绝完成或不理解。

- 在组织活动和完成任务方面有困难并且经常忘事。

- 经常丢失、错放玩具和学习用品等物品。

- 容易注意力分散。

多动和冲动的表现

- 一直动来动去。

- 在应该坐着的时候烦躁不安，总是站起来。

- 话多。

- 很难按照顺序做事，爱打断或干扰他人工作。

- 难以安静地参加休闲活动。

- 别人的问题念到一半，他的答案就脱口而出。

- 孩子若年纪尚幼，则可能会不恰当地乱跑或攀爬；若是青少年，则可能会表现得焦躁不安。

根据《DSM-5手册》的诊断标准，ADHD的症状必须在十二岁之前出现，至少持续六个月，干扰到孩子身体的其他功能，并在两种或多种情境中出现（如在学校和家里），才能确诊ADHD。因此，如果孩子只是在学校里注意力不集中和烦躁不安，可能无法归因为ADHD。

区分ADHD和感觉统合失调是极其困难的，因为二者有很多相同的症状，孩子也可能同时患有这两种疾病。若孩子有听觉处理问题，当他被教室里杂乱的景象分散注意力或一直想着身上的衣服多么令他难受时，是很难集中注意力听老师讲课的。当孩子在操场上绕圈跑、撞到同学时，可能是因为患有感觉统合失调，他正在寻找本体感觉和前庭输入以使自己平静下来。

如果孩子的老师或者你的亲戚和邻居主动告诉你，他们认为孩子可能患有ADHD并建议你给孩子用药，请坚持自己的观点而且不要生气。只有有资质的临床医生才能诊断和开药。然而，所有给你建议的人可能都注意到了孩子的确存在需要解决的行为问题。老师可以记录孩子在学校的行为，在帮助诊断方面发挥至关重要的作用。如果有医生建议你用药物给孩子治疗 ADHD，请三思。这位医生或其他人是否考虑过你的孩子可能有感觉统合问题，可能有焦虑或抑郁症状，或有学习障碍？又或者孩子的行为其实是这个年龄的孩子常有的行为？药物治疗可能对孩子产生严重的不良后果，并且可能是不必要和无效的。但你仍需记住，一些确实患有 ADHD 的儿童，可以从药物和行为干预的组合疗法中大大获益（单靠药物并不能完全解决问题）。

对立违抗性障碍

如果一个孩子至少在 6 个月的时间内，持续表现出容易发脾气、恼怒、生气或怨恨，与尊长争论，并且拒绝遵守规则，故意惹恼他人，爱责备他人，则他可能患有对立违抗性障碍（Oppositional Defiant Disorder，ODD）。孩子患有 ODD 的严重程度取决于出现此类行为的情境的数量：轻度 ODD 只发生于一种情境，如在学校或家庭中和同龄人在一起或做任务时；中度 ODD 是指在至少两种情境下出现某些症状；而重度 ODD 是指在超过三种情境下出现上述症状。

与 ADHD 一样，ODD 的症状也可能与感觉问题引发的行为重叠。毕竟，有些孩子在感官超负荷之后也会变得好争辩、控制欲强或容易恼怒。

一位名叫艾丽卡的妈妈说："我儿子一度被诊断为 ODD，可只要我们控制住他的感觉问题，他就不再符合 ODD 的诊断标准了。此外，通过对感觉问题的治疗，他的注意力得到了改善，因此他的 ADHD 也从重度转为轻度了。"

请记住，孩子被诊断为仅患有 ODD 的情况是罕见的。40% 被诊断为 ADHD 的儿童同时也被诊断为患有 ODD；而 15% ~ 20% 患有 ODD 的孩子也被诊断为患有焦虑症或抑郁症。

抑郁症和焦虑症

许多有感觉问题的孩子都喜怒无常。他们可能总是紧张、高度警觉、孤僻或无精打采，或者总是非常悲伤。带着感觉问题去生活绝非易事。如果孩子表示厌倦了自己与别人不一样，无法像其他人一样在操场上随意闲逛，你怎么知道他是患了抑郁症还是这只是正常的情绪反应？如果孩子总是担心被意外触碰或失去平衡，你怎么判断他是患有焦虑症还是有感觉统合失调？如果孩子总是坚持以特定的方式（自己喜欢的方式）做事情，你怎么知道他是想对生活有掌控感还是患有强迫症？归根结底，答案并不重要，重要的是你的孩子需要帮助。

焦虑症和抑郁症等临床诊断往往是相伴而生的，并且有大量的遗传学和生物学依据。两者都涉及生物化学和认知的变化，这些变化强烈地影响着孩子对世界的体验。当孩子出现焦虑、抑郁时，他们忍受压力的能力就会减弱，孩子甚至会崩溃。以下是一些需要注意观察的方面。

抑郁

- 几乎每天都有抑郁或烦躁的情绪。

- 对大多数活动的兴趣减弱。

- 几乎每天都失眠或嗜睡。

- 行动明显迟缓。

- 感到疲倦乏力或缺乏精力。

- 感到生活没有价值、没有希望或无缘无故地自责。

- 注意力不集中或犹豫不决。

- 反复出现杀人或自杀的念头。

- 显著的体重减轻或体重增加，即一个月内体重变化超过原体重的5%。

焦虑

- 焦躁不安或感觉紧张。

- 容易疲倦乏力。

- 注意力不集中或脑子忽然一片空白。

- 易怒。

- 肌肉紧张。

- 睡眠障碍（难以入睡、睡不安稳或睡眠质量差）。

如果在你解决了孩子的感觉问题后这些行为仍然存在，请务必咨询孩子的儿科医生。

双相情感障碍

患有双相情感障碍的儿童常在抑郁和躁狂状态之间反复。躁狂状态可能包括易怒、犯傻或兴致高昂、自尊心过度膨胀、睡眠减少、言语增多、注意力分散和无视风险等。躁狂状态可能与ADHD表现相似。下面列出的重点可以帮助区分双相情感障碍和ADHD。

破坏性

ADHD：不小心弄坏东西。

躁狂状态：因发脾气而弄坏东西。

愤怒爆发的持续时间

ADHD：常在30分钟内平静下来。

躁狂状态：感到并表现出愤怒长达4个小时。

脾气触发

ADHD：对感觉和情感的过度刺激做出反应。

躁狂状态：对限制性情境做出反应，如大声说"不"。

唤醒和警觉性

ADHD：往往会很快醒来并在几分钟内保持警觉。

躁狂状态：醒来数小时后可能仍会易怒和思维混乱。

学习障碍

ADHD：通常存在学习障碍。

躁狂状态：学习问题主要由动力不足导致。

强迫症

强迫症患者常有强迫性、持续性的想法、冲动或想象，可能会导致反复持续的强迫性行为或想法，如过度洗手、计数，坚持过于严格的秩序和（或）频繁地检查（"门锁上了吗？""我最喜欢的钢笔还在原来的位置吗？"）。这些强迫的念头和冲动会消耗患者一天中的大部分时间，他们被反对或阻止时，会表现出极度的焦虑和不安。仅患有感觉统合失调的孩子，在努力控制压倒性的感觉输入时，可能会发展出自己的一套刻板行为和程式性动作，以试图应对感觉冲击，但不会经历强迫症那样严重的、使人丧失能力的焦虑。当然，孩子也可能同时存在强迫症和感觉问题。

图雷特综合征

图雷特综合征是一种遗传性疾病，一般在幼年出现，常以简单的抽动开始，逐渐发展为突发的复杂运动，包括声带抽动和突然出现的痉挛性呼吸。有的患儿还可发展出强迫而不自主的咒骂。患有该疾病的孩子可以学会在一定程度上控制抽搐，但是一旦放松抑制，抽搐就可能变本加厉。孩子可能在学校还能保持良好的状态，但回家后抽搐情况则会加剧。患有图雷特综合征的儿童通常对触摸过度敏感或不够敏感，有听觉处理问题，活动时四肢无力，平衡和协调能力差等。这些问题可以通过作业治疗和（或）物理治疗来解决。如果严重到干扰日常生活和学习，可以服用药物以减少抽搐的次数。

脆性 X 综合征

脆性 X 综合征是一种遗传性疾病，男孩和女孩都会受到影响，尽管女孩的症状往往比较轻微，更不易察觉。患儿可以出现学习障碍、智力障碍。不同个体也可能有多种感觉问题：对刺激反应过度，多动，易焦虑及情绪不稳定，注意力集中时间短，肌肉张力低下且关节松弛；男性耳朵大、脸长、睾丸大，手掌上有一条水平折痕而非两条。如果你担心孩子患有脆性 X 综合征，请咨询儿科医生，并通过血液检查来诊断。虽然这种罕见的疾病无法治愈，但作业治疗能有效地改善患儿的行为。

胎儿酒精综合征

在子宫内接触酒精的胎儿可能会出现先天缺陷，这类情况被统称为胎儿酒精综合征（Fetal Alcohol Syndrome，FAS）。患儿多有生长缺陷、智力障碍、认知问题、大脑和面部结构异常以及中枢神经系统问题。他们通常对感觉输入不够敏感或高度敏感；在视觉感知技能、言语和语言技能、听觉处理以及信息存储和检索技能方面有困难；并且往往有重复性行为。如果你的孩子出现上述症状，并且可能在子宫内就接触了酒精，请咨询儿童生长发育科的医生。

脑瘫、21- 三体综合征、斜颈

患有脑瘫、21- 三体综合征、斜颈的儿童通常会有感觉方面的问题。例如，患有 21- 三体综合征的儿童通常有小脑结构异常的问题，导致肌张力低下和平衡能力受损等。虽然患儿的小脑结构无法改变，但我们可以解决患儿的感觉问题。

通常情况下，身患残疾的儿童从自然环境中接受感觉信息的刺激是有限的。脑瘫儿童运动困难，并可能会形成异常的姿势，让他们难以通过触觉、视觉或前庭感觉等感知、探索周围的环境。患有斜颈的儿童，会有头颈姿势的异常——头部向患侧偏斜，下巴扭向对侧，同时颈部旋转活动受限。这导致受影响区域的视觉信息和触觉信息输入受限，除非采取积极治疗措施，否则无法改善。

如果你的孩子有残疾，你会想要与作业治疗师和物理治疗师密切合作，尽可能地用安全、有趣的方式提高孩子进行感觉探索的能力，并最大限度地减少由感觉问题引起的残疾或障碍。

对于我们在本章中讨论过的一些疾病，通过药物治疗可以得到一定的改善。在某些情况下，药物治疗也可能会降低患儿的感觉敏感性。但是请注意，除非绝对必要，否则我们不提倡药物治疗。事实上，并没有专门治疗感觉统合失调的药物。

无论你的孩子患有何种疾病；无论他是只有感觉统合失调，还是已被确诊患其他疾病，你都可以做很多事情来满足孩子的感觉需求并促进他的发育。

推荐阅读

Bashe, P. R., and B. Kirby. *The OASIS Guide to Asperger Syndrome*. Rev. ed. New York: Harmony, 2005.

Chasnoff, Ira. *The Mystery of Risk*. Chicago: NTI Upstream, 2010.

Madden, Susan L. *The Preemie Parents' Companion*. Boston: Harvard Common Press, 2000.

Ratey, John. *Shadow Syndromes*. New York: Bantam Books, 1998.

Schooler, Jayne, Betsy Smalley, and Timothy Callahan. *Wounded Children, Healing Homes: How Traumatized Children Impact Adoptive and Foster Families*. Peabody, MA: NavPress, 2010.

Sicile-Kira, Chantal. *Autism Spectrum Disorder: The Complete Guide to Understanding Autism*. Rev. ed. New York: Perigee, 2014.

第二部分

满 足 孩 子 的 感 觉 需 求

第5章

寻找作业治疗师并与之合作①

无论你处于应对孩子感觉统合失调过程中的什么阶段；无论你是刚刚接受这个概念，还是同其他父母一样已经和作业治疗师合作了一段时间，在得知孩子的执拗行为源于身体问题时，你可能会感到欣慰，因为这是你可以采取措施去解决的。一位名叫艾莉森的妈妈说："我小的时候总是被人唤作臭小子，当发现我的女儿有感觉问题时，我意识到'我小时候也一样！'。很高兴能得到关于我和我的孩子为什么会这样行事的答案。当有人说我的女儿艾米丽不穿袜子是因为她在玩闹或捉弄别人时，我会为她辩护，因为我记得自己小时候不得不穿袜子时总是感觉很不舒服，而我可不是在捉弄他人。"

若孩子患有其他疾病，如孤独症或ADHD，他们的父母有的可能会感到沮丧；有的可能会松一口气，因为起码像孤独症或ADHD这样的疾病是有确切疗法的。

一些父母会因自己之前未能发现孩子身体的问题，或者未能及早采取行动而心生内疚。但事实是，当你和孩子生活在一起时，你的视角会变得局限。你可能会想：所有的孩子不都是这样吗？孩子的行为表现相对于他的年龄来说，应该算是正常的吧？也许他只是有点不寻常，这并不是什么坏事。许多有感觉问题的孩子的家长不理解为什么儿科医生说他们的孩子没有任何问题。他们没有意识到，儿科医生即使具备相关的专业知识，也无法通过一次简短的诊室问诊，就轻易做出孩子患有感觉统合失调的诊断。还有一些父母被误导，以为等孩子长大就会好很多。是的，有时候确实会这样，但更多情况下，这种等待和观望的应对方式其实是对孩子不利的。

---

① 编者注：本章介绍的一些干预服务项目虽然与国内有一定差异，但对家长以及专业人士来说，具有一定的参考价值。

他们会长期无法适应自己的身体对周围环境的感知，而这些原本是可以避免的。

获得帮助

如果你还没有开始寻求专业人士的帮助，那么第一步是让专业人士对孩子进行适当的评估。他们可以帮助你厘清问题，并制订一个治疗行动方案。如果你为了解决孩子的感觉问题，已经与作业治疗师或者其他治疗师合作了一段时间，那么在开启下一个章节之前快速阅读本章内容可能会对你有所帮助。

出生至三岁儿童的评估与治疗

如果你住在美国且孩子未满三岁，你可以通过所在州的早期干预项目给孩子做评估。这些项目可能由联邦政府资助，并有许多不同的名称，如"出生到三岁"（Birth to Three）或"发现孩子"（Child Find）。

通过早期干预项目对孩子进行评估的最大好处之一，就是可以获得多学科的评估。作业治疗师通常是解决感觉问题的主要专业人员。然而，即使你只关心孩子的感觉问题，孩子也会被推荐除接受作业治疗师的评估外，还要由言语治疗师、特殊教育工作者及物理治疗师进行评估。这是因为除了有感觉问题，孩子也常常有发育迟缓。

通常情况下，孩子的干预课程会在你家中进行；在少部分情况下，会在早期干预项目中心、日托中心或其他环境中进行。早期干预服务会侧重孩子在日常生活中的各项活动，比如玩耍、拼拼图、跑步和跳跃、拿蜡笔和涂色、穿衣和吃饭。概述治疗目标和服务的文件被称为个别化家庭服务计划（IFSP），你也将参与该计划的制定。孩子满三岁后，就超过了早期干预项目服务的年龄，这时服务协调员会帮助孩子过渡到当地学校系统或社区提供的服务项目。有时，这些项目之间几乎是无缝衔接的，特别是如果孩子一直在学前班接受服务，这些机构不仅提供早期干预项目，而且与学校系统有合作，为 3 ~ 5 岁的孩子提供服务。

如果你的孩子即将结束早期干预，并且被告知不需要过渡到 3 ~ 5 岁的评估项目，但你仍觉得孩子有这个需求，可以对这个决定提出异议，比如请协调员分析得出此结论的测试是怎样进行的。如果测试还没有进行，请以书面形式提出要求，并保留书面记录，接下来你可以带孩子去做私人的测试并求证。

在孩子成长过程中的任何阶段，如果你觉得他未能获得他所需要的服务，请不要退却。你可以提出申请或与学区合作，为孩子争取他应得的服务。

三岁以上儿童的评估和治疗

在美国，孩子一旦年满三岁，就不再有资格参与早期干预项目了，但可以通过学校系统获得作业治疗师的评估。同时，各个年龄段的孩子都有资格在所在学区

评估团队的常见成员

作业治疗师在处理儿童感觉问题方面发挥主导作用，此外，还负责提升孩子的精细运动技能、大运动技能、视觉感知技能、自助技能和其他的重要技能。我们将在本书的第8章"应对发育迟缓"中详细描述。总之，作业治疗师负责孩子生活所需的所有技能。

物理治疗师的工作重点是围绕神经、肌肉骨骼系统、感觉系统等的问题，致力培养孩子的大运动技能——爬、坐、站、走、蹦、跳和跑。在治疗中，物理治疗师会着重处理孩子在姿势控制、稳定性、关节对线、肌肉张力和运动规划技能等方面的问题。在早期干预评估中，作业治疗师可能同时承担了物理治疗师的工作。

言语治疗师会同时关注孩子的接受性和表达性语言问题、听觉处理和口腔运动障碍，如语调低沉和进食问题。言语治疗师经常与作业治疗师在儿童口腔运动问题上密切合作，与听觉矫正师在接收性语言和听觉处理问题上密切合作。

特殊教育工作者以促进儿童的认知发展和改善学习问题，以及纠正儿童的行为问题和促进社交技能发展为工作重点。

在早期干预评估过程中，还会有一名案例协调员参与，负责了解患儿的家族史及其发育背景，并协调整个干预过程。

接受关于是否有生长发育迟缓的评估。你可以致电孩子所在学区的特殊教育部门的主任，要求进行评估，随后提交书面请求。如果孩子符合接受干预服务的条件，他们将会制订个性化教育计划。

因为学校的老师有时意识不到孩子感觉问题的重要性，所以你必须将孩子的所有诊断结果（如ADHD）或你担忧的发育迟缓问题（比如孩子看起来运动不太协调，极其不擅长系扣子、书写、绘画及接球等动作，或听不懂口头指示等）告诉老师。更多内容请参见本书的第8章。

虽然有许多出色的作业治疗师在学校工作，他们在处理儿童感觉问题方面资历深厚，但还有许多其他领域的专家更擅长评估和解决儿童精细运动、粗大运动和视觉感知技能方面的问题。因此，你必须给予作业治疗评估员（以及他们推荐的治疗师，尤其是作业治疗师）充分的信任，他们都是应对感觉处理问题方面的专业人士。

其他可以寻求的帮助

理想情况下，学区的工作人员都应该非常清楚什么是儿童感觉统合失调，学校的作业治疗师都应该深谙解决儿童感觉问题的方法。然而，遗憾的是，情况并非总是如此。

如果孩子在学校没有获得干预服务，你可以自己聘请作业治疗师。你可以用保费轻松支付聘请作业治疗师的费用；或者先询问保险公司，看看他们的服务是否涵盖这一项。如果有，打电话给那些作业治疗师并了解他们的专长，毕竟他们当中有些人擅长的可能是骨科或老年病学，而你要找的是一个能解决孩子感觉问题的作业治疗师。

找一个能满足孩子感觉需求的私人作业治疗师并不是那么容易。你可以问问孩子的儿科医生，以及接触过的其他治疗师，或者从当地的家长支持中心寻求推荐。你还可以求助于社交媒体、当地的儿童医院或孤独症儿童帮扶机构，加入专为感觉问题儿童的父母提供支持的小组，他们会推荐适合你孩子的作业治疗师。美国 STAR 感觉统合失调研究所提供了大量作业治疗师及其他专业人员的名单。其中有一些治疗师要么接受过 SIPT 培训，要么已经获得了 SIPT 认证。SIPT 是"感觉统合和实践测试（Sensory Integration and Praxis Tests）"的缩写，如今已经很少有人愿意进行这种复杂而花费昂贵的测试了。接受 SIPT 培训或完整认证的治疗师需要参加一系列

的继续教育课程，他们很可能对感觉统合失调非常了解，但并不一定有实操经验，也不一定具备与你和孩子融洽相处的品质。

美国作业治疗学会的网站（www.aota.org）列出了各州作业治疗协会的网址。你还可以查一查该学会网站上列出的专家名单，看看是否有在感觉统合领域有丰富经验的作业治疗师。

寻找作业治疗师还有一个途径是联系你所在地区的公益组织，一些低收入家庭可以从这些组织获得资助。

即使你给孩子找到了完美的作业治疗师，也不妨碍你请多学科的专业人士对孩子进行综合评估。一位名叫米歇尔的妈妈说："我们为杰克逊做过的最好的决定，就是在医学院的儿童评估中心进行了多学科评估。杰克逊同时接受了作业治疗师、言语治疗师、物理治疗师、遗传学家、儿童发育科医生和心理学家的检查，然后被确诊患有阿斯伯格综合征，这帮助我们更好地了解了他的症状是如何发生的。如果能重来一次，我会选择早点这么做。

作业治疗师与你的孩子

你可能会有点担心孩子将如何接受治疗。请放心，大多数孩子都会喜欢作业治疗师。即使是那些讨厌被迫做事情的孩子，通常也会喜欢他的治疗课程，能够享受课程内容。

许多父母起初将希望全部寄托于孩子的作业治疗师或其他治疗师，在他们眼中，专业的事情应该交给专业的人做，而治疗师就是解决孩子问题的专家。实际上，父母才是真正了解自己孩子的专家。只有父母才知道什么能让孩子动起来；孩子喜欢、热爱和讨厌什么；怎样的体验能真正打开孩子的心门；以及什么是孩子无法解决的问题和无法完成的任务。没有人比你更了解你的孩子，你能够理解孩子所有令人困惑的行为，而作业治疗师只是你的合作伙伴而已。

作业治疗师会做什么？

作业治疗非常有趣，尽管它可能有些难度，对孩子来说有时甚至有点吓人。请记住，孩子们是在游戏中学习的。一开始，作业治疗师（及其他治疗师）要和孩子建立积极友好的关系，培养彼此之间的舒适感和信任感，治疗师还需要发现孩子的好恶、优点和缺点。在这个早期阶段，你可以帮上大忙。如果作业治疗师来到你家，请带着孩子一起欢迎他，帮孩子把最喜欢的玩具展示给作业治疗师，并且告诉作业治疗师所有会让孩子感到不适的事物（比如每当你使用吸尘器，孩子就会尖叫）。

随着治疗的深入，作业治疗师会开始要求孩子做一些稍有难度的活动和任务。这些活动是孩子非常熟悉的，这样他们就不会太过紧张，但又因具有一定的挑战性而感到兴奋。迪莉娅的女儿艾薇已经一岁了，关于女儿的早期作业治疗，她说："作业治疗师基本上从未中止过工作。如果艾薇拒绝做某件事，治疗师会立即让她去做别的事。在一节课的开始，如果艾薇不想玩治疗师带来的某件物品，她就会把它扔出去。治疗师告诉她，可以先把它放在一旁几分钟，然后做其他事情。但最终，艾薇还是会在同一节课上拿回这个物品玩起来。"

"恰到好处"的挑战

找到恰到好处的挑战才是真正的治疗艺术。难度不能太大，也不能太小。治疗师有时会让孩子完成他们非常熟悉的任务，以增强孩子的自信心。孩子在治疗期间永远不会感到厌倦，尽管大一点的孩子可能会谎称任务很无聊，以逃避对他们来说很困难的任务。

作业治疗是以孩子积极参与"功能性活动"为目标。例如，旋转玩具车的轮子这个活动不具备功能性，因为它起不到任何作用（除了也许能让孩子放松或是帮助孩子屏蔽外界干扰）。作业治疗师将会展示如何搭建桥梁让一些行为变得更有成效，比如可以让孩子数数车轮的数量，或者用积木"建造"一条高速公路以供汽车行驶。

典型的作业治疗课程将会从感觉调节活动开始，因为需要让兴奋的孩子先冷静下来、迟钝的孩子变得警觉起来。作为父母，学习如何引导孩子进行这些感觉调节活动非常重要。这些活动可能包括用柔软的刷子进行刷洗，在治疗球上滚动，摇摆，按摩，吹泡泡，随着音乐跳舞等。做什么活动能够起作用取决于孩子，并且会随着时间而改变。考虑到孩子的个人感官和发育的需要，作业治疗师可能会让孩子参与以下活动。

● 在悬挂设备上摆动。

● 大运动训练，如爬过通道或翻过堆积如山的坐垫。

● 会弄脏手的活动，如创作手指画、制作黏土或橡皮泥雕塑、做手工艺品。

● 触觉探索，如在装满米、豆子的箱子里找小玩具。

● 精细运动训练，如用手指在剃须膏上写字、用钳子夹起玩具以及进行有趣的手部力量练习。

● 使用口腔振动器、食物、羽毛物品进行口腔运动以帮助脱敏。

● 演奏乐器或播放特别的音频内容，以进行听觉刺激。

告诉作业治疗师你和孩子最喜欢的活动。治疗师可能会告诉你如何在这些活动的基础上更好地帮助孩子。例如，如果你们喜欢一起做饭，那么治疗师可能会建议你让孩子用手而不是用勺子搅拌面糊，或者帮助孩子使用模具做出形状特别的饼干。作业治疗师可以推荐很多你和孩子都喜欢且恰到好处的锻炼活动。

感官健身房的体验

孩子可能会被推荐去感官健身房。一些医院、诊所或学校可能会配备这类感觉训练场所，里面有各种有趣的设备和玩具，包括许多悬挂的设备、滑板、攀登设备、旋转设备、蹦床和其他能令孩子兴奋的物品，并且这些设备全部都被厚厚的垫子包围着，以保障孩子的安全。孩子在这里做的事情可能会令他们自己都感到惊讶，更别提家长了。你可能会发现，在这种环境中，孩子会主动爬梯子、荡秋千以及做一些你原本认为他不可能做的活动。与游乐场或普通的健身房不同，感官健身房给孩子们提供了一个安全的环境，鼓励孩子们克服感觉限制进行探索。在这里，所有的设备都有对应的级别，能让孩子获得发育所需的恰到好处的感官挑战。感官健身房对有感觉问题的孩子而言可以算是理想的活动场所，既能让活跃的孩子体验从墙上反弹的感觉且给予他们深度的压力，也能为不愿意尝试新感觉体验的孩子提供诸如荡秋千这样的刺激体验。

然而，要注意的是，孩子在这里学到的东西可能无法应用到日常生活环境中，比如喧闹的教室、操场或家里。理想情况下，参加感官健身房训练的孩子也应该在家里、学校和操场上接受作业治疗，以确保在感官健身房中发展的技能可以被"推广"应用到日常生活中。

此外，感官健身房里的活动也可能会非常刺激、使孩子分心。孩子们喜欢在这种环境下积极地玩耍，但之后他们的情绪可能很难平复下来，无法进行一些安静的活动，比如写字、画画等。特别是对于处在早期干预阶段的儿童，在自然的环境中，接触日常用品及与人互动是很有必要的。毕竟，你需要让孩子适应各种环境，让他们每天能完成该做的事情。

南希的故事

当科尔刚开始接受作业治疗时，林赛建议我们买一些特定物品，来真正帮助科尔获得他所需要的感觉输入。这些物品包括治疗球、弹跳球（有把手的那种，你可以坐在上面在房间里弹跳）、迷你蹦床、生米或豆子、一些适合孩子的乐器、转盘式的旋转玩具等。听到这些话，我首先想到的不是费用，而是在我们位于纽约市的小公寓里，我要把这些物品放在哪里？

凭借一点点创造力，乔治和我找到了放这些物品的地方。比如我们可以利用床底下的空间放置物品，乔治还在我们的卧室安装了一个置物架。林赛还建议我们把床作为一个微型感官健身器械：科尔可以在床罩或毯子下面爬行；站着跌倒在枕头上；仰卧，并将我们扔向他的治疗球踢开；让我们把枕头、毛绒玩具甚至我们的身体压到他身上。所以，即使我们不能去治疗师推荐的感官健身房，我们也能带着孩子在家里进行锻炼。

如何寻找理想的作业治疗师

- 理想的作业治疗师应该拥有下列品质。
- 将你视为治疗团队的一员，与你一起为孩子制订干预目标。
- 向你和孩子问好时会微笑。
- 发现趣事时会和孩子（与你）一起开怀大笑。
- 认为你的孩子很有趣，并能欣赏孩子的优点。
- 与你分享干预技巧，教你如何跟进孩子的干预进度。
- 根据孩子的兴趣安排个性化的课程——如果孩子对火车着迷，治疗师会将火车元素融入游戏中。
- 不会强迫孩子做某些事情，也不会对孩子要求过高。
- 尊重你和孩子的需求和价值观。
- 及时回复你的电话。
- 不会让你或孩子感到不自在、不自信或尴尬。

你的职责

- 与治疗师一起为孩子制定清晰的干预目标。孩子能自己穿衣服对你来说重要吗？你想让他洗澡时不要表现得那么大惊小怪吗？想想你自己为孩子制定的目标，并竭力按照建议去实现这些目标。
- 尊重治疗师的时间和个人需求。不要

每隔一天就给他打电话，问一些可以等到下次治疗课再问的小问题。除非绝对必要，否则不要在深夜、凌晨或周末给治疗师打电话或发短信。

- 如果孩子生病了，请重新安排课程时间。

- 按照治疗师的建议去做。治疗师不可能通过每周几个小时的课程就创造奇迹。如果你不同意或不理解某项建议，或觉得无论如何都无法贯彻执行，请及时和治疗师沟通。

- 请记住，你的治疗师经验丰富。如果他设计的游戏让你不解，请你要及时把自己的疑惑告诉治疗师，他会给你专业的解答。

- 不要在治疗师与孩子一起完成任务时与他们进行无关紧要的谈话，这可能会分散治疗师或孩子的注意力。

- 如果你也参与到治疗课程中，课程期间请关闭手机。

- 治疗师在规划课程时十分仔细，而且经常要快速地从一个课程切换到另一个课程，所以如果你需要与治疗师详谈，请在治疗开始前让治疗师知道。

- 你也可以给治疗师提供建议。例如，你可能有特殊的方法帮助孩子平静下来，治疗师也可以使用你的方法。

- 给治疗师积极而有建设性的反馈，让他知道你何时对事情的进展感到满意或不满意。让他知道孩子难以应对的

特殊情况，例如，孩子每次去教堂都会喧闹、无法控制自己。你对他的工作感到满意时，请真诚致谢！

- 为治疗师提供一个干净、安全的工作环境。若遇上灭虫人员上门，请重新安排治疗时间（也要避免让孩子接触到有毒化学物质），确保治疗师在课程开始和结束时有肥皂可以用来清洁双手。

治疗师与家长的合作

请你不要错误地认为孩子每周接受一次作业治疗，或者当孩子有严重的感觉问题每周接受三次言语治疗、三次作业治疗、两次物理治疗且天天都接受特殊教育，孩子就能被"治愈"。大脑的可塑性很强，孩子的改变需要时间和你的耐心付出。

为了达到最佳干预效果，哪怕是最有才华的老师和治疗师也需要父母的帮助，以及其他家庭成员或经常与孩子互动的人积极参与和跟进。父母是一天 24 小时、一周 7 天都和孩子生活在一起的人。如果孩子有睡眠问题、拒绝洗澡，或在生日派对上情绪失控，父母才是真正能够处理这些问题的人。

如果孩子接受了多种治疗，请确保几位治疗师之间彼此合作、能相互沟通。举个例子，如果作业治疗师让孩子用甘草练习"咬"的技巧，言语治疗师又让孩子练习"舔"而非"咬"，而你又不想

计孩子吃甘草，那么孩子将会完全摸不着头脑，两个治疗师的工作也都不会取得任何进展，所以你们必须合作。你是共同合作的主导者，所以你必须确保能够和所有治疗孩子的人达成共识。事实上，你可以带一个笔记本去上孩子的治疗课，这样不同的治疗师都可以留下简短的笔记，供其他人参考。

做个积极的参与者

当孩子第一次接受作业治疗时，请你尝试一直留在课堂上观察、学习和提问。无论我们如何强调父母的观察和参与这些治疗的重要性都不过分，除非你和治疗师都认为你的出现太容易分散孩子的注意力了。在早期干预期间，孩子在家里或被你带去诊所上治疗课时，很容易做到这一点。在你理解了治疗师在做什么以及这么做的原因并且清楚应该怎么做才能把技巧和策略应用到日常生活中后，你仍然应该坚持参与孩子的治疗过程，特别是当治疗目标和使用的技巧发生变化时。例如，一旦孩子实现了能在餐桌旁坐 15 分钟的目标，你和治疗师需要共同设定一个新目标，比如增加孩子的食物种类。在每次治疗结束时，与治疗师交谈，了解已完成的治疗任务，以及你能提供怎样的帮助。多和治疗师沟通你所顾虑的事情和你对孩子的观察结果，并提出问题，同时注意不要耽误治疗师太多时间。

你可以协调几位治疗师之间的工作，

并确保自己已经尽全力帮助孩子了。一位名叫米歇尔的妈妈说："作业治疗师真的需要知道哪些做法对孩子的日常生活有效，哪些是无效的。我们的一位作业治疗师让孩子做了很多运动如旋转，而我的孩子承受不了这么大的运动量，所以我们必须在他运动后进行大量的深度压力输入，否则孩子会非常兴奋。后来通过与该治疗师沟通，我们解决了这个问题。"（你和你的治疗师应该始终关注孩子感官超负荷的迹象。）

请记住，在这个过程中，要让你的家庭中照顾孩子的其他人比如保姆或临时看护人都参与进来，并告知治疗师他们对孩子的观察结果和担忧。

如果孩子是在作业治疗诊所、感官健身房或者在家里接受治疗，你需要鼓励作业治疗师与孩子的老师进行沟通（如果孩子在学校也接受作业治疗，那么还要与学校的其他治疗师沟通）。请在每学年开始的时候召开会议来为孩子制订干预计划，并鼓励治疗师和学校之间保持交流。一些父母发现，恳请校外治疗师向老师咨询，多多关注孩子的课堂表现，甚至不时地在学校进行治疗是非常有用的。这不仅能帮助孩子把他们在家里或诊所里学到的知识带到学校，并在学校环境里获得新技能，还能帮助区别孩子在学校和家里的行为差异。例如，一位老师告诉林赛，她正在治疗的小朋友梅丽莎，在换装游戏中拒绝与幼儿园其他小朋友一起玩。而林赛知道梅丽莎在家里喜欢玩装扮游戏，尤其是喜欢穿上她的小美人鱼服装。于是林赛建议老师让梅丽莎在其他小朋友之前或之后穿上她的服装，因为正是那么多孩子一起在服装箱里乱摸乱抓的混乱场面让梅丽莎回避这个有趣的活动。

校内作业治疗采用的是一种固定的教育模式，其治疗目标与学校课程相关。不过就目前而言，请记住，如果孩子在学校里接受作业治疗，学校的治疗师也会想了解孩子在校外发生的事情，以及你对孩子感觉问题的看法。例如，如果你不把孩子在家的情况告诉学校的作业治疗师，那么治疗师可能永远不会知道你每天早上给孩子梳头时孩子都会发脾气，而这可能是孩子每天心烦意乱地去上学的关键因素。作业治疗师了解了这个情况后，就可以和你一起解决这个问题。

随着孩子的成长，他也逐渐可以在自己的干预过程中起一定的主导作用。孩子越成熟，就越能为自己的感觉需求承担起责任，并且可能需要越少的"一对一"治疗。例如，你可能会发现，你的十一二岁或更大的孩子只需要每周见一次或每个月见一次作业治疗师就足够了，尤其当他掌握了怎样做才能让自己感觉更好、身体运作得更好的窍门之后，坚持进行干预的责任更多地落在孩子和你自己的肩上。

如果你对治疗师不满意

如果你的作业治疗师或其他治疗师让你感到不舒服或生气，请与他们及时沟通。与他们沟通的最好方式是一开始就假设自己没有明白治疗师的意图，而不是假设治疗师做得不好或是不喜欢你和你的孩子。指责会让治疗师产生戒备心，影响沟通效果。给治疗师解释的机会，对他们说"当你……（这里陈述治疗师的行为）时，我感觉……（此处陈述你的感受或孩子的感受）。有没有可能……（此处陈述你希望治疗师接下来将如何工作）"。假如提问方式得体，不仅不会让治疗师心存芥蒂，反而会鼓励治疗师提出更有效的解决方案，比如可以问"您觉得这样做合适吗？""您怎么看？""我们应该怎么做？""您有什么想法？"。

卡尔·荣格曾说过："心理治疗告诉我们，归根结底，对疗效产生积极影响的不是知识，也不是技术，而是医生的性格。"这句话也同样适用于与你和孩子合作的治疗师。因为只有治疗师坦诚、充满爱心，能够敏锐感知孩子的需求，才能真正帮到孩子。

事实上，一些从事特殊儿童干预治疗行业的人缺乏人际交往技能。这不一定意味着他们是糟糕的治疗师，但对你和孩子肯定有不利影响。消极的沟通会导致消极的结果，如果你无法解决沟通障碍或者只是对某个治疗师感到担心，那不如换个人。

"魔法"原料

作为父母、治疗师或老师，我们有时会以为只要我们了解更多关于感觉问题的知识，就可以解决孩子的问题。的确，你需要专业工具来获得感觉智慧，这也是你阅读本书的原因。然而，归根结底，你给孩子的真正礼物，其实是你自己，这绝对比你为孩子做的事情重要得多。

你可以拥有高超的技术，为孩子提供昂贵的感统玩具和设备。然而，如果你不去观察孩子的行为以获取他身上的细微线索，不去倾听孩子的声音来了解真正让孩子动起来的原因，以及没有让孩子感知到不管他是什么样子都会被爱着和呵护着，那么，你所有的方法和技巧都不会完全起作用。同理心、耐心和无条件的爱是应对孩子所有问题的答案的"魔法"原料，尤其是当孩子有感觉问题时。

第6章

准备日常活动的感觉饮食

让孩子接受作业治疗是非常有益的，并且会对孩子产生巨大的影响，但仅靠每周几个小时的治疗并不能起到作用。对孩子而言，在一天之内定期获得所需的感觉输入至关重要。这种输入能帮助孩子的神经系统有序地发挥其作用。

"感觉饮食"这个术语是作业治疗师帕特丽夏·威尔巴格提出的，是一种个别化的身体活动和调节计划，以帮助人们满足感官需求。"感觉饮食"主要针对有感统失调现象的儿童和成人，其提供的"食物"就是各种感觉输入。

满足孩子身体的需要

正如你不会等到晚餐时间才给孩子提供全天所需的所有营养一样，你也不能等到晚上才来满足孩子的感觉需求。你要让孩子一整天都保持饱满的精神状态，这样他们才会感觉良好。否则，孩子就会因为缺乏感觉输入而通过行动发泄，或因为没有准备好应对各种感觉信息的轰炸而逃避活动。在孩子穿上衣服之前进行触觉输入，或让孩子做些愉快的运动为即将开始的一天做好准备，这将有助于调节孩子的神经系统。在进行言语治疗或应用行为分析等干预措施之前或期间进行感觉输入，可以提高其有效性。希望孩子仅靠自己就坚持到幼儿园或学校放学，或希望孩子仅靠作业治疗以及与你待在家中就能得到他们所需要的感觉输入，会给孩子带来巨大的压力，因此全天的感觉饮食对孩子保持舒适健康的状态来说是必不可少的。

作业治疗师会帮助你为孩子开发适合家庭日常生活的感觉饮食。你需要利用你自己的感觉智慧，配合作业治疗师一起工作，确保每天长时间陪伴孩子的人都参与其中。

为孩子提供感觉饮食的原则是给孩子正确类型的感觉输入并控制"剂量"，

这样孩子就不会通过不恰当的方式来获得他们需要的东西。例如，如果你给有前庭神经问题的孩子创造安全活动的机会，当老师要求他们坐下来做作业时，他们就不会在地上跳来跳去。如果经常有机会在灯光柔和的安静空间里平复情绪，那么在感官超负荷时容易走神的孩子也有可能保持注意力的集中。如果孩子在奶奶家过夜的时候能洗个舒服的热水澡，再被柔软的毛巾用力擦拭身体，奶奶哄孩子入睡时也许就没那么困难了。如果无精打采的孩子能做一些"唤醒活动"，可能就会坐起来好好观看一部他一直很感兴趣的电影了。

婴儿、幼儿、青少年和成人都可以从感觉饮食中受益。作为成人的你可能不知道，你在不知不觉中给自己制作了感觉饮食。你会喝点咖啡、洗个热水澡来让自己彻底清醒，或者你会在一天结束时喝一杯葡萄酒来放松一下。你的孩子不一定知道如何做到这一点，或者，通常情况下，他不被允许在需要时做一些能让自己放松的事。比如一个孩子仅仅需要站起来伸展一下身体，或者走一分钟的路，就能让自己的身体保持良好的学习状态，但父母却要求他"坐好"和"别动来动去"。

大多数感统失调的孩子都有情绪问题，我们可以通过提供本体感觉输入帮助孩子平静下来。日常生活中有很多方法可以尝试：搬运重物、拔河、移动家具、推自行车行走、做俯卧撑、玩黏土、嚼口香糖或者吃椒盐脆饼等。

当然，本体感觉输入只是感觉饮食的一种。孩子可能还需要视觉、听觉、触觉、前庭感觉甚至嗅觉输入，这些"食物"（感觉输入）如何混合则完全取决于孩子独特的性格和需求。

感觉饮食有哪些？

这里有一些包含丰富感觉刺激的活动可以帮助你入门。你可以基于孩子的情况，如年龄、唤醒水平（你的孩子需要刺激还是放松）、所处的环境（在学校、家里还是外出），以及你是否具有特殊设备稍做修改。如果孩子目前正在接受作业治疗，请与作业治疗师讨论哪些活动更适合孩子。如果你们正处于治疗服务开始前的等待期，试试这些活动，看看什么样的活动对你的孩子效果最好。

正如你不会强迫孩子进食一样，也不要强迫孩子进行感觉饮食活动。但是，如果你觉得某个活动很有助于放松如按摩，你可以在孩子看电影的时候帮他按摩腿。或者，如果孩子已经感觉不舒服了，不要死板地必须把今天日程表上安排的活动都做完。毕竟，孩子的感觉需求并不是一成不变的，而是每天都在变化。做任何事情都要有适合的时间和地点，你需要灵活地在孩子需要的时候给予他所需的东西。

如果孩子逃避感觉输入活动，你必须特别小心，并以孩子可以忍受的形式演示活动。完全不愿碰黏糊糊东西的孩子可能只愿意玩印有自己喜欢的卡通人物的贴纸。如果你能够让活动变得有趣并保持适当的难度，你就更有可能促使孩子获得所需的感觉输入。

感觉饮食没有固定"食谱"，但是你和作业治疗师应该尽量把每种"食材"都添加一点，根据口味和方便程度做相应的调整，并随着时间的推移修改"食谱"。然后，就像你做饭时那样，如果缺少一件工具，你可能需要即兴发挥。比如当你和孩子在医生的诊室或在船上而孩子又需要舒适和有序的感觉输入时，你不可能拉出一张迷你蹦床。但是，你可以握住孩子的手让他原地蹦跳，和他一起玩拍手游戏，或者给他一个充满爱的抱抱。

请注意，本章节中提到的一些物品（或器材）在本书附录中有介绍。

本体感受输入

重体力活动能让关节得到压缩和牵引，帮助我们感受到自己的身体。当然，孩子进行的活动类型应该取决于他的年龄、身体能力和兴趣。

* 让孩子在小型蹦床上跳，或者从稳固的椅子、沙发上跳到枕头、靠垫或豆袋椅堆成的防撞垫上。为了安全起见，你可以买那种带有扶手的小型蹦床。

* 鼓励孩子做俯卧撑（在地板上或对着墙做）。或者，如果孩子年龄比较大，可以在成人监督下进行重量训练（询问你的作业治疗师或物理治疗师这是否适合你的孩子）。对于年龄较小的孩子，可以尝试图1所示的"推车"行走的动作：扶住孩子的脚踝、大腿或臀部，让孩子用手行走，穿过房间，同时保持背部挺直，并尽可能地伸直双腿。你可以在孩子背上放玩具，提醒孩子尽量不要让玩具掉下来。你也可以让孩子模仿驴踢①、螃蟹走、蛙跳等动作。婴儿也可以从重量训练活动中受益，比如用前臂支撑着去看绘本上有趣的内容，或者用手使劲把毛绒玩具从远处拉到面前。

图1 "推车"行走时，扶住孩子的脚踝（如果孩子需要更多的支撑，扶住大腿或臀部也可以）

---
① 驴踢（Donkey kicks），是一种后踢腿动作，主要是在跪姿状态向后抬起大腿，直到大腿与地面平行，同时保持大腿和小腿夹角为90°。在最高位置保持2～3秒，再缓慢放下腿部。

- 蹒跚学步的孩子可以推自己的婴儿车行走。稍大一些、身体更强壮的孩子可以推装满杂货等重物的婴儿车或手推车。再大一点的孩子可以推装满泥土的小推车行走。

- 孩子可以背装满玩具或书的背包。（注意背包不能太重。）

- 年纪较小的孩子可以玩打桩台玩具。年龄大点的孩子可以用木槌把塑料袋里的冰块砸碎，再将碎冰块放到他们喜欢的饮料里。

- "扔"这个动作能拉伸关节，给孩子大量的牵引感输入。在房间里到处扔玩具或向其他孩子扔玩具的孩子，可以通过把积木或豆袋扔进桶里、把石头扔进池塘或把篮球扔进筐里，来获得同样的牵引感。在单杠上悬挂也能提供很好的牵引感输入。

- 孩子可以坐在治疗球上，或者使用带手柄的弹跳球在房间里弹跳。大一点的孩子可以用跳跳杆来弹跳。

- 跳房子、拔河、摔跤等游戏，以及游泳、骑自行车、溜冰、练武术和滑雪等活动也同样适合孩子。

- 敲锣打鼓也是非常好的锻炼，但就是太吵了。年龄大一些的孩子可以用电子鼓，戴上耳机敲打既可以达到锻炼目的又不会打扰他人（注意保持低音量以保护耳朵）。

- 做家务也很棒：孩子可以帮助大人擦拭窗户和桌子，吸尘，把盘子和碗放进洗碗机或从那里拿出，把脏衣服放入洗衣机，或者倒垃圾。

- 用注满水的气球，甚至是大的治疗球来玩传球游戏，也可以玩击鼓传花或扔沙包的游戏。

- 作业治疗师可能会建议使用加重毛毯、背心或膝上垫，你可以自己制作或购买。你将在本章后面的内容中了解更多关于这些物品的信息。

前庭感觉输入

前庭感觉输入可能是最强烈、最持久的感觉输入类型，可以通过摇摆和旋转获得。低程度的前庭感觉输入可以通过任何类型的移动获得。

摇摆

缓慢而有节奏的摆动通常能使人平静，快速而不稳定的摆动则令人警觉。可以让孩子尝试荡秋千的活动，游乐场那种常规的秋千：轮胎秋千、吊床秋千等都是不错的选择。荡秋千的方式也有很多种，例如前后荡、左右荡以及绞住秋千链后放手让它旋转解开。让孩子试着趴在秋千上，每隔片刻就将秋千停下，让孩子统合内耳的感觉。面向孩子，评估其对摇摆和停止的反应。孩子和你有眼神交流吗？笑了吗？生气了吗？头晕吗？刺激过度了吗？准备好接着玩了吗？对前庭感觉输入反应不足的孩子，开始可能会恳求你更用力、更快地推他，到了后面可能会意外地切换到感官超负荷状态并很难平静下来。父母需要学会识别孩子的状态，在出现感官超负荷之前及时停止摆动。

尝试让孩子玩不同类型的秋千以体会不同的前庭感觉，但是请注意，孩子可能需要大量的耐心和鼓励才肯爬上本不熟悉的秋千。尤其是对习惯了柔软座椅的孩子来说，坚硬、平坦的长凳式秋千座椅起初可能会让他们感到不安；或者孩子可能需要很长时间才能从包围式的婴儿秋千过渡到开放式的秋千。

不要强迫孩子了荡秋千，他想停就可以停下来。如果孩子的前庭系统高度敏感，当他在移动时感觉非常不适，请马上调整活动项目。如果孩子不能忍受普通的木板秋千，也许他能接受轮胎秋千，或者在有足够身体支撑的情况下坐在你的腿上轻轻地荡秋千。要记住，操场上的干扰，如景象、灯光、噪声、周围的活动，都可能使孩子对荡秋千感到不安，所以他可能在不那么热闹的环境下更容易接受荡秋千，如在家里、感官健身房或没那么多人的操场。感官健身房有很多可供选择的秋千，包括大平台秋千、摇枕秋千、吊网秋千和茧形秋千，你也可以购买这样的秋千挂在家里的天花板横梁上。

旋转

旋转也是前庭感觉输入的一个重要来源。过度敏感的孩子可能需要循序渐进地体验。孩子可以通过使用吊椅、旋转办公椅、蹲式转盘等来获得良好的旋转体验。比起蹲式转盘，孩子通常更容易接受自己推动餐桌转盘式旋转玩具（小号眩晕转盘）。与摆动的秋千一样，玩转盘式旋转玩具也要时不时停下休息，再重新开始旋转。在持续移动的情况下，如乘汽车或飞机，孩子的内耳感受器会逐步适应这种移动。那些需要在相对较短的时间内动起来和停下来的运动，为前庭感受器提供了最有价值的刺激。

下面列出了在提供前庭感觉输入的同时可以获得乐趣的其他运动方式。

- 让孩子绕圈跑、侧手翻、骑旋转木马，甚至坐过山车、倒挂在单杠上、在房间里滚来滚去、从草地或积雪的山坡上滑下来、玩雪橇、骑自行车或滑冰。

- 扶住孩子的胳膊和腿，然后转圈。或者让他们做"猴子"空翻：让孩子面向你，抓住孩子的手，让孩子沿着你的大腿向上走然后翻转。

- 用结实的床单或毯子、大号洗衣篮拖拽或移动孩子，或用手推车推着孩子四处转。

- 找一个不太陡的坡道，让孩子坐在四轮滑板车上滑到坡底；也可以在坡底垫上软垫，让孩子最后滑到垫子上。年龄大一些的孩子可以使用双轮滑板车或滑板。

- 治疗球对幼儿甚至婴儿来说，都是一种有效的前庭感觉输入工具。你可以用自己的身体稳定住球，然后让孩子

注意感官超负荷的迹象

作为拥有感觉智慧的家长，你知道孩子有感觉问题，神经系统也有些异常，可能会对感觉输入做出强烈的反应。如果让前庭系统反应不足的孩子接受大量的运动输入，他们可能会反应过度。然而，如果一个回避触摸的孩子会接受你给予的大量触觉刺激，那是因为他相信你，而且他有一种探索触觉的内在欲望，但他可能会出现剧烈的情绪波动。请留意你的孩子是否会出现不良的神经系统反应，例如：

- 和平时的状态相比更活跃或更敏感；
- 更容易分心、迷失方向或感到困惑；
- 出现恶心或呕吐；
- 脸色突然发白或泛红，出汗过多或畏寒；
- 呼吸急促或短浅；
- 出现肌肉张力减低或增高；
- 突然感到困倦；
- 身体震颤、目光呆滞或有某种疾病可能突然发作的迹象。

尽管孩子出现这样的神经系统反应并不常见，但这正是你需要与作业治疗师合作的重要原因。作业治疗师有丰富的专业知识，他们可以帮助你设计孩子的感觉饮食，并教你如何消除负面影响。如果你发现孩子出现上面列出的反应，请立即停下你们的活动，并提供深度的压力输入，使孩子大脑的唤醒中心恢复正常功能。如果孩子突然睡着而你又无法唤醒孩子，请立即带孩子去医院。

用俯卧或仰卧的姿势，在球上轻柔地前后和左右移动。让孩子坐在球上弹跳，也可以刺激前庭神经，不过一定要稳定住球并且抱紧孩子的屁股。让肌张力低的孩子在治疗球上做类似飞机的姿势，可以有效提升肌肉张力：先稳定住球，再让孩子趴在球上，伸直四肢并抬起头。

- 坐摇椅是儿童和成人通用的治疗方式。
- 借用卡片游戏的创意，请作业治疗师或物理治疗师给你推荐最适合你孩子身体能力的卡片游戏，以及最安全的使用方法，例如，训练孩子做仰卧起坐的最佳方式或改变开合跳的方式。
- 做一些瑜伽中的旋转动作（请在作业治疗师或物理治疗师的指导下进行）。

触觉输入

触觉输入包括质感、温度、压力等的刺激，它会影响孩子的触觉感受。不要忘记，触觉系统不仅包括覆盖孩子身体的皮肤，还包括皮肤黏膜，比如口腔黏膜。一般来说，与轻度的触摸相比，触觉敏感的孩子更能接受大力的触碰。此外，即使孩子不喜欢其他人任何的意外触碰，他们也可能喜欢父母为他们挠痒痒以及温柔的爱抚。

- 制作"三明治"：用枕头或沙发垫牢牢地压在孩子的胳膊上、腿上和背部。

- 制作"墨西哥卷饼"，即用毯子把孩子紧紧地裹起来；或者让孩子在莱卡紧身衣里面扭动身体。

- 玩"擀面团"游戏：用大球均匀地、结结实实地滚压孩子的四肢和背部。

- 让孩子在操场上玩沙坑；或者在家里用一个大箱子装满干豆、大米，做成一个沙盒，鼓励孩子用手脚去探索。你还可以为孩子的玩具卡车建一个工地，把小玩具埋起来，让孩子闭着眼睛去找到它们。

- 让孩子玩可以拼接的泡沫字母地垫。让孩子随心所欲地踩、扔、揉，以便给孩子提供安全的触觉输入。

- 鼓励孩子玩水。你可以往水里添加食用色素、泡沫等，让玩水游戏变得更有吸引力；也可以让孩子用杯子、过滤器、大勺、塑料鱼玩具玩水。洗澡是孩子获得触觉输入的绝佳活动。各种戏水玩具也能为孩子提供丰富的触觉输入。

- 让孩子练习用手指在各种材质的物体如剃须膏、巧克力布丁、手指画颜料、湿沙和干沙及地毯上写字或画画。如果孩子对某种物质反感，不要强迫他去触摸。先让孩子小心地用画笔、棍子或玩具进行探索，然后温柔地鼓励孩子尝试用手去触碰。

- 玩橡皮泥。玩橡皮泥能提供极佳的本体感觉输入。

- 鼓励孩子用手触摸各种材质的物品，并帮助孩子进行描述。例如，天鹅绒是柔软的、大理石又滑又硬等。

- 给孩子穿不同材质的衣服；用化妆品给孩子进行脸部彩绘。

- 陪孩子一起种植盆栽。

- 使用可以振动的物品，如电动牙刷、脚部按摩器、振动枕头、电动按摩梳等，振动给孩子的感觉就像按摩一样。

- 大一点的孩子可以进行雕刻、缝纫、纺织、钩针编织、创建剪贴簿、用砂纸打磨木头零件或玩具等活动；还可以经常洗个热水澡。

- 不要忽略口腔内皮肤的感觉体验。让孩子喝纯苏打水，体验嘴里含着气泡的感觉，还可以用柠檬汁、蔓越莓汁等调味。让孩子尝试各种口感和稠度的食物。

- 通过按摩和强有力的拥抱给孩子深度的压力输入；用枕头、靠垫、豆袋椅或按摩球给孩子进行挤压按摩；也可持续用力按压孩子的手掌和脚底，注意用孩子能忍受的力度。

* 如今，几乎到处都可以买到诸如挤压球或毛毛球之类的减压小玩具，给孩子一个这样的小玩具捏一捏，或许他就可以镇静下来。你也可以尝试给孩子一块"忘忧石"，如果孩子能够通过摩擦它来舒缓紧张的神经，就可以让他经常握在手里；也可以给孩子一小块布料如天鹅绒、缎子或灯芯绒材质的布料来替代"忘忧石"。

* 咨询作业治疗师触觉刷是否适合你的孩子（详见第72页）。如果适合，请作业治疗师教你及其他护理人员怎么做。不仅是看作业治疗师演示，你还要亲身体验，方便之后评估自己给孩子做得是否到位。

* 你也可以用涂有肥皂的毛巾、沐浴球或丝瓜络擦孩子的身体，来降低孩子皮肤的敏感度并增强其身体意识。虽然作业治疗师推荐使用有力而连贯的向下洗刷动作，如从肩一直洗刷到手，但孩子有时可能更喜欢轻柔的抚摸和打圈圈的动作。允许孩子对这些触碰提出要求是有益的，孩子可以从这些触摸体验中获得愉悦感。

压力服

一些人在穿着压力服时会感觉更合体。压力服是由莱卡、氯丁橡胶或弹力棉混纺制成的紧身衣，可以穿在外面，也可以穿在外衣里面。压力服可以穿很长时间，甚至是一整天，因为它紧紧包裹住身体且延展性强，能够给孩子提供持续而有效的感觉输入。

市面上有多种类型的压力服，可以提供不同程度的深度压力输入。很多女性已经很熟悉穿美体型紧身衣或长筒袜的感觉。紧致舒适的运动短裤、氯丁橡胶防护服或潜水衣，甚至一件紧身 T 恤衫，都可以提供一些有益的感觉输入。

治疗性压力服可以非常有效地使肌张力低的孩子安定下来，对腹部、背部和骨盆底的核心肌群张力低的孩子尤其有效。例如，泰迪是林赛曾治疗过的学龄前儿童。他一直回避进行一些大运动，比如在不平坦的表面行走、跳跃和跑步。林赛给他穿上了 SPIO 背心（一种动态压力服），额外的感觉输入使他第一次敢于在操场上尝试攀爬设备。

* 充气压力背心可以提供根据需要调节的压缩力。这种服装经久耐用但价格昂贵，适合年龄较大的儿童或成人。

* 对一些人来说，充气压力服在帮助他们进行自我调节上是必不可少的。孤独症权益维护者克洛伊·罗斯柴尔德使用了一系列感官工具，包括手指玩具、加重的连帽衫、SPIO 衬衫等。罗斯柴尔德分享道："舒适背心改变了我的游戏规则，它是我感官工具箱中重要的工具，让我能给自己施加深度压力。我经常渴望大力拥抱之类的感觉输入，所以当我感到不知所措或有压

力时，我就给背心加压，这常常能帮助我平静下来。我也会把它当作普通背心穿着，以防万一。我经常向别人称赞我的背心，虽然很多人都不知道它是什么，也不知道它有多大作用。"

加重的可穿戴设备、毯子和其他物品

许多儿童和成人对自身负重的反应是积极的，比如裹着毛毯、穿着厚重的冬衣或背上鼓鼓的背包。加重的物品利用向下的重力使穿戴者更有"脚踏实地"之感，使其更为平静和清醒。

你可以通过网购买到一系列加重产品，例如加重背心、膝垫、护肩、加重戏服、加重绑带、加重毛毯和加重毛绒玩具等。

加重背心是一种非常流行的可穿戴加重设备，尤其是在学校。你应该向训练有素的治疗师咨询，他可能会建议产品配重为孩子体重的 5% ~ 10%。例如，一个体重为 50 磅（1 磅约等于 0.45 千克）的孩子应该穿一件重量为 2.5 ~ 5 磅的背心。加重背心与背包一样，其重量绝对不应超过体重的 15%，以避免造成孩子疲劳、呼吸困难及颈、肩和背部承受太大的压力。你应该定期让孩子穿上和脱下加重背心，这样孩子的大脑才不会误以为这种感觉输入是一直存在的。虽然大多数治疗师建议穿 20 分钟，再脱下来 20 分钟，如此循环，但有一些研究

表明，连续穿加重背心达 2 小时可能有利于提升孩子的注意力。再次提醒，请务必咨询有经验的作业治疗师或物理治疗师，了解适合的配重（大多数背心的重量都可以调节），以及如何安排孩子的穿戴时间。

虽然孩子一开始可能会被新的感觉输入分散注意力，但在很短的时间内，孩子就会发现自己很喜欢穿这样的"舒适背心"。由于你需要帮孩子时不时地脱下背心，所以请确保在脱背心的时候不会打扰到孩子正在做的事情，否则就违背了初衷。例如，如果孩子在地板上安静地坐了 30 分钟，且正和同学一起专注地搭积木，你就不要因为已经到了应该脱掉加重背心的时间而去打断孩子、分散孩子的注意力。你应该提前做好规划，让孩子在特定的活动中穿戴加重背心。你可能会因为孩子和你一起读书时总是扭来扭去或者发现在学校的圆圈时间（circle time）[1] 让孩子穿上背心很有帮助，就认为这是让孩子穿上加重背心的最佳时机。请记住，你可能需要经过反复试验，才能确认适合孩子的负重量和穿戴时间。

孩子可以轻松取下的膝垫和护肩也可以被更灵活地使用。不过，最好还是在孩子有难以处理的特殊情况时使用这些装备。例如，如果孩子很难在餐桌前安静地坐着，你就可以让他使用"膝上伙伴"——膝垫了。它可以让孩子镇静

---

[1]　即大家围坐成一个圆圈进行活动的时间。

下来，以及提供保持坐姿的感觉提示。增加孩子膝盖的负重并不是为了使孩子不能站起来，而是让孩子更乐意留在餐桌旁边。对一些孩子来说，坐在一个充气的坐垫上，再使用加重的膝垫，这样的组合颇有效果。

现在有很多可爱的加重玩具，孩子可以随身携带或穿戴，甚至还有加重戏服供孩子在节日时穿着。加重绑带可以提供重要的感觉输入，它不仅可以让孩子脚跟站稳，在物理治疗师或作业治疗师的监督下佩戴，还有助于纠正孩子的步态以及踮脚走路的错误行走方式。

加重毛毯是效果非常好的感官工具，可以让人平静和放松。有些孩子（和成人）喜欢在阅读、看电视时，把自己裹在加重的毯子里。对某些人来说，深度的压力输入有舒缓神经的作用，甚至在助眠方面可以起到奇迹般的作用。许多有感觉问题的成人发现，整晚使用加重毛毯或者只是用厚毯子裹住自己，就可以提高睡眠质量。

请注意，加重毛毯的功能虽然很棒，但如果滥用会非常危险。我们强烈要求使用加重毛毯的人无论多大年龄，都须遵循以下使用原则：

● 毯子的重量应与使用者的体重、体型、呼吸状况和身体、认知水平相适应。应保证使用者能轻易地独立将毯子推开。

● 在任何情况下都不要用加重毛毯盖住孩子的头部和颈部。你必须保证能始终观察到孩子的呼吸状况。

● 如果你想将孩子裹在毯子里，必须避开孩子的头部和颈部；另外，你（或者治疗师、其他受过培训的人员）应留在孩子身边，关注他是否有任何负面反应，如焦虑加剧、烦躁不安、皮肤苍白或发红。

● 孩子必须有想要使用加重毛毯的主观意愿（尽管孩子最初可能会犹豫），并且能够通过言语或非言语交流来表明自己同意使用毛毯。

● 绝对不能用加重毛毯或其他加重的物品来限制孩子的行动或惩罚孩子。

● 通常不建议三岁以下儿童使用加重毛毯，因为毛毯的小颗粒有引起孩子窒息的危险。

● 如果孩子有呼吸问题、循环问题、癫痫、肌张力极度低下、皮肤脆弱或其他医疗问题，请勿使用加重毛毯。

"威尔巴格"触觉刷：提供深层触觉压力

作为感觉饮食的一部分，定期用触觉刷"刷"孩子是很常见的干预手段，这种方法全称是威尔巴格深层压力与本体感受技术（Wilbarger Deep Pressure and Proprioceptive Technique，DPPT）。作业治疗师茱莉亚和帕特里夏·威尔巴格将"感觉防御"定义为"一系列回避任何经由感官方式传来的感觉的症状"。官方的威尔巴格医疗方案主要包括每两小时用一种特定的软毛刷在皮肤上施加深度压力。威尔巴格医疗方案旨在帮助高度感觉防御的患者，并要求作业治疗师接受专门的培训并拥有极佳的临床技能。如果需要采取该医疗方案，作业治疗师应该提供给你（或帮你购买）合适的触觉刷，教你如何操作。请仔细观察作业治疗师的示范，确保你使用的方法和步骤是正确的，并关注孩子的反应。虽然少有关于该技术有效性的研究，但许多作业治疗师和家长都反馈采用威尔巴格医疗方案对孩子产生了积极影响。但与任何感觉饮食活动一样，要小心使用触觉刷，不要超过孩子的耐受程度。

口腔活动

从婴儿期到成年，我们可以通过吮吸妈妈的乳头、安抚奶嘴、自己的拇指或硬糖等口腔活动获得安慰和自我调节。因此，在考虑满足孩子所有需求的感觉饮食时，不要忘记孩子的口腔。有很多方法可以在孩子的日常生活中融入口腔感觉输入，例如使用各种吸管吸不同黏稠度的液体。抵抗性的咬和咀嚼给予口腔大量的触觉和本体感觉输入。随着孩子口腔技能的发展，可以给孩子添加水果皮和椒盐脆饼等食物。

挤压机

"从我记事起，我就一直讨厌拥抱。我很想体验被人拥抱的美好感觉，但那实在是太难以承受了，就像一股巨大的、吞没一切的刺激浪潮，我总是像野兽般挣扎。"

——天宝·葛兰汀

天宝·葛兰汀撰写了大量关于孤独症和感觉问题的文章，也做过很多相关讲座。当她还是孩子的时候，她渴望身体上的压力，一开始是把自己裹在毯子里，然后是躺在沙发垫子下面。她的姑妈在亚利桑那州有一个牧场，她在那里观察到牛如何进入挤压槽并在被面板挤压时放松地接种疫苗。她说服姑妈让她试试这个挤压槽。在短暂的"极度恐慌"之后，她体会到一波"放松的浪潮"，随即感到"非常平静安详"。她说："这是我的皮肤第一次真正感到舒适。"然后，她制造了一台专门供人使用的挤压机，多年来不断地改进设计。

葛兰汀和其他人进行了研究，以验证她最初根据直觉发现的挤压机的有效性。后来，她和伙伴改进了挤压机的功能，新式的挤压机不但可以给身体的胸、背部提供深度压力，而不是像之前的挤压机那样仅提供侧面压力。

如果你的孩子有口腔防御问题，言语治疗师或作业治疗师可以告诉你如何让孩子口腔脱敏。同样地，如果孩子对口腔感觉反应迟钝，你可以学习提高其敏感性的方法。

不要忘记呼吸！ 低肌肉张力以及强烈的情绪会影响呼吸肌，导致孩子呼吸变浅。学会深呼吸可以帮助孩子保持冷静，更重要的是学习控制呼吸可以帮助孩子更清晰地发音和说出更长的句子。当你让孩子放松并呼吸时，大多数情况下，孩子可能会进行几次快速的浅呼吸，这样不仅不能让他平静下来，反而会让他更紧张。你可能需要咨询物理治疗师、作业治疗师或者言语治疗师，了解如何提高孩子扩张肺部的能力，好让他更深地呼吸，以及学会如何调节呼吸。那些觉得深呼吸很困难的孩子可以通过某些练习或使用诱发性肺量计等呼吸辅助装置获得帮助。

以下是一些能帮助孩子进行深呼吸的建议。

- **吼叫。** 孩子的发音越响亮、呼气力度越大，吸气的效果就越好。你的孩子喜欢狮子或恐龙吗？让孩子模仿他最喜欢的狮子或恐龙那样大吼 5 ~ 10 次，这有助于他更深地呼气和吸气。

- **吹气。** 这个重要的口腔技能经常能把人的坏心情变好。你可以让孩子吹食物使其冷却，吹口哨和风车，吹掉你手上的羽毛，或者在桌面上玩吹棉球

的比赛。小孩子可以一遍又一遍地吹灭蛋糕的生日蜡烛。吹小球也很有趣，虽然孩子的唾液会喷得到处都是，但这是孩子练习吹气和运动规划的好方法，因为孩子需要在吹气的同时移动小球。这个游戏还可以让孩子练习交替吹气和吸气，以便更好地控制呼吸。

- **吹泡泡。** 孩子可以直接用吹泡棒吹泡泡。如果孩子觉得太难了，你可以先用吹泡棒吹一个泡泡并将它黏在棒上，让孩子把这个泡泡吹掉，然后再尝试用吹泡棒接住空中的泡泡。或者，你可以让孩子吹空中自由飘浮的泡泡。教孩子用吸管向一碗肥皂水里吹气，制造一个"泡泡山"。一定要先教孩子用吸管吹气，然后拿掉吸管再吸气，而不是对着吸管吸气，不然孩子就会喝到肥皂水了。你可以让孩子从可重复使用的吸管哨子开始练习，它在被吹气的时候会发出哨声，这提供了良好的听觉反馈——口哨越响说明呼气越强。

- **有意识地呼吸。** 冥想和深呼吸都是效果不错的减压方法，可以帮助人们感到平静和清醒，也有助于睡眠。你可以找一些儿童瑜伽课程来看看。

    五指呼吸法（Take 5 Breathing）是一种简单有趣而且和缓的呼吸方法：把一只手摊开，用气息"描绘"每根手指的轮廓，当沿着手指向上"描绘"时就吸气，在顶部时稍做停顿，然后沿着手指向下滑时呼气。

像《呼吸就好》（Just Breathe）这样的视频还可以帮助孩子理解他们的情绪好坏会如何影响身体，以及他们如何使用正念呼吸来帮助自己获得更好的感觉。马丁·博罗森的"片刻冥想"（One Moment Meditation）方法在一些视频和应用程序帮助上都有介绍，帮助成人学习冥想和呼吸，使头脑重新变得清醒。它更适合只需要片刻时间来恢复镇定的人，如父母、老师和治疗师。

听觉输入

听觉输入是我们听到的声音，它与移动感有关。除了聆听各种类型的音乐，包括录制的和现场的，还有一些方法能够帮助我们获得平静和清晰的听觉输入。

- 鼓励孩子倾听大自然的声音。去海滩听海浪声，或聆听雷雨声或风声。

- 让孩子听诸如暴风雨、海浪拍打海滩，或者森林里动物鸣叫等自然之声的录音。也可以让孩子听一听笛子、钢琴等乐器演奏的乐曲。

- 玩听一听、猜一猜游戏：和孩子静静地坐着，试着识别你们听到的声音（远处汽车开动的声音、鸟的啼叫），并识别声音的来源。

- 让孩子听一些特别设计的，旨在促进孩子保持冷静、专注、活力或创造力的声音和音乐。

- 让孩子听不同类型的音乐。不能忍受交响乐的孩子可能会喜欢雷鬼音乐①或凯尔特竖琴音乐。厌恶钢琴声音的孩子则可能喜欢弹奏玩具钢琴或木琴。

- 鼓励孩子学习演奏一种乐器。

- 对于听觉敏感的孩子，控制其能听到的声音的音量会很有帮助。如果你的孩子害怕嘈杂的声音，让孩子自己调控家里的音乐，看看孩子更喜欢轻柔的还是吵闹的音乐。

- 你可以使用有色噪声发生器，对噪声的颜色、速度、声调等进行自定义。

视觉输入

视觉输入包括各种景象、颜色、对比和移动。如果孩子在视觉上容易分心，请简化家庭或学校的环境，以达到令孩子平静的效果。或者，如果孩子的视觉不敏感，可以添加色彩鲜艳的物体来引导他的视觉关注。例如，无法活跃起来玩耍的孩子，他可能会被颜色鲜艳或装满五颜六色玩具的玩具箱所吸引。此外，你必须时刻注意孩子是否出现视觉超负荷的现象。

- 调节灯的亮度以使孩子平静和放松。尝试各类彩色灯泡，看看是否有一款适合孩子的视觉需求。你可以考虑各种类型的灯泡如白炽灯、全光谱灯、卤素灯或色调温暖的 LED 灯，而非在视觉上失真的蓝色冷光 LED 灯。

---

① 一种能让人放松的音乐，融合了美国节奏蓝调的抒情曲风和拉丁音乐的元素。

- 在孩子能够接受的范围内，给予他们视觉上的新奇感。比如给住在城市的孩子看乡村景色，或给农村孩子看城里车水马龙的景象。

- 在阳光明媚的日子，让孩子戴上遮阳帽以及太阳镜到户外去，或者当太阳落山产生大量眩光时让孩子待在户外。

- 尊重孩子的颜色偏好。如果孩子喜欢紫色，就让孩子天天穿紫色的衣服。有一些颜色会让孩子产生压力，如亮橙色、黄色、红色等。避免让孩子接触这些颜色的玩具、衣服等物品。

- 玩一些有助于培养视觉技能的游戏，如用手电筒捉迷藏、传接球游戏（使用气球、弹力充气球等，即使击中孩子也不会受伤）。若孩子尚不会书写，可以玩纸上走迷宫、连点成线和描摹之类锻炼手眼协调能力的游戏。

- 如果孩子在辐辏和跟踪等视觉技能方面有困难，可以请验光师和作业治疗师教一些你与孩子在家里一起做的视觉锻炼的方法，这也是对在诊所进行的视觉治疗的补充（请参阅本书第13章）。

气味（嗅觉）输入

对嗅觉敏感的人来说，有些气味可能是具有刺激性的，可能令其镇定，也可能让其感官超负荷。请和孩子一起探索各种气味，找到最能让你们满意的气味，无论是使人平静还是令人振奋。

- 虽然每个人对气味都有自己的偏好，但香草、甜橙和玫瑰的气味通常能让人平静，薄荷和柠檬的气味一般比较提神。假设孩子需要帮助以保持冷静，并且喜欢香草的气味，你可以让孩子在洗澡的时候使用香草味肥皂、沐浴露，还可以点香草味蜡烛或将香草味精油滴在香薰机里，或者让孩子在睡觉时使用香薰眼罩。

- 当孩子在购物中心玩累了，而你又知道香味会对孩子有帮助，请随身携带带有孩子最喜欢的香味的物品，或者前往出售香薰蜡烛和香皂的商店。你可以在手帕上滴几滴精油放在塑料袋里，当孩子闹情绪或闻到难闻的气味时，把手帕拿出来给孩子闻一闻，会给他很大帮助。

- 对于年龄稍大的孩子，你可以在网上找到一些芳香项链。这些项链带有挂坠盒，盒里镶嵌着小垫子，你可以在小垫子上滴几滴孩子最喜欢的精油，然后让孩子随身戴着项链。

- 和孩子玩猜气味的游戏。让他闭上眼睛或戴上眼罩，试着辨别各种物体如水果、调味品、鲜花等的气味。

- 你可以尝试在卧室给孩子使用非常纯的香草味精油，看看是否有助于孩子的睡眠。如果孩子是早产儿或经常惊醒，尤其要尝试一下。法国新生儿重症监护病房的一项研究发现，宜人的气味尤其是香草味，能改善早产儿睡

眠时的呼吸，并减少因睡眠呼吸暂停
而引起的惊醒。

- 生活环境的气味有时很糟糕。弄清孩
子对气味的喜好，也要接受他讨厌的
气味，然后慢慢引导孩子找到好闻的
气味。

味觉输入

味觉输入受嗅觉的影响很大。你可
以做一个实验，将口香糖咀嚼到味道消
失，然后把一个柠檬放在鼻子底下，这
时口香糖尝起来就会是柠檬味的。

- 强烈的味道会刺激孩子的口腔。在让
孩子吃新食物之前，可以给他吃一颗
薄荷糖、酸的软糖或其他味道浓郁的
食物。

- 可以买一些各种口味的糖豆，让孩子
一次吃一颗，并猜猜是什么味道。

- 如果某样食物的烹饪是孩子帮忙准备

的或食物种类是孩子自己选择的，他
们会更愿意去品尝。让孩子自己选择
是吃鸡肉还是鱼肉、刀豆还是豌豆，
并让他们帮忙做饭和准备餐桌。

提供一个安全的空间或安静的地方

我们都需要时不时地远离周围的一
切。如果孩子被很多感觉刺激压得喘不
过气来，就该远离这些感觉。在学校度
过漫长的一天后，孩子可能需要去自己
的房间独处几分钟甚至更长时间来恢复
精力。如果孩子刚经历了棘手的社交活
动，他们可能需要休息片刻才能重新振
作。尽管这种"远离"只起到暂时脱离
和缓和的作用，但这与你强行让孩子停
下来不同。理想情况下，孩子将学会识
别自己什么时候会出现感官超负荷，并
且找借口离开，在重新与其他人交往之
前花时间让自己平静下来。

安全的空间应是既舒适又私密的。

精 油

将精油直接涂抹在皮肤上或者
直接加入洗澡水时要小心，因为精油
可能具有刺激性，专门用来涂抹在
皮肤上的精油另当别论。你可以在洗
发水或沐浴露、甜杏仁油、分馏椰子
油（容器上有说明）以及其他充当介
质的油中加入 5 ~ 20 滴来稀释精油。

精油对嗅觉敏感的人非常有帮助，因
此值得你花费精力对其进行研究。请
阅读精油瓶上的标签，了解如何使用
它们。当然，你可以从受过专门训练
的人士那里了解精油的最佳使用方
式，这样更为理想。

它可以是卧室的一个特殊角落，那里有一把豆袋椅或一堆枕头。安静的角落灯光应柔和，还有一些可以安抚孩子的物品，比如毛绒玩具、图画书、拼图以及手指玩具（只要能提供安全感的物品就行）。孩子可能会想用毯子把自己裹起来，爬进帐篷，或者使用某种治疗设备比如用肚子贴着治疗球滚动或玩室内秋千。有些孩子可能想在昏暗的房间里待上一段时间，也许还得是有深色墙壁的房间。什么样的空间会令人有安全感是相当主观的，你需要弄清楚什么样的空间对孩子最奏效。

如果孩子需要一个安全的空间来保持专注并做好学习的准备，你和作业治疗师应该咨询学校的老师，能否以及如何在学校给孩子创造一个安全空间。这可能很难做到，因为你不想让孩子以此为借口不参加课堂活动。但是，老师如果意识到孩子是因为感官超负荷而分神或发泄情绪，则可能会允许孩子"休息五分钟"——在一个安静、安全的空间里整理好思绪，以便能很快重返课堂、积极学习。许多更先进的教室已经配有舒适的阅读角，可以十分方便地给孩子当作安全空间使用。如果年龄较大的学生自控能力强且有责任感，那么在学校允许的情况下，他们可以在教室外的指定安全地点休息一小会儿。

对于容易受到过度刺激的婴儿，你得靠猜测才能发现有助于他保持平静的房间布置和玩具。你自身也可能已经受

益于家里的一个特殊空间，当你需要时，你总可以去那里休息片刻。有时，仅仅是去上厕所或独自在厨房准备晚餐就可以达到这个目的。

孩子不一定时时刻刻都能退守到安全空间，你可能需要制作便携式的自我镇定工具包，比如一个装满自我镇定物品的鞋盒。你可以在自驾游、在医生办公室等候时或在外过夜时随身携带。

切实可行的计划

如你所见，选择感觉饮食的原料是没有限制的。你可能需要一些新想法使感觉饮食更有趣，却发现孩子想要一遍又一遍地重复完全相同的感觉输入。你可以利用你的感觉智慧，将简单的游戏和日常任务转化为有益的感觉输入。当你意识到生活中的一切都有着或可以成为强大的感觉饮食的原料时，就会发现这真的不难。你只需要专注于如何利用生活中的事物即可。并且，你得心甘情愿地在家中优先满足孩子的感觉需求。

在与孩子相处时，请你一定不要分心，要认识到新的感觉体验对孩子的重要性。

积极地参与到你和孩子的活动中来，期间不要打电话（关掉手机铃声）、不要安排那些会扰乱你日常生活的不必要的社交活动，你要全心全意地陪伴孩子。

作为拥有感觉智慧的父母，虽然你能够很好地满足孩子在家时的感觉需求，

但当孩子在学校时，就很难满足他的感觉需求了，因为你不可能时时刻刻待在学校陪护孩子。

家庭感觉饮食活动

许多家庭拒绝将感觉饮食融入孩子的生活，因为父母觉得自己已经太忙了，增加任何一项活动都会加重他们的负担。一旦你清楚什么样的感觉输入和感觉饮食活动对孩子有益，就可以更轻松地将它们整合到孩子已有的活动中。更重要的是，许多感觉饮食活动是可以全家参与的，可以加强家庭纽带关系并增进手足感情。

因为每个人都有不同的偏好，你需要考虑如何让每个人都能享受这些活动。不妨将其视为一个机会，让每个人都能从中学习如何尊重他人，了解自身的需求，同时鼓励大家都大胆一点、耐心一些，保持乐观向上的态度。你可能会惊讶于兄弟姐妹中的一个是如何引导另一个去尝试一项具有挑战性的活动的。切记要密切关注你的有感觉问题的孩子，观测他的活动是否过量，并在活动前后与孩子谈谈，看看是否需要调整活动使其感觉更舒适。请阅读下一章的具体内容，了解调整孩子感觉体验（如家庭出游）的简单技巧。

- **跳舞。**教孩子一些舞蹈动作，然后让孩子也教你一些。可以考虑给全家人报一个舞蹈班，或者自己先去报个舞蹈课，学会后再教孩子跳舞。家庭舞蹈是很不错的尝试，但是在开始之前需要先确认一下所处环境是否适合跳舞。舞蹈音乐可以让孩子们轮流选择。你甚至可以买一个便宜的迪斯科灯，给家庭"舞厅"增添一些气氛。在家里跳舞时，也可以让大家轮流选择音乐，这样每个人都可以随着自己最喜欢的曲调起舞。

- **水上乐园。**室内和室外的水上乐园提供了各种各样的感觉输入机会，且大多数设有漂流河、按摩浴缸和配备温和喷水器与躺椅的安静区域，你可以在激烈的活动后来到这里休息。室内水上乐园的声音强度可能比室外水上乐园更高。如果你要带孩子在室外水上乐园玩耍，记得带上护目镜、大毛巾以及防水的防晒霜。（你必须反复地重新涂抹防晒霜，因为剧烈的活动通常会很快把防晒霜洗掉，并且你要考虑穿包裹面积大的泳衣，比如短款潜水衣。）如果孩子有特殊的饮食需求，可以带一小袋食物。而且尽量在工作日去水乐园，如果是夏天的室外水上乐园，那就趁人还不多的时候早点去。如果去室内水乐园，冬天人会很多。

- **健身游戏视频。**越来越多的游戏视频涉及身体活动的配合，可供儿童和成人使用（你可以预先浏览一下游戏视频，因为某些版本的图像和歌词可能不太适合孩子观看）。你可以在朋友家里、游戏厅里试玩这些游戏；或是从二手游戏视频商那里购买，有的商家还允许折价换新。你不是非要购买昂贵的新游戏。有一些老年人活动中心设有鼓励老人邀请孙辈一起玩的游戏设施。你还可以选择在室外和室内都可以玩的电子游戏，如《精灵宝可梦》，不过你们得小心：别因为低头玩手机而走错路。另外，注意你要去的地点是否适合玩游戏，避免在人流量大的公共场所玩游戏。

- **园艺。**虽然做园艺需要花费大量的时间和精力才能得到你想要的结果，但你也可以简单地用花盆栽培花木，或种植容易存活的花卉和蔬菜。请教你的邻居什么植物容易种植，或者听从当地园艺商店老板的建议，找一些易养护又容易开花结果的植物，让全家人都参与挖土、规划、种植、除草、浇水和堆肥。比如栽种向日葵就很有意思，因为它们会长得很高，还能结出可以吃的瓜子。

- **在后院玩耍。**用豆袋（沙包）、羽毛球网、篮球网等有利于体育运动的物品来布置庭院，好让孩子寻找乐趣。选一片安静、阴凉的区域，用粉笔圈出来，作为休息场所。

- **滑雪。**滑雪时要穿合适的防水衣物。除尼龙质地的服装外，还可选择抓绒质地的，它们在一定程度上都能防水。如果可以，请带上额外的衣物，并计划好换衣服的地方。也许感觉灵敏的孩子还应该戴上抓绒手套，并且在每次弄湿时都可以及时更换。找一个不错的滑雪坡道，如果孩子不敢滑下去，可以选择从靠近底部或较缓的山坡开始练习。你可以用保温瓶装上热巧克力或花草茶放在车里，在孩子休息时，给他喝点暖暖身子。如果孩子不能忍受长时间待在户外，那就把雪带回屋内继续玩——可以用一个大塑料箱装满雪，放在塑料垫子或桌布上，同时准备好可以随时用来清理水渍的抹布。

- **户外戏水。**洒水器、水管、玩具水枪、充气水滑梯和水气球都非常适合孩子玩耍。如果你的孩子在户外玩水时受到了过度刺激，那就先休息一下。你可以用松软的大毛巾把孩子裹起来，紧紧地抱住孩子，让孩子拿着喷壶给植物浇水或玩泥巴也能使他平静下来。洗车的时候，可以鼓励孩子用蜡和擦车巾擦亮车身，或者用旧毛巾和抹布擦干汽车。

- **用工具进行创造。**搬运板子、工具箱等重物可以起到使人镇静的作用。如果你的孩子已经是青少年，可以鼓励他们戴上降噪耳机和护目镜（如果孩子佩戴这些感到不舒服，可以在松紧带下面垫上软垫）并使用锯子或机械螺丝刀。用各种工具来进行创造（如做个鸟屋）或修理，可以给予孩子力量和掌控感。给年幼的孩子提供适合他们年龄的工具，如儿童木工工具套装。

- **准备食物。**与父母一起准备食物会让挑食的孩子获得更多掌控感，并愿意尝试新食物。孩子更愿意品尝自己在花园里种植的西红柿，而非家长从菜市场买回家的。准备食材能提供丰富的感觉体验，孩子可能喜欢也可能会讨厌这类体验。他们也许愿意尝试打破鸡蛋，只要在能够立即洗手的情况下。他们也可以通过掰掉四季豆的尖端或折断芦笋的根部来学习本体感觉处理技能。和孩子一起准备食物的另一个好处是能少吃一些加工食品，让饮食更健康。

- **骑车。** 找一家口碑不错的自行车店为孩子选择合适的自行车，过大的自行车会让孩子在骑行时感到焦虑和不适。允许孩子使用辅助训练轮，并且鼓励他们练习骑车技能，动作慢一些也没关系。你可以找出你家附近适合亲子骑行的地方，这样你就可以避开骑快车和飙车的人。骑车不仅是一种很好的锻炼方式，还能培养孩子的方向感和驾驶技能，让他有机会融入大自然。

- **远足和散步。** 探索你家附近的小街巷，在林中漫步，在湖边散步，或者沿着自行车道溜达。给每个人带一瓶水（最好是给你感觉灵敏的孩子带那种必须通过挤压和吮吸才能喝到水的水壶）。步行产生的本体感觉输入能让孩子平静下来，特别是爬坡或在不平坦的地面上行走。

- **在海滩或湖边玩耍。** 海洋和海滩对有感觉问题的孩子来说非常具有挑战性。如果家长理解、尊重孩子的感觉问题并采取相关措施，海滩之旅对孩子来说可以变成一段美妙之旅。请选择在游人不多的时候前往海滩或湖边，随身携带或租赁一把遮阳伞或帐篷来防晒。让孩子在远离人群的地方扔石头或玩石头，这可以让他平静下来；还可以让孩子带一个小球在水里来回抛耍。请带些毛巾、帽子和适宜在海滩上吃的食物。准备充足的水，既可饮用，又能在进食前冲洗双手。让孩子在潮湿的沙滩上和海浪中行走，堆建一座沙堡，或把自己埋在沙子里，还可以教孩子如何在深水中依靠漂浮装置来保证自身的安全。

校园感觉饮食

　　将孩子的感觉饮食融入日常的校园生活中，需要你发挥很多的创造力，并且需要开明的老师和学校管理者的支持。满足孩子在学校的感觉需求，你可能需要定期给孩子增加感觉输入并进行一些轻微的环境改造。当学校的教职人员了解这些简单的改动不需要额外的费用，并且可以让你的孩子在课堂上提高效率时，他们可能就会愿意尝试了。许多教育工作者已经认识到，像"一分钟伸展休息"这样的简单活动可以帮助孩子们更好地学习。

　　在学校给孩子设置感觉饮食时，指导原则是在感觉问题突然出现之前就提前清除困难。在入座之前、在圆圈时间时，或参与任何需要注意力和专注度的任务之前，孩子都需要先满足自己身体的需求。许多孩子发现，在进行"坐好并保持安静"的活动之前，花一点时间伸展、扭转、跳跃、推、拉或做一些体力活是非常有帮助的（靠墙做几个俯卧撑、开合跳）。有时，喝几口水，抱抱自己，咀嚼点食物，或做一些手指练习（如握拳再松开，或轻轻地张开手掌压在桌面上），都可以帮助孩子保持警觉并完成任务。当老师在圆圈时间讲故事时，允许孩子在充气坐垫上摇晃身体或玩手指玩具，就可以满足孩子的运动需求，让他们能够安静地坐下来听完故事。还有一些建议如下。

● 在写作业之前，让孩子做一些精细动作来训练手臂和手：将手臂绷直，伸向天空再伸向地面；并拢手指，拉伸每根手指；使用握力器或挤压玩具；摆弄治疗用的泥子或造型黏土；转动铅笔数次。

● 为了让孩子主动听课，可以让孩子轻轻捏住耳垂，向下、向外拉扯。

● 为了在坐着时保持专注力，可以让孩子借助椅子做俯卧撑动作：双手平放在座位上并向下用力，将身体向上起；用脚踩压椅子腿；将拳头伸入口袋来做口袋俯卧撑；穿加重背心或在腿上搭上加重垫（请与作业治疗师讨论是否能使用这些物品）；或让孩子在膝上放一本厚书。

● 当孩子坐在地板上时，他可以用脚去踢绑在椅子前腿上的弹力带（作业

治疗师和物理治疗师经常将它用于课堂上）。

● 如果孩子有需要，他们可以背靠墙或书架坐着，以获得额外的触觉和本体感觉输入。但请注意，如果孩子肌张力低下并且姿势不正确，这样做是不会有帮助的。

● 如果孩子经常吮吸或咬衣服，请让他嚼口香糖、咬各种造型的牙胶或其他非食物的口腔安慰物品。咬这些物品可以满足孩子的口腔需求，并帮助一些孩子集中注意力。

● 让孩子戴上隔音耳罩或耳机，以减弱教室的听觉干扰，或在操场和健身房活动时戴上耳塞；也可以让孩子在做作业时听轻音乐或白色噪声、粉色噪声等有色噪声。

● 让老师给孩子布置一些需要动手的任务，比如将笔记本送到办公室、擦黑板、移动桌椅和书以及帮助分发练习册、铅笔和美术用品。

环境改造

简单地改变教室环境可以对孩子的注意力和学习能力产生很大的影响。你可以向作业治疗师咨询改善课堂环境的方法，下面列出了一些可行的建议，你可以照着先做起来。

● 感觉防御型的孩子需要避免意外的轻触，他们可能更适合结构化的、分隔的空间。例如，在圆圈时间给他们提

供单独使用的地毯，或在椅子上放软垫，以及减少环境刺激（如用自然光照明，给房间装上窗帘或百叶窗、请老师和其他同学不要喷香水等）。

- 让孩子坐在从家里带去的豆袋椅、地板垫或枕头上，而不是坐在椅子上。如果孩子要使用课桌椅，请确保其高度合适：孩子的双脚应该平放在地板上；桌子的高度要适合手臂和肘部的抬起。如果孩子的脚无法踏到地板，请使用矮凳或附在椅子上的脚踏（木质或硬泡沫材质的）。

- 为了增加坐起来的运动感，你可以使用带凸点的圆形充气坐垫。如果因为孩子的肌张力低下和（或）核心力量不足，导致坐姿懒散，请添置一个楔形充气坐垫，将较宽的一端朝向椅背以纠正骨盆和脊柱的位置，增加姿势的稳定性。还有些孩子坐在可以轻轻弹跳的治疗球上会表现得更好。有些球自带嵌入的脚踏，还有将球固定到位的环座。若孩子喜欢轻柔地摇摆，还可以使用一款名为 Hokki Stool 的凳子，孩子可坐在上面随心所欲地摇动凳子都不会发出噪声。

- 在孩子的桌子下面铺上一块地毯，这样孩子就可以在上面摩擦双脚，获得额外的触觉输入。

- 倾斜的桌面或桌上斜板将会改善孩子的手臂力量和抓握铅笔的姿势，并帮助他们避免趴在桌子上或将脖子伸得过长。当孩子需要从黑板上抄写笔记时，他们可以坐在靠近黑板的地方，在倾斜的表面上写字，比如使用厚的三环活页夹（厚的一端对着黑板，薄的一端对着自己）。确保孩子的桌子朝着教室的正前方。

- 用纸胶带或者记号笔勾勒出桌子（如果是家里的书桌）上应该放置纸张的位置。

- 为了帮助孩子调整运动的时间并培养稳定的节奏感，请尝试使用节拍器（可从乐器店购买）。

- 让老师留给孩子额外的时间做笔记，并给孩子提供有助于促进精细动作能力和手眼协调能力的特殊纸张，如方格纸、带高度对比线的纸或带有凸起线条的纸。

- 让孩子使用振动笔①或中性签字笔代替圆珠笔。

- 进行美术创作时，你可以让孩子用胶棒和画笔来代替胶水和颜料。但是，有的时候孩子无法获得胶棒，所以一定要教会孩子如何干净利落地使用普通胶水。如有需要，请在旁边放一块湿纸巾。

- 如果使用有振动功能的物品能让孩子平静下来，请考虑让孩子使用小型振

---

① 一种会在感应到书写错误时发出振动的笔。

校内感官安全所

无论是学校配备的专门的感官室、教室里的隐蔽角落，还是指定的学校工作人员的办公室，感官安全所都可以为容易对刺激反应过度的学生带来完全不同的体验。无论它的名称是什么，也无论它是单独的房间还是某个舒适的角落，在理想情况下，学生在情绪崩溃之前都可以使用这个安全所。感官安全所旨在为学生提供私密、安全的空间与自我调节的机会，能让学生在温和的成人的监督下，远离嘈杂的环境 10 ~ 15 分钟。

以下是一些建议。

教室内

• 在教室内，可以通过加设海绵静音隔板来创造一个安静且安全的空间。

• 在使用的任何物品上加盖一层能造成光漫射的织物，可以营造出一种隐私感，并过滤掉有害的光线。

• 应提供豆袋椅、身体枕、摇椅、有靠背的地板椅或其他舒适的座椅。

• 振动垫或振动椅可以让一些学生感觉非常放松。

• 个性化的感官体验盒可以帮助到孩子。盒子里可以放毛绒玩具或手指减压玩具，装在密封塑料袋内的孩子喜爱的精油味的棉球，孩子最喜欢的照片或图画书，可播放音乐或不可播放音乐的降噪耳机，加重背心，膝垫或玩具等。

独立的感官房

如今在美国，一些学校（甚至一些机场和体育场馆）都会提供感官房，让孩子们能够获得需要的感觉输入，从而感觉更舒适，表现得更好。有些感官房很大，可以供整个班级使用。例如，所有的学生都可以随着有节奏的音乐或节拍器用稳定球弹跳，轮流攀登岩壁，或进行其他丰富的感觉探索。使用哪种设备很大程度上取决于班级和学生个人的需求。一些感官房还配有触觉中心，有彩色灯和泡泡管等提供视觉刺激的物品，用于施加深压的充气拳击袋，固定住的自行车和跑步机等。有些房间是专门为个人使用而设计的，学生可在需要休息感官时使用，是否使用完全取决于学生的个人喜好和需求。在这里，学生可以调暗灯光，听音乐或保持安静，抱着安慰物蜷缩在椅子上等。当然，为了学生的安全，学校有必要设立监督机制。

动垫子、椅子、枕头、梳子、铅笔或玩具；也可以在婴儿床、汽车坐垫或超薄床垫下面放置振动垫，以提供舒缓的感觉输入。你也可以了解一下可放置在椅子上的大型振动垫，或者振动椅、身体枕等其他能产生剧烈振动的物品。

● 如果你曾经在宽敞的开放式办公室工作，你就会知道周围的环境是多么容易让人分心。你可以用硬纸板将孩子书桌的两侧挡起来，以防止他注意力分散；或者让孩子使用学习单间。你也可以在网上搜索"便携式单间"，购买一个现成的来使用。

● 你可以选择的常见课堂用具有很多。例如，如果孩子不喜欢使用带有两个圆环的标准剪刀，那么他们可能会喜欢使用带有橡胶环的剪刀，或者其他符合人体工程学的剪刀。这些剪刀通常都有一个供拇指插入的小环，和供另外几根手指插入的大环。讨厌某种胶水味道的孩子可能会接受其他牌子的胶水。老师不会反对家长自行准备这些物品，你甚至有权要求学校来提供。

要想找到适合孩子在学校时的感觉饮食，关键在于先确定孩子的感觉需求，再探索如何根据学校的具体情况来满足这些需求。

例如，在家里，你不必太在意孩子的行为是否与他的年龄相符，晚饭前让他在地板上打一会儿滚也不要紧，但在学校则需要作业治疗服务的帮助才能够加强孩子的感觉饮食。如果学校也能提供作业治疗，孩子有机会在地上滚一滚，或者往一堆垫子上撞一撞，或者在蹦床上跳一跳，这些都可以满足他们的需要。学校的作业治疗师会帮助你将感觉饮食的想法融入课堂，并帮助老师理解以感官刺激为基础的活动为何让孩子感觉更舒适和表现得更好。

当你或孩子的作业治疗师与学校交谈时，请提出要求，任何时候都尽可能地不要让孩子显得另类。例如，如果你的孩子在圆圈时间需要坐在从家里带来的垫子上，那么其他孩子也应该被允许带坐垫到学校里来。老师们可能会担心这会影响到课堂纪律，然而，只要定下明确的规则，大多数孩子都可以适当使用垫子而不扰乱课堂秩序。

适合青少年（成人）的感觉饮食活动

运动和本体感觉输入

体育活动可以创造奇迹，帮助你和孩子在一个过度刺激的世界里保持自我。以下是对有感觉问题的青少年或成人的一些积极的建议。

● 借助跑步机、椭圆机、动感单车或其他健身器材锻炼身体，举重锻炼也会对身体有益处。

● 尝试一些体育运动，如游泳、潜水、慢跑、骑自行车、滑雪、溜冰和武术等。如果因为害怕产生不适感或担心被别人评头论足而回避运动，那么可以雇私人教练，带上支持你的朋友，避开你不喜欢的体育运动，并开始慢慢地学习基本技能。

- 普拉提和其他"闭链"锻炼方式（即做动作时一只手或脚是固定不动的）会为关节和肌肉提供极好的本体感觉输入。经典的普拉提健身使用弹簧和滑轮等特殊设备，许多健身房已经开设垫上普拉提课程。根据介绍普拉提动作练习方法的视频和图书自学也是不错的选择，这样你就可以在不使用特殊设备的情况下在家进行普拉提健身。

- 买一些轻量级的哑铃，放在办公桌上，在闲暇时做一些举哑铃的动作，或者用罐子替代哑铃，也可用靠垫给自己做个沙袋。

- 使用成人用的小型蹦床，但在购买任何蹦床之前，请务必确保其安全性。

- 播放音乐并跳舞。

- 在地板上放一个旧蒲团、床垫或沙发垫，让自己可以扑上去。用毯子或大毛巾把自己紧紧地裹起来。

- 擦家具、清洗窗户、吸尘、给汽车打蜡等活动，都能提供极好的感觉输入。

触觉输入

- 洗个热水澡可以很好地调整人的身心状态。你还可以尝试洗盐浴。

- 让作业治疗师教你如何自己使用触觉刷。

- 将乳液涂抹到手上、脚上并用力按摩。

- 如果你喜欢感受身体上的压力，请裹上厚厚的棉毯或穿上紧身的衣物。出门时，试着在日常穿的衣服里面穿一件莱卡紧身衣或者骑行衣，也可以在口袋里放一个减压玩具或一块忘忧石（一块可供你抚摸的光滑石头，也可以用一块手感很好的布料替代）。

- 画画和做手工的材料都是很好的感觉工具，使用起来会让人非常放松。做陶艺、绘画、创作抽象拼贴画、钩织或缝纫都值得一试。

- 可以选择手指玩具玩，用手揉搓的毛毛球、扭结的橡胶产品和泥子类玩具也都会有帮助。魔方也是不错的选择，尤其是随意旋转魔方的感觉会很棒。你可以考虑在办公桌上或任何你常待

如果你有过度"弯曲"的关节或神经肌肉问题，最好咨询物理治疗师或作业治疗师。如果你正在进行任何高强度的运动项目，包括瑜伽、普拉提和力量训练，最好找一个接受过全面培训的人陪你一起锻炼。

的地方，摆放一些减压玩具。

- 烹饪和烘焙活动可以为手部提供大量的触觉和本体感觉输入。你可以尝试制作饼干、馅饼或是比萨饼皮。

- 如果感觉按摩和做面部美容能放松你的身心，那么就去做吧。美容机构通常会提供按摩和面部护理服务项目（尽管你可能不喜欢被陌生人用手触摸）；或者你可以在居住地找一家水疗中心。如果你很喜欢按摩，你可以和伴侣一起报培训班学习按摩，并且买一个便携式按摩床。

听觉输入

- 听音乐是一种很棒的自我调节方式。有些人喜欢古典音乐，有些人喜欢摇滚乐。你可以探索不同类型的音乐，这有助于发现什么类型的音乐能使自己振奋或冷静下来。

- 聆听以自然声或白色、粉红色等有色噪声为特色的减压音乐或冥想音乐。

- 如果你需要安静的环境，可以尝试在某些情况下使用头戴式降噪耳机或入耳式降噪耳机。

- 水声也有舒缓心情的作用。去海边或河边倾听水声。你考虑安装一个花园喷泉，或一个可以简单安装在地板和墙壁上的室内喷泉，甚至是小型的桌面喷泉。

- 有人觉得时钟的嘀嗒声很吵，也有人觉得这种声音有安抚作用。你可以尝试倾听时钟或节拍器的声音。

视觉输入

- 如果你感到焦躁不安，请找些能让你舒缓心情的东西，比如植物、你的猫、鱼缸或熔岩灯[①]看看；或者盯着能让你感觉特别舒服的地方、人或事物的图片看一看。

- 尝试想象一下：闭上眼睛，想象自己在一个最令你放松和快乐的地方。在脑海中浮现出那个地方能给你带来的感官体验，不仅仅是当地的景象，还有气味、声音以及触感等。例如，如果你觉得在森林里漫步时最为开心，请想象一下曾看过的树木、野花，闻到的清新松香，听到的鸟儿歌唱以及风拂过树叶的沙沙响声。这需要一些练习，但一段时间后，你可能会发现，当自己需要休息片刻的时候，可以立刻展开这样的想象。

- 如果你在电脑前长时间工作或看了很久的书，并且感到疲劳，请停下来，集中目光看看至少一两米外的物体，能去看看窗外的景物就更好了。每隔一段时间就站起来做身体拉伸，多做扩胸运动或者转转脖子。休息时记得改变一下身体的姿势，比如站起来四处走走。

---

① 利用热能原理造就永恒的光影移动变幻效果的灯，玻璃瓶内就好像有熔岩流动一样。

- 如果你受不了强光或眩光，可以尝试佩戴各种颜色的太阳镜，从琥珀色到灰色再到玫瑰色。如果你本身就近视，可以在配镜时选择有色镜片，或者变色镜片（当光线过于炫目时，镜片会自动变色调节光线）。

- 在睡觉之前，将电子设备调成夜间模式或将设备的屏幕光从蓝色调成黄色，这样做会对身体发出心理暗示——该睡觉了。屏幕发出的蓝光会干扰身体分泌褪黑素，而褪黑素是我们维持健康睡眠所必需的。

味觉、嗅觉输入

- 关注味蕾的感受。有些味道具有刺激性，而另一些味道品尝起来则显得清淡。食物味道给人的感受因人而异，所以你需要找到最适合自己的食物。

- 嚼口香糖、吃松脆的食物或用吸管吸浓稠的液体，都可能给你带来舒适的味觉体验。

- 找出让你感到平静和振奋的气味。尝试各种有香味的乳液、蜡烛、精油、香水、洗发水等，找出其中最适合你的气味。你可以在桌子上放一块气味浓烈的香皂，或者在浴缸中滴几滴精油。有时候，只需要闻一闻咖啡的香味就足以让你改变懒散的状态振作起来。

- 闻一闻大自然的气味：新割的青草、鲜花、刚砍的木头、新鲜的水果等的气味。

退至安静之地并管理焦虑情绪

- 要明确触发自己焦虑的因素，留意自己何时会感到焦虑、紧张或恐惧。在学校或工作场所，如果感觉输入变得过于强烈，请寻找一个逃避之所。只需要花几分钟时间，关上办公室的门再关上灯，走进没开灯的浴室，坐到车里放松，或在户外找一个安静的地方，都可以帮助你放松下来。如果你在上大学，请询问教授你是否可以在课后黑暗的教室里听几分钟音乐来整理思绪。你可以考虑在家里的某个房间或角落设置一个休息区，安装令你感觉舒适的灯具，放置一把豆袋椅或其他方便你躺下的椅子，还可以准备一条加重毛毯。

- 包含缓慢而深沉的呼吸的冥想和呼吸练习，比如瑜伽课上教授的那些，可以帮助你缓解压力，消减身体本能的恐慌反应，并减轻你的焦虑感。定期的正念冥想练习可以帮助你在感官超负荷前有效意识到压力的触发因素。你也可以尝试正念行走和正念聆听。瑜伽、太极都可以使人平静，引导式想象也有同样功效。你可以轻松地在各种媒体上查找到相应的练习方法。

- 定期锻炼已被证明可以减少人的焦虑感和压力，并有助于平复紧张的情绪，所以请将锻炼纳入你的感觉饮食。如果你不喜欢传统的"锻炼"，请发挥创造力，探索自己喜欢的运动形式，可以是在迷你蹦床上蹦跳、用家用健身器锻炼或者在看你最喜欢的电视节目时做拉伸运动。你还可以试着去报个舞蹈课或者和朋友一边聊天一边散步。回想小时候喜欢做的事情，无论是玩雪橇还是踢足球，然后放手去做。你还得为糟糕的天气做好打算，计划好不同的锻炼活动，这样当连续下几天雨或寒冷的天气来临时，你的感觉问题不会变严重，因为你没有停止锻炼。

学习自我调节

请记住，有效的感觉饮食旨在帮助儿童、青少年或成人保持感觉和身体功能的最佳状态。父母、老师、治疗师都可以在帮助孩子解决感觉问题上发挥关键性作用，比如探索哪些活动和环境的组合能帮助孩子最大限度地协调感觉。我们都需要设法让自己平静下来，你可能想在下班之后、做晚饭之前去跑步，听听舒缓的音乐，进行冥想或深呼吸，并在孩子入睡后好好洗个澡。抽出时间让自己做这些事情确实不容易，但这些事情对你而言至关重要！

感觉饮食和所有感觉干预措施的目的都是帮助个人拥有感觉智慧，以便能够有依据地选择和参与自身所需的控制和调节情绪的活动，而不是陷入焦虑。做到这一点的前提是拥有足够的洞察力和自我意识，这对成人来说尚且不易，对儿童来说就更困难了，所以父母必须

与拥有感觉智慧的治疗师或心理健康顾问合作。他们更擅长处理孩子在面临感觉挑战时经常出现的复杂情绪，如悲伤、焦虑和愤怒。

林赛曾在《应对感觉问题带来的挑战：有效治疗儿童和青少年的临床工作》（ *Sensory Processing Challenges: Effective Clinical Work with Kids & Teens* ）一书中，提出了一种提高自我观察力且在问题发生之前就自行发现端倪的方法——培养这种自我意识和洞察力的基础是自身成熟的心智，他人的帮助也是必不可少的。临床医生可以帮助人们学习如何识别会对自身造成刺激的内部和外部因素，预测可能出现问题的情境，了解如何使用最佳策略来应对。

我们还可以利用一些方法帮助孩子学习识别自己的情绪状态。例如，在纸上画出不同颜色的区域：蓝色区域表示低警觉状态，如感到悲伤、疲倦或者无聊；绿色区域表示感到平静、快乐和专注；黄色区域表示开始感到失控；红色区域代表高警觉状态或非常强烈的感觉，如愤怒或恐惧。这个方法旨在帮助人们认识到自己何时处在哪个区域，并且了解如何帮助自己"移动"到另一个。

有很多方法可以帮助孩子进行自我调节，其中能够把感觉统合问题考虑在内的方法最有帮助。对孩子来说，他们最好能够参与那些帮助他们获得良好感觉的感觉饮食活动，与作业治疗师合作

拓展他们潜在的感觉统合技能。然而，不可避免地，孩子有时会因令他"反感"的香水味或嘈杂的噪声等令他不快的感觉体验而出现（或可能出现）调节障碍。我们在本书中所讨论的自我调节的策略和工具，有助于孩子克服这些困难，请提前做好准备吧！

推荐书目及资源

Biel, Lindsey. *Sensory Processing Challenges: Effective Clinical Work with Kids & Teens.* New York: Norton, 2014.

Brukner, Lauren. *Stay Cool and in Control with the Keep Calm Guru: Wise Ways for Children to Regulate Their Emotions and Senses.* London: Jessica Kingsley, 2017.

Koscinski, Cara. *Sensorimotor Interventions: Using Movement to Improve Overall Body Function.* Arlington, TX: Future Horizons, 2017.

Kranowitz, Carol S., and Joye Newman. *Growing an In-Sync Child.* New York: Perigee, 2010.

Kuypers, Leah M. *The Zones of Regulation: A Curriculum Designed to Foster Self-Regulation and Emotional Control.* San Jose, CA: Social Thinking, 2011.

Parker, Eileen, and Cara Koscinski. *The Weighted Blanket Guide.* London: Jessica Kingsley, 2016.

Sher, Barbara. *Everyday Games for Sensory Processing Disorder.* Berkeley, CA: Althea Press, 2016.

Steele, William, ed. *Optimizing Learning Outcomes: Proven Brain-Centric, Trauma-Sensitive Practices.* New York: Routledge, 2017.

Zysk, Veronica, and Ellen Notbohm. *1001 Great Ideas for Teaching and Raising Children with Autism Spectrum Disorders.* Rev. ed. Arlington, TX: Future Horizons, 2010.

第 7 章

日常感觉问题的实用解决方案

作为有感觉问题的孩子的父母，你可能已经学会如何回避令孩子感到不安或不知所措的场景。毋庸置疑，生活中有太多令你和孩子感到烦恼又无法避免的情况：从上学到洗头，再到应对假期后的过渡时期。孩子独特的感官敏感性和不耐受性决定了他在面对哪些情况时会遇到困难，以及你帮助他应对各种问题的方式和方法。

认真地去分析孩子遇到的棘手情况，你总会找到可以做的事情。留意周围的噪声、气味、景象和孩子正在做的事情，你是否可以改善一下生活环境？或者调整一下做事的方法？如何帮助孩子才能应对他失控的情况？这种分析耗时劳神，但这样的努力确实会有回报，孩子至少会感觉好一些。

此外，请考虑一下自己是否是令孩子感到不适的原因之一。你说话的语气或者对待孩子的方式是否会引起他的不满？你会在孩子面前表现出焦虑、恐惧或愤怒的情绪吗？我们不是想要让你感到内疚或责备你，只是希望当孩子情绪低落时，你可以更快地弄清楚哪里出了问题，更容易找到改善情况的方法。

请经常问问自己：是否给孩子提供了足够的感觉饮食？例如，在给孩子洗澡之前，是否给了他足够的触觉和深度压力输入？你是否需要与作业治疗师讨论如何调整孩子的感觉饮食，或者讨论如何处理一项困扰孩子的任务，例如戴上帽子和手套？作业治疗师还可以解答你的困惑，例如，为什么每次带孩子去超市时他都会表现得紧张害怕。

让孩子有掌控感以及提前告知孩子将要发生的事情也会对他有帮助。让孩子明白，你理解他面对的困难并且正设法与他一起寻找解决方案，这可能需要很多次尝试和努力，但请不要放弃……你还要让孩子明白，你需要他的帮助。

举个例子，与其直接给孩子套上洗发帽，不如先跟孩子解释，你知道他讨厌眼睛沾上肥皂的感觉，所以请他套上洗发帽。虽然他可能对这个洗发帽感到陌生，但套上它可以避免眼睛沾上肥皂。

你得在生活中准备许多应对孩子感觉问题的锦囊妙计才行。在本章中，我们将列出作业治疗师和家长们在家里和学校中使用过的一些秘诀和技巧。

生活护理的挑战：梳洗、穿衣和如厕

梳洗／洗澡

- 在洗淋浴或者泡澡之前，请先给孩子提供触觉和深度压力输入（参见本书第 6 章）。

- 如果孩子讨厌洗澡，就从小处着手：先把孩子身上的衣服脱下来，让孩子在没放水的浴缸里先待片刻。等孩子逐渐适应环境后，再慢慢地倒入一盆或一桶温水（并在旁边备上另一桶温水，留待冲洗时使用）。给孩子准备玩具。比如如果孩子喜欢洋娃娃，就让他先给洋娃娃洗澡，然后再给自己洗。可以使用浴缸或塑料浴盆给孩子洗澡，但切勿将幼儿独自留在浴缸或塑料浴盆中。

- 在淋浴间的墙壁上或者天花板上安装一面防雾防爆的镜子。有时候，看着自己洗脸或洗头会让孩子更有安全感。

- 有的孩子难以忍受往浴缸注水的声音。试着先把浴室门关起来再放水，等洗澡水备好了再让孩子进来。

- 用沐浴手套给孩子洗头，并适当按摩，给予孩子额外的本体感觉输入。

- 可以试着在浴室天花板上放置可拆卸的塑料图片，孩子在冲洗头发时会抬头看，可以通过谈论图片内容来分散孩子的注意力。或者让孩子身体向前倾，这样在冲洗头发时，他的脸会朝下。或者在孩子闭上眼睛冲洗头发时，把玩具藏在浴盆里，孩子会被闭着眼睛寻找玩具的乐趣吸引，这有助于缓解冲洗带来的不适感。

- 让孩子在其他人洗完澡后再去洗澡，这样孩子洗澡的时候，浴室的温度会高一些。如有必要，可以先用烘干机烘热浴巾后再包裹孩子。

- 使用手持花洒，这样孩子在自行冲洗时可以控制出水量和流速。

- 让孩子站在浴缸旁，看看花洒是如何喷水的，然后再试着用花洒来洗澡。

- 可以购买易起泡的肥皂或洗发水，这样有利于孩子的触觉输入。

- 让孩子在合理的范围内调节浴缸或淋浴器的水温，有感觉统合问题的孩子对冷热的感觉可能与你的感觉截然不同。安全起见，为了防止水温过热给孩子造成伤害，请将热水器的最高温度设置在安全范围内。

● 在花洒或浴缸中安装防烫伤装置。当水温过高时，该装置能减少热水管的出水量，并在水温降低时增加热水管的出水量。

● 一些有感觉问题的孩子不仅对食物中的人工色素有严重的反应，对沐浴液和洗发水中的色素也会有反应。如果你怀疑孩子有这方面的问题，请购买不添加色素的产品。

● 让孩子挑选自己觉得好闻的洗发水和肥皂，这也是鼓励孩子爱清洁的好方法。

● 在孩子洗淋浴或泡澡时播放音乐，可以起到安抚作用（请将音乐播放设备放置在远离浴缸的地方）。

● 对一些孩子来说，采用快速冲澡的方式效果最好：快速地打湿全身，同时抹洗发水和沐浴液，最后从头到脚冲洗干净。

● 如果孩子在洗淋浴时过于兴奋，他会跳来跳去，请确保使用大的浴垫，以防孩子滑倒。

● 尝试洗泡泡浴。孩子可能会喜欢充满泡泡的浴缸，或者喜欢玩泡泡。

● 提供各式各样的洗澡玩具。例如，让孩子在浴缸里用手指蘸着可水洗的颜料作画，画完后再用水冲洗掉颜料，这是让他习惯浴缸和水洗颜料的好方法。

● 不要让孩子喝浴缸里的水或将洗澡玩具放入口中。

换尿布

如果你的小宝宝拒绝换尿布，可能是因为他觉得垫尿布不舒服，你可以提前帮助他进行如厕训练。下面还有一些方法可以用来应对孩子抗拒换尿布的情况。

● 让孩子站着换尿布而非躺着换。

● 使用拉拉裤或夜安裤以加快换尿布的速度。

● 使用婴儿湿巾加热器给湿巾加热。

● 在给孩子换尿布时，你可以通过唱歌来分散他的注意力。如果孩子对你的歌声感兴趣，你还可以改变歌声的音量、变换音调，并做出夸张的表情。你还可以嚼泡泡糖，用吹泡泡来吸引孩子的注意力。也可以在换尿布时给孩子一些小玩具玩。

洗头

● 使用大容器装水进行冲洗；与淋浴或用小容器冲洗相比，大容器倾倒而出的水冲在头上会产生更强的压力，令孩子感觉更好。如果孩子讨厌冲洗头发，你可以一步步来：先冲他的腿，然后冲肩膀，最后再用水冲头。也可以在冲洗开始前和孩子一起数数：一、二、三，冲！

● 在日常生活中，戴紧一点的帽子、编辫子或扎马尾可以给头皮提供持续的压力，能让一些有感觉问题的儿童（和成人）平静下来。

- 使用柔软的触觉刷、你的手指或振动发梳来刺激孩子的头皮。

- 如果孩子不适应洗头，可以先从只清洗他的发梢开始，不洗他的头皮，等到孩子适应之后，再清洗全部的头发和头皮。

- 用柔软的沾有洗发水的儿童毛巾给孩子洗头发，然后用干的儿童毛巾擦拭干净。

- 如果孩子头发很脏但是当天不愿意洗头，请尝试使用免水洗洗发露。

- 冲洗时使用泡沫遮板或毛巾遮住孩子面部。你也可以在孩子洗完脸后立即帮他擦干面部。

- 如果你和孩子一起洗澡，在往孩子头上和脸上浇水之前，先让孩子往你的头上和脸上浇水。

- 使用耳塞，防止孩子耳朵进水。

- 在给孩子洗头之前，先让孩子给玩偶洗头或给你洗头。

- 有感觉问题的孩子在冲洗头发的时候可能会拒绝闭上眼睛，因为他们害怕摔倒——如果闭上眼睛，他们就无法确定自己身体的空间方位。请使用无泪洗发水，这样孩子就可以睁着眼睛冲头发了。你也可以让孩子扶着墙或用手扶住孩子的肩膀，这样孩子闭上眼睛也能够感觉到自己身体的空间方位。

- 让孩子挑选自己觉得好闻的洗发水和护发素，或者选择无味的。

梳头和给头发做造型

- 对头部进行按摩，先做好梳头的准备工作。

- 使用防止头发打结的护发素。

- 把头发剪成容易打理的短发。

- 使用发刷、宽齿梳梳头，防止扯到头发。

- 对着镜子梳头会让孩子有更强的掌控感，减少抵触情绪。

- 让孩子尝试自己梳头。

- 梳头时，试着让孩子坐在豆袋椅上，穿加重背心，或者搭上加重膝垫以施加深度压力。

- 梳头发时，尽量避免拉扯头发导致头皮不适。

- 使用有趣的发饰，和孩子玩"互相梳头"的游戏。

理发

- 在理发前通过对头皮进行深压按摩来降低孩子头部的触觉敏感性。

- 很多孩子会因理发而紧张，请提前告知孩子，给孩子一些时间做心理准备。

- 如果你的儿子听觉敏感，请避免使用电推剪，或带着他在剃刀嗡嗡作响时唱歌。你可以在路过理发店时，请理发师为孩子"播放"电推剪的声音，但当天不给孩子理发，用这种方式来降低孩子对理发工具声的敏感程度。

你也可以把电动牙刷放在孩子的发际线、太阳穴或耳朵附近让他听电动牙刷振动的声音。你也可以让孩子在理发时戴耳塞或听音乐。

* 去适合儿童理发的理发店，或者在家里营造一个良好的理发环境——有零食吃，有精彩的电视看。

* 请理发师在给孩子理发过程中及时梳掉或吹掉散落的断发。理发后，可以在孩子胸、背部的皮肤上抹上爽身粉，避免让断发落在孩子的手臂上。如果孩子不反感吸尘器的声音，你可以使用手持式真空吸尘器来吸掉孩子身上的断发。

* 塑料制品和魔术贴比掉在脖子上的断发更易刺激孩子的皮肤，理发时你也可以用毛巾或衣服把孩子彻底包裹起来。

* 多带一件衬衫，方便孩子在理发后直接换上。如果在家给孩子理发，剪完头发之后立即给孩子冲澡，把散落的断发冲掉。

* 尽量在家或在没有浓烈化学气味的理发店给孩子理发；最好将孩子的理发时间预约在店里没有其他客户进行美发的时间段。

* 如果孩子非常抗拒理发，可以每天给孩子剪一点头发。孩子的发型看起来可能会有点怪，但减轻理发给孩子带来的压力才是最重要的。

* 可以在孩子睡着的时候或者当孩子被洗澡玩具分散注意力的时候给他剪头发。

* 尝试将孩子抱在自己的腿上或让他坐在低矮的椅子上理发，有感觉问题的孩子可能会害怕坐理发店的高脚椅。

* 如果时间允许，让孩子先观看其他人理发。

* 理发时给孩子搭上加重膝垫或让孩子玩玩具，这些都是有效的安抚手段。

刷牙

* 让孩子挑选自己喜欢的儿童软毛牙刷，比如根据牙刷上的卡通人物、牙刷的颜色自行选择。

* 规定好刷牙的时间和方式，让孩子做到心里有数。例如，孩子可以按照自己喜欢的顺序刷牙（例如，从上到下、从左到右、从前向后刷牙），还可以自己决定刷牙的时间。相对固定的刷牙方式更容易帮助孩子养成刷牙的习惯，什么时候刷哪颗牙齿、刷某颗牙齿会是什么感觉，孩子都能心里有数。

* 想办法让刷牙变得更有趣。可以和孩子比一比谁刷牙刷得更久。可以用手机或平板电脑设置刷牙计时器。

* 有感觉问题的孩子可能会讨厌嘴里有泡沫，可以让孩子尝试无泡牙膏或使用含氟漱口水，可以将漱口水倒在牙刷上使用。如果孩子还不会吐口水，你可以让孩子使用不含氟的牙膏，以

减少对氟化物的摄入。请先咨询牙医，询问是否需要让孩子使用含氟牙膏或者含氟漱口水。给孩子的牙齿涂氟也可以防止蛀牙。即便你不愿给孩子用氟化物等化学物质，但在孩子抗拒刷牙和使用牙膏的情况下，你只能这么做，因为保护孩子的牙齿永远是最重要的。

● 如果孩子无法忍受太浓的薄荷味，可以尝试其他口味的牙膏。一些专注于儿童牙膏研发的公司生产的巧克力味、草莓味、橙子味等口味的牙膏可能更容易被孩子接受，你也可以参考安全的牙膏配方自己制作牙膏。

● 避免使用含有三氯生的牙膏。三氯生是一种有强效抗菌作用的化学物质，添加三氯生的个人护理产品可能带来健康隐患。

● 可以定期带孩子去洗牙或学习额外的刷牙课程。避免让孩子吃苏打饼干、曲奇和其他会黏在牙齿上的精面粉制品，以及任何有黏性的东西，除非孩子吃完后会刷牙。避免给孩子喝含糖饮料，包括果汁。请咨询牙医如何让孩子保持牙齿清洁和牙龈健康。

● 你可以让年龄大一点的孩子试试用椰子油漱口。将一茶匙椰子油含在嘴里，最好含20分钟，然后把它吐到垃圾桶里（椰子油会堵塞水管）。这种油被认为可以减少口腔内的细菌滋生。

● 让孩子饭后用水漱口，尤其是吃了柑橘类水果或西红柿等酸性食物后要漱口。你可以试着让孩子在吃酸性食物前30分钟刷牙来保护牙釉质，吃完之后也不要马上刷牙——孩子若吃了酸性食物，最好是先漱口，过会儿再刷牙。

● 要想使牙龈脱敏，必须给孩子提供触觉输入：尝试使用振动牙刷或振动玩具振动口腔外侧靠近下颌的部位。你也可以戴上橡胶指套或使用按摩器、面巾、一次性口腔采样拭子和海绵棒牙刷来擦拭孩子的口腔。

● 教年龄大一点的孩子使用软牙刷刷牙，并轻轻按摩牙龈。如果因为刷牙或使用牙线导致牙龈出血，可以带孩子去看牙医，让孩子知道如何护理牙龈和牙齿。

● 刷牙时多用水，每刷几下就用牙刷蘸一下水。

● 调节好刷牙用水的温度，可以让孩子的牙齿感觉更舒服。

● 许多孩子喜欢使用电动牙刷，他们认为电动牙刷可以使人平静、易于使用且非常有趣。口腔较小的孩子需要使用小刷头，听觉敏感的孩子需要使用配备静音电机的电动牙刷。

● 用牙线给孩子剔牙或教孩子使用牙线时，可以尝试使用扁的牙线，轻轻地将其插入牙齿之间的空隙，而不是猛地将牙线插进去。喜欢浓郁味道的孩子可能会喜欢带有香味的牙线，比如薄荷味的牙线。

- 把刷牙当作一个游戏，可以减轻它给孩子带来的不适。例如，当你给孩子刷牙时，描述你在孩子嘴里"看到"的书上或电视里的人物，让孩子猜猜你说的是谁。

- 孩子可能会因为讨厌待在卫生间里而抗拒刷牙。如果你的卫生间使用起来不方便，或者孩子觉得在厨房甚至在洗衣房里刷牙更舒服，那么就让孩子在那里刷牙。如果孩子使用的牙膏是可吞咽的，你甚至可以试着让孩子躺着刷牙。当妈妈用一只胳膊托着孩子的背部，用另一只手给孩子刷牙时，一些孩子会觉得躺着刷牙更舒服。

- 如果孩子一边照镜子一边刷牙会分心，那就用纸将镜子遮起来，或者让他到厨房的水槽边刷牙。

- 一定要轻轻地刷孩子的舌头以及牙龈和牙齿之间的缝隙。

- 要找有现代检测设备的牙科诊所给孩子看牙，比如配备可以在电脑上显示牙齿表面的内窥镜棒，这样就能在龋齿出现的早期发现问题。一年至少给孩子洗两次牙，按时预约牙医，及时接收牙医的通知，牙医的通知会提醒你：如果错过此次检查，可能会导致孩子的两次口腔检查间隔时间太久。恒牙将会陪伴孩子一生，所以要把孩子的口腔卫生放在第一位。

磨牙齿（磨牙症）

有些孩子由于焦虑、咬合异常或口腔肌张力高，会有磨牙的现象。另有一些孩子是通过磨牙来获得感觉输入。随着孩子慢慢地长大，许多孩子在长出恒牙后就不再磨牙了，但是如果孩子持续磨牙，则不可掉以轻心。磨牙不仅会磨损牙齿，还可能导致头痛和下颌酸痛。

- 牙医可能会向你推荐给孩子使用防护牙托。牙托可以让孩子在睡觉时获得所需的本体感受输入，同时也可以保护他的牙齿。一定要向牙医咨询清楚孩子的牙齿咬合是否需要矫正。

- 解决孩子任何潜在的焦虑或睡眠问题。

- 确保孩子饮水足量。有研究表明，脱水可能会导致孩子磨牙。请注意，如果孩子的尿液颜色较深，则表明孩子水摄入不足。

- 如果磨牙是由孩子的口腔肌肉张力高造成的，那么请避免让孩子咬像铅笔、钢笔、冰块这样的东西，否则会使孩子下颌肌肉更为紧绷，从而引起磨牙。

- 如果磨牙纯粹是孩子寻求感觉输入的行为，请准备椒盐脆饼、胡萝卜条和口香糖等零食，并根据需要使用非食物的"咀嚼物"，让孩子有机会获得口腔内的强烈本体感觉输入。但是你必须考虑孩子是否已经成长到可以咀嚼口香糖的程度，以及是否能够正确地处理口香糖残渣。食用木糖醇口香糖可以有效预防蛀牙，可能更适合孩子。

- 可以跟孩子玩打哈欠游戏：和孩子们一起学狮子吼——尽可能地张开嘴巴吼叫，这样可以让咬肌得到拉伸和放松。

- 将一块温暖的毛巾贴在孩子的下颌关节处（耳垂前的脸颊部位），帮助他放松咬肌。

- 睡前先给孩子洗个热水澡，并给他按摩，确保孩子尽可能放松地上床睡觉。详情请参阅本书的第 12 章中有关睡眠和压力的信息。

修剪指甲

- 在修剪指甲前，按摩孩子的双手，轻轻挤压指尖。

- 选择在孩子洗完澡后修剪指甲。

- 等孩子睡着后，再给他修剪指甲。

- 编一个故事或游戏：假装手指是一些需要理发的人，或是需要被修理一番的怪物，然后展开一些故事情节。

- 修剪指甲时不要剪得太短，以免损伤甲床。

- 在剪指甲时，给孩子盖上加重毛毯。

- 使用指甲锉而非指甲钳给孩子锉指甲。

- 分散孩子的注意力，比如让孩子用一只手拿住一根棒棒糖，不要让孩子注意到你正在帮他剪另一只手的指甲。棒棒糖尤其可以吸引孩子的注意力。

- 尝试在美甲店或足疗店给孩子做专业指甲护理。这种"成人"的体验可能会让孩子感觉很有趣。有些孩子非常喜欢坐在足疗店常用的按摩椅上剪指甲。

美容和卫生用品

- 当孩子开始使用体香剂时，请尝试喷雾式或滚珠式体香剂。

- 由于有感觉问题的孩子通常也对很多化学物质敏感，所以在给孩子选择体香剂时可以考虑不含铝的配方。但你可能需要试很多产品才能找到适合孩子的那一款。

- 如果女孩想要使用化妆品，但无法忍受化妆品的气味，你可以帮助她选择无香、敏感肌适用的化妆品。如果她不喜欢粉底厚重的感觉，那可以使用爽肤水或保湿霜。鼓励孩子多喝水，使用温和的洗面奶。

- 如果女孩在经期觉得使用卫生巾不舒服，可以尝试使用卫生棉条、月经杯。

服装、眼镜及其他

日常穿着和内衣

父母可能会首先注意到孩子对织物敏感。例如，婴儿可能讨厌换尿布，有时是因为他们对身体姿势、爽身粉或乳液的变化以及自身被摆弄的方式感到不舒服，但有时是因为被尿布刺激到。此外，有些孩子可能无法耐受某些特殊的面料，比如对触觉输入过度敏感的孩子可能一整天都无法摆脱袜子接缝或衬衫袖口带来的不适感。

尽量让孩子穿舒适的衣服去上学。很多孩子一回到家就会脱掉校服，换上舒适的家居服。有的孩子只愿意穿一两件特定的衬衫和柔软的运动裤。这本身没有问题，但如果他们在夏天也坚持穿厚的运动裤，那就真的有问题了。穿衣问题会给本来想融入同龄人群体的孩子带来困扰，因为同伴们喜欢的紧身牛仔裤这样的衣服会让他们感到不适。

* 向作业治疗师咨询降低孩子触觉敏感度的技巧，如深压按摩、使用触觉刷及感官箱。

* 有些有感觉问题的孩子喜欢穿紧身的衣服，可以让孩子尝试穿骑行短裤、紧身裤、紧身打底衫等，连帽运动衫也可以提供很好的感觉输入——孩子可以拉上兜帽，把拳头放入口袋，然后向下拽，使衣服绷紧，对皮肤产生压力。

* 尝试穿紧身睡衣。与宽松的睡衣相比，孩子可能更喜欢连体紧身睡衣。

* 购买布料柔软的衣物，如棉、羊毛和法兰绒质地的。许多父母喜欢给孩子穿全棉服装，避免穿腈纶混纺制成的衣物。

* 如果你的孩子只能容忍穿很柔软的衣服，那就将新衣服在穿前多洗几次。

* 考虑使用不添加香味剂或染料的洗衣产品。衣物柔软剂确实能使衣服更柔软，但它散发的强烈气味可能会让一些孩子感到不适。

* 在孩子洗澡后穿衣之前，趁皮肤仍然湿润，请赶快涂抹含有甘油或绵羊油的优质润肤霜。在冬季和气候干燥的地区更应注意保湿，否则皮肤容易干燥发痒。

* 让孩子尝试不同重量和面料的衣服。有的孩子喜欢宽松厚重的衣服，有的则喜欢轻便有弹性的衣服。

* 如果你需要购买多件不同颜色的同款衣服，请仔细检查以确保面料摸起来感觉相同。有时一种颜色的面料会比另一种颜色的面料更粗糙。

* 用拆线刀或锋利的剪刀剪掉衣服标签，尽可能靠近接缝处剪（小心别在布料上剪出小洞）。你也可以购买无标签内衣和 T 恤衫。

* 留意衣物上的刺激物：手腕或脚踝处的松紧带、粗糙扎人的贴花背衬和补丁、过紧的衣领，或松紧带没用布料覆盖的腰带。

* 高领上衣可能会让孩子感觉很不舒服。你可以把领口撑大些，让它更宽松。如果孩子无法忍受穿脱衣服时衣服完全覆在脸上的感觉，那就选择短一点的假高领上衣，或者干脆别让孩子穿高领上衣。

* 考虑购买无缝袜和无缝紧身裤。

- 如果孩子讨厌穿紧身内裤，可以考虑买大号的棉质（平角）内裤。

- 如果衣服的接缝让孩子不适，可以在接缝处缝上一层棉布。

- 如果孩子在扣裤子纽扣和拉拉链时有困难，请买带魔术贴搭扣或松紧腰带的裤子。

- 如果家里正值青春期的孩子仍然因扣不好衣服扣子和穿衣服不分前后而感到沮丧，可以试试一些不必区分前后的衣服。有的品牌出品的衣服没有标签、接缝平坦，而且不分前后里外。

- 某些品牌生产婴幼儿帽子、泳衣、可调节温度的T恤衫，以及配有胃造瘘管和脉搏血氧仪等装置的改良医用服装，适合早产儿等有特殊需要的孩子。

- 如果天气寒冷，但孩子不愿穿滑雪裤，可以让他在紧身长裤外再穿一条抓绒裤或尼龙防风裤。

- 如果女孩需要穿戴文胸但又觉得不舒服，可以带她到内衣店或百货公司，请训练有素的店员帮她试穿并教她穿戴文胸的正确方式。

- 给女孩子购买全棉文胸，不要有多余的蕾丝或钢圈。

- 试试运动文胸或带文胸的背心。运动文胸比传统款式的文胸更紧身，敏感程度不同的孩子，穿上后的感受也不一样。

- 男孩可以穿运动三角裤。

眼镜

- 如果孩子不愿戴眼镜，可以跟他聊聊哈利·波特（或者根据孩子的喜好选择其他戴眼镜的名人）。亮闪闪的镜框可能会对一些孩子有吸引力，而明亮的红色镜框可能会吸引喜欢红色的孩子。

- 试试超轻、可弯曲的眼镜：这些眼镜的重量远低于普通眼镜，还可以随意弯曲，不用担心折断眼镜腿。

- 尝试使用松紧带固定眼镜。这样会对孩子的头部产生额外压力，可能会让他感到舒适。

- 在佩戴眼镜之前，请确保孩子能够习惯镜框内的视野。当他低头看桌面上的物体时，需要调节视线。

帽子和手套

- 在孩子戴上帽子或手套之前，按摩孩子的头和手。

- 让孩子尝试更紧或更宽松的帽子、手套，还可以在连指手套里面加上较紧的手套内衬。

- 寻找抓绒材质的帽子、手套，与腈纶和羊毛材质相比，抓绒材质更不容易引起皮肤瘙痒。

- 给孩子挑选衣物时，尽量选择带有孩子喜爱的图案和颜色的款式，或者选择他熟悉的面料。

- 将小婴儿的铃铛袜套在他的手上，袜

子的铃声可能会令宝宝非常入迷，于是他们就会逐渐忘记手上套着东西的不适感。

- 当下雨或下雪的时候，触觉敏感的孩子可能需要防风帽来保护头部。戴上帽子可以避免雨雪落在头上带来的不适感。

- 有的孩子不愿穿厚重的冬衣，你可以用温水（不是热水）来擦拭孩子的皮肤。当孩子裸露皮肤时要注意防冻，暴露在严寒中的皮肤会被冻伤（皮肤出现水肿性紫红斑块，感觉麻木或疼痛）。

- 与单独佩戴的普通帽子相比，有些孩子更能忍受外套上的防风帽。

- 如果孩子无法忍受戴手套带来的束缚感，可尝试先戴半指翻盖手套。

安全头盔

安全头盔是孩子玩滑冰、滑板或骑自行车时的必备品，玩雪橇时也推荐使用它。如果孩子非常遵守运动规则，你可以说服他戴头盔，因为这是"规则"。否则，请参考下面的一些做法帮助孩子戴上头盔。

- 在给孩子戴头盔之前，请提前几天做准备：每天给孩子按摩头皮数次，在孩子正式戴上头盔之前，再给孩子按摩一下头皮。

- 让孩子尝试戴各种头盔。如有需要，可以让孩子先摸摸头盔，不要一开始

就戴，等孩子逐渐接受了头盔再试戴。

- 可以先让孩子试戴有趣的装饰帽，增加对帽子和头盔的容忍度。

鞋子

- 脚是身体最敏感的部位之一，尤其是脚掌，所以很多孩子对袜子和鞋子非常挑别就不足为奇了。有些孩子觉得赤脚很不舒服，有些孩子则坚持一直把脚包裹着，还有一些孩子很难适应穿新鞋。此外，系鞋带也是一项复杂的任务，需要更高级的精细运动技能、视觉感知技能和本体感觉处理技能。幸运的是，有很多便利的方法和装备可以为有感觉和运动规划问题的孩子提供帮助。

- 试穿鞋子前先给孩子的脚脱敏。去鞋店时，请带上孩子愿意穿的无缝袜子。

- 让孩子尝试透气的拖鞋、鹿皮鞋或帆布鞋。许多运动鞋的款式十分讲究，足够应对特殊场合。

- 尝试做个调查，看看孩子到底是喜欢非常紧的薄袜子还是宽松的厚袜子，或者他更喜欢无缝袜子。

- 许多年龄稍大的孩子更喜欢穿高帮运动鞋，它可以提供脚踝支撑。

- 寒冷季节可以考虑给孩子穿带羊毛衬里的靴子。

- 如果孩子在天气恶劣的情况下仍然坚持要穿他平常穿的鞋子，那就尝试在

孩子爱穿的鞋子外面再套上老式防水鞋套或橡胶靴。

● 如果你的孩子在系鞋带方面遇到困难，请先让他把鞋脱下，然后教他如何系鞋带。这样可以避免他弯腰或抬脚时身体处于不舒服的姿势。给孩子不同颜色的鞋带以便区分。可以尝试各种样式的鞋带系法，看看孩子更容易接受哪种。

● 把系鞋带的动作拆成一个个小步骤。首先让孩子用鞋带做一个"X"，然后把上面的一条鞋带拉到下面再穿过来，最后教孩子如何在抓住鞋带的同时再系一个圈。如果孩子感到沮丧，就不要强迫他做下一步。

● 当孩子在学习系鞋带时，要让他学会独立完成，而非向成人求助。也有很多款式的鞋是不用系鞋带的，可供孩子选择。

如厕

如厕训练

关于如何训练孩子上厕所的书，市面上已经有很多了，你可能只需要掌握常用的技巧就足够了。这些书中最值得推荐的一本是美国儿科学会推出的《美国儿科学会如厕训练手册》(Guide to Toilet Training)，它解决了家长在训练孩子如厕方面的许多问题，并给出了鼓励孩子进步和应对突发状况的最佳方法。然而，有感觉统合失调的孩子通常比其他孩子更晚进行如厕训练。如果孩子习惯了脏尿布或脏内裤，他们就不会有相应的主观能动性。还有一种比较好的情况，一些有感觉问题的孩子会提早进行如厕训练，因为他们很讨厌湿漉漉的感觉。

● 如果孩子不知道自己什么时候尿裤子了，请试着训练他，让他光着屁股在房子里走动，或者给他穿上裤子而非换尿布。你也可以给孩子使用内裤型尿不湿，这样你不在家的时候会很方便。但内裤型尿不湿也会使如厕训练变得更加困难，因为孩子会习惯穿着这种尿不湿大小便。

● 一些孩子会对大马桶座圈的尺寸和冰凉的触感感到不安，那么请带孩子去商店，帮他们挑选一款儿童坐便器或适合安装在成人马桶座圈上的小号带衬垫的塑料马桶圈。

● 如果孩子在厕所里被尿液溅到水里的声音所困扰，你们可以通过一起聊天或唱歌来掩盖这种声音，也可以在马桶里的水面上放一层厕纸来消音。

● 成人马桶的高度让小孩子很难在上面保持平衡，坐在上面他们的双腿会悬空。如果孩子不喜欢离地面较近的儿童坐便器（非要使用成人马桶），可以试着在孩子使用马桶时放一张凳子让他踏着。

● 有些孩子会被冲马桶的水流声音吓到，让他们觉得自己能控制冲水会有所帮助：跟孩子一起，在冲水前倒数"三、二、一，冲"；或者在马桶冲水时发出很多声音来分散孩子的注意力，如大声喊"耶"或"冲啦！"。

● 如果孩子被冲马桶的水流声音吓坏了，你可以录下冲水的声音，然后在非如厕时间和孩子一起听，降低孩子对这种声音的敏感度。给孩子掌控感，允许孩子控制音量，按自己的意愿增大或调低声音。

● 有些厂家生产的音乐坐便器，为孩子主动如厕提供了额外的激励机制。

● 紧身衣物能提供触觉输入，可以分散孩子尿急的感觉。宽松的衣服如棉质的平角短裤，可能有助于孩子产生如厕意识。

● 低敏感的孩子可能要等到膀胱非常充盈才能感受到小便的便意。如果你的孩子低敏感，你需要按时带孩子如厕，而非询问孩子是否有如厕需要。

● 如果孩子如厕时遇到擦拭困难，试着给他用婴儿湿巾擦拭。

● 对一些孩子来说，肠胀气、轻度腹泻或便秘会使如厕问题变得复杂化。如果孩子出现上述情况，有可能是源于营养问题，如乳制品不耐受。孩子害怕排便造成的疼痛，甚至导致大便嵌塞。如果你认为孩子可能有其他问题，请咨询儿科医生或营养学家。

● 你可以使用行为强化物如贴纸、孩子喜欢的小玩具等作为他成功如厕的奖励。但请记住，孩子学会如厕是他的神经、感官和行为发育协调的结果。如果孩子身体上没有做好准备，单靠行为激励是无法激发孩子如厕的积极性的。

尿床

● 如果孩子年龄大一点，不适合使用普通的尿不湿，可以试试大码的夜用尿不湿。你也可以试着用尿布衬垫，将其垫在尿不湿内来吸收多余的液体。

● 铺床时可以这样做：最下面一层是橡胶床垫，其上铺一条棉质床单，然后再铺一层橡胶床垫，最后再铺一条棉质床单——这样即使孩子半夜尿床，你也可以直接掀掉一层寝具，而不用重新铺床了。另外，请随时准备好备用的床上用品和睡衣。

● 切勿责骂、惩罚或嘲笑尿床的孩子。请记住，孩子不是故意的！

● 大多数孩子会自发地停止尿床。如果孩子超过七岁还在尿床，请与孩子的儿科医生谈谈行为治疗方案。医生通常会建议你使用尿床提醒器——将尿垫放置在床单下面，当尿垫感觉到湿气时会触发警铃把孩子叫醒。

用餐时间

集体聚餐不仅是一种与他人建立联系、增进感情或进行社交的仪式，同时也是孩子们学习良好礼仪的宝贵机会。

由于父母们工作繁忙，孩子们的课外活动也排得很满，许多家庭发现他们不得不放弃家庭聚餐。如果条件允许，全家人还是应尽量每天在固定的时间一起吃饭。如果孩子有与食物相关的问题，请尽量避免在家庭聚餐时发生食物大战，而应专注于分享彼此陪伴的快乐。请记住，年纪较小的孩子如果看到父母和哥哥、姐姐都使用餐具、用大人的杯子喝水并享用各种食物，他会更有动力学习进食技巧和尝试新鲜食物。

- 如果孩子触觉敏感，他可能会讨厌握住金属勺子或将其放入口中的感觉。试试塑料或橡胶把手的勺子以及汤匙。还可以给孩子使用一种名为"Zoo Sticks"的筷子。

- 如果孩子在吃饭时无法固定饭碗，请给他使用防滑餐垫或者考虑使用底部带有吸盘的碗。还要考虑给孩子用的碗或盘子的形状——边沿太高或太弯曲可能不方便孩子舀食物。

- 为鼓励孩子使用餐具，宜提供孩子无法用手拿的食物，例如酸奶和汤。

- 注意用餐环境。看看用餐环境混乱吗？是否有利于孩子放松地享受美食？厨房里的食物气味对孩子来说是不是太浓烈了？你可能需要播放安静的背景音乐，并使用柔和舒缓的灯光。用餐时盘子和餐具是否会发出很大的噪声？或许应该使用能够产生较少噪声的桌布和塑料餐盘？对有饮食问题的孩子来说，在能望向窗外的角落吃早餐可能会比坐在正式的餐桌前压力要小。偶尔还可以尝试在客厅的地板上进行家庭聚餐，铺一张大地垫即可。

- 如果孩子在使用普通餐具时有困难，请咨询作业治疗师，请他推荐一些适合孩子的特殊餐具。

外出就餐

带孩子外出就餐时，除了带食物，还有很多事情需要考虑。孩子可能在一两家熟悉的餐馆里用餐时会表现得很好，因为他们能在那儿吃到自己最喜欢的食物，而且食物的外观和味道总是保持不变。虽然你可以一直选择在几家孩子熟悉的餐厅用餐，但你总会遇到需要去不同地点吃饭的情况。要知道，不同的餐馆做的鸡肉和西蓝花的味道都可能不一样。

如果孩子有用餐问题，那么对孩子而言，仅仅是忍受待在不熟悉的餐厅可能就足够困难了。如果你知道让孩子在陌生的地方举止得体地进食会让他难受得几乎要崩溃，那就在去餐厅前提前给孩子吃点东西或者带一些孩子愿意接受的食物。虽然你可能会觉得有些不自在，自己似乎总在迎合孩子的特殊需求，但让孩子在餐馆里大发脾气可能会让你感觉更不痛快。如果有人问起，你可以简单地回答，你正在努力让孩子多吃不同种类的食物，而外出就餐是全家都想尽情享受的活动。

- 不要期望在家里或学校都不能安稳坐着的孩子在餐厅里还能一直静静地坐着。从家里带一个充气坐垫或枕头，方便孩子在走廊、入口区或者户外休息时坐着。你可以和孩子约定一个在他需要休息时用来示意的秘密手势，如果孩子无法在感觉超负荷之前告知父母，你得学会观察迹象。

- 带上一个装满桌面小玩具如蜡笔、画板、黏土或手指玩具的"忙碌袋"；或者请服务员给孩子拿点吃的，比如面包棒或饼干，用来分散孩子的注意力。

- 许多餐厅会通过大声地播放背景音乐和不使用窗帘或其他吸音材料来增强氛围感。如果餐厅的音乐很吵，请不要犹豫，礼貌地请服务员或餐厅老板把音量调小。餐厅里的大多数成人都会支持你的！或者你可以让孩子戴上耳塞，也可以要求坐在餐厅里最安静的地方用餐。

- 虽然在餐厅戴耳机似乎让孩子显得有些孤僻，但让孩子坐在餐桌旁快乐地听自己喜欢的音乐，比因受不了餐厅的环境噪声而崩溃更能让孩子显得合群。

- 进入餐厅后，你可以快速地环顾四周，要一张安静的桌子，远离点唱机或扬声器；远离厨房，因为厨房一般都比较吵；远离餐盘收拾区域，那里会有工作人员收拾餐盘和杯子发出的碰撞声；远离嘈杂的加热器等。快速评估适宜有感觉问题孩子的最佳用餐位置，可以让你们的用餐体验更为愉快。有的餐厅也可以户外就餐，如果噪声较小，也是一个不错的选择。

- 外出就餐时，孩子可能会对陌生食物的气味、其他人的气味（尤其是香水和除臭剂）以及清洁用品的气味感到苦恼。你可以用孩子喜欢的有香味的护手霜或精油来掩盖他难以忍受的气味；可以在棉球、备用手帕或一块布料上洒几滴精油；也可以将精油与一些化妆品级的杏仁油或荷荷巴油①混合，少量地涂抹在孩子鼻子下方的皮肤处。这些方法都可以帮助孩子闻到他喜欢的气味而非恶心的气味。

- 提前打电话询问餐厅是否可以给孩子带上安抚类食物并到店食用，因为有的餐厅不允许这样做。

吞咽和服用胶囊

有一些药物或补充剂需要随餐服用，但对有感觉问题的孩子来说，吞咽胶囊、药片和大药丸几乎是很困难的。如果孩子很难吞咽大药片，看看是否有替代品，比如液体配方或小一点的药片。下面的解决方案可能会对你有帮助，但是让孩子服用药片或胶囊之前，请务必咨询医生以确保是否可以打开胶囊或与果汁一同服用。服药时请避免食用葡萄柚、苹果或喝橘子汁，因为它们可能会与药物

---

① 荷荷巴是一种墨西哥厚生植物，全球都有栽种，种子可以产油。

发生反应。

- 如果医生同意，打开胶囊，将胶囊内的药物撒在燕麦片、布丁、苹果酱、番茄酱或土豆泥等食物中，或将其混合在花生酱或奶油中，夹到饼干、松饼或面包里一起吃。

- 如果你将药物混入了食物中，请先尝一尝，确保已掩盖住任何不好的味道。别让孩子因为发现你做的食物"掺假"而不信任你，并回避吃你准备的食物。

- 使用滴管式喂食器快速将液体补充剂或药物送入孩子口中。

- 如果你要给孩子补充鱼油，而孩子不接受将其加入食物中，那就把鱼油揉到孩子的脚底（可以趁孩子睡觉的时候这么做），然后用香味浓郁的乳液来去除鱼油的气味。

- 如果你的孩子已经超过三岁了，试着把胶囊或药丸放在他的舌根部，让他在喝水时把头向后仰将其冲入咽喉中。你还可以在药丸上涂上黄油、奶油或蜂蜜，使其更顺滑地被咽下。

如果需要了解更多信息，请阅读本书的第10章。

在特殊时期、居家和外出

游乐场、水上乐园

- 如果孩子无法排队等候，许多游乐场和主题乐园会提供特殊入口或通行证，让孩子可以跳过长时间的排队等候。

请提前致电园方了解更多信息，并询问里面哪些地方可以让孩子休息、远离强烈的感觉刺激。

- 如果孩子倾向于寻求前庭刺激，他很可能会喜欢有剧烈移动体验的游乐项目，但要小心孩子感官超负荷，以免他突然感到刺激过度而不得不终止游戏。如果孩子倾向于回避前庭神经输入，那就不要强迫孩子去玩任何他不愿意尝试的游乐项目。最开始，仅仅是看着飞车一圈一圈地转，就足够提供孩子可承受的感觉输入了。你可以咨询作业治疗师，了解孩子最容易忍受哪种游乐设施。请记住，游乐场并不适合所有人，不管是孩子还是成人！

- 如果孩子对搭乘飞车犹豫不决，请温柔地哄哄孩子，同时也要询问操作员是否愿意在孩子有需要时停下飞车，让孩子下来。小型游乐场或大型乐园儿童区的设施操作员，通常都很愿意这样做。在炎热的天气里，请带一件轻便的夹克铺在被太阳晒得热乎乎的塑料或金属座椅上。

- 在乘坐任何飞车类设施之前，都要仔细观察。孩子很可能因着急乘坐飞车而没有意识到，飞车在旋转几圈后会升到空中或者会朝反方向旋转。不要羞于开口，问问刚从游乐设施上下来的人的感受，评估一下该游乐项目是否会吓到孩子。

- 如果孩子看别人玩时感到头晕或恶心，告诉他在排队时不要看游乐设施。体验时他就不会有呕吐感。告诉孩子，在旋转、摇摆或下坠的过程中，如果他感到恶心，尝试盯着一个固定的位置看，比如看自己的手或坐在前面的人。

- 水上乐园对寻求感觉刺激的孩子来说是一个不错的选择，他可以从水滑道滑下，然后在"漂流河"上平静地漂浮。如果水上乐园很大，请查看地图，确定餐饮、停车场和储物柜的位置，以确保孩子可以及时就餐、换下湿衣服等。如果是室内水上乐园，你可能要考点是否可以带孩子到安静的区域休息，远离泳池水中氯气的味道和泳池区域产生的回声。

- 尽管孩子非常渴望跳上下一个娱乐设施玩耍，但你得凭直觉判断孩子是否会有刺激过度，是否应该让孩子休息一下。例如，陪伴孩子沿着公园步行前往另一边的娱乐设施；或是在安静阴凉的角落待一小会儿，在这里孩子可以从低矮的护墙上跳下，靠墙做俯卧撑，或者在水上乐园的长凳上做深呼吸。

- 如果条件允许，请带一些健康的零食，甚至是一顿放在保温盒里的饭菜。许多游乐园只提供甜食和油炸食品，而这些食物可能会让孩子更加亢奋或受到过度刺激。

- 避开最拥挤的人群。如果可以，在工作日（尤其是周中）的早晨去游乐场或水上乐园，而不是在节假日等人流量大的时候带孩子去玩。

骑车

骑车是帮助孩子获得感觉输入和锻炼的好方法，但不要忘记骑车是一项非常复杂的活动。孩子需要有足够的力量和运动规划能力，并运用视觉信息来顺利地绕过骑行障碍物。骑自行车时，孩子有很多需要按顺序完成并组织协调的事情！对于有视力问题的孩子，你可以考虑买后面带有长手柄的新款自行车，这样你就可以在孩子骑车时扶着手柄进行引导，或者在孩子疲惫的时候推着他走。

- 如果孩子在学习骑车时遇到困难，请使用较小的自行车或降低座位，这样孩子就可以很容易地用脚撑地，防止自己摔倒（当孩子坐在自行车上时，其脚掌应该能够到地面，这是比较合适的高度）。

- 一些大公司生产的儿童平衡车，可以帮助孩子学习骑自行车的技能。

- 孩子骑自行车时除了戴头盔外还要穿戴防护装备（护腕、护膝），并尽可能地在地垫或橡胶路面上练习。

- 如果孩子的双脚够不到自行车的脚踏板，你可以将木块牢牢地固定在脚踏板上，借助木块缩短孩子的脚与脚踏板之间的距离。

- 如果孩子难以掌握骑自行车的技巧，请咨询作业治疗师或物理治疗师，也可以看看你周围是否有适合孩子的自行车训练营等。

生日派对和其他派对

- 如今，许多家庭都喜欢为孩子举办大型、奢华的生日派对，但这可能会让孩子受到过度刺激，建议将参加派对的人数控制到与小寿星的年龄等同：比如三岁生日时请三个孩子，四岁生日时就请四个孩子，以此类推。

- 请认真考虑是否有必要让孩子在生日派对上穿蓬蓬裙或系上可爱的夹式领带，因为最重要的是尽可能地让孩子感觉舒适。当然，无论是什么衣服，建议去掉所有的标签，并剪掉会令孩子发痒的线头。让女孩穿上她最喜欢的上衣和打底裤，搭配漂亮的公主裙；或者让男孩穿他在家里一直穿的有恐龙图案的 T 恤衫和泳裤，再套上系扣衬衫和正装裤。

- 了解孩子被邀请参加的生日派对上将会有哪些活动。许多生日派对上的游戏对有感觉问题的孩子来说是难以承受的，想象一下一个无法忍受意外触碰的孩子玩丢手绢游戏会多痛苦。如果有的派对游戏会把手弄得很脏，那么不妨让孩子戴橡胶手套（如果派对是在别人家进行，给孩子备好他可能需要的物品）。如果你知道将要进行的活动对孩子来说太过困难，请想好应对之策。例如，如果孩子们要玩捉人游戏，你可以让孩子帮你准备纸杯蛋糕或帮忙摆桌子，从而给孩子找借口离开。然而，同龄人的影响力是强大的。你可能从没想过孩子能待在吵闹

的屋子里，和小伙伴们一起翻出所有玩具，在一片混乱中度过一段美好的时光（即便孩子也可能因为受到过度刺激忽然起身跑开）。

- 可以安排一些对孩子有帮助的活动。小孩子的生日派对往往只有几个小时，其间会进行一系列特定的活动。你可以事先与孩子讨论，让孩子了解派对上会做些什么。提前计划活动并且告知孩子很有必要，这样孩子可以做到心中有数。

- 如果孩子很难接受去不熟悉的地方参加派对，你最好提前带孩子去看一看，让他先熟悉一下那个地方，减轻孩子对派对的担忧。

- 小孩子的生日派对往往会非常吵闹。你可以通过调暗灯光让孩子安静下来，而不是用嘘声或提高声调来制止。如果派对不是在你家举行，请事先和主人商量好。你可以和女主人分享你的经验——上次在你家举办派对时把灯光调暗的效果非常好，然后请她试一试。

- 找到出入口，这样当需要的时候就能快速带孩子离开派对现场，让孩子放松一下。

- 如果孩子无法忍受别人的拥抱，请教孩子学会与他人握手，这应该是孩子可以接受的替代拥抱的方式。如果有特别热情的亲戚或客人总是抓住你的孩子想要一个大大的拥抱，你可能需

要事先和这个人谈谈，解释一下你的孩子更喜欢用握手来打招呼。如果对方不喜欢你的建议，那么就是他自身的问题了！

- 帮助孩子在房间里找到一个他觉得安全、不会被人意外触碰到的地方，可能是长桌的一端或靠墙的椅子。在那里，孩子可以看见附近所有的人，不会有人从身后突然出现，对他进行触摸"袭击"。

- 派对上的装饰通常是颜色鲜艳和带有图案的。如果孩子在派对上感到视觉超负荷，请给孩子找一个光线柔和、装饰颜色和图案较少的特殊位置。你甚至可以带一本故事书和孩子一起看，帮助孩子在休息时重新打起精神。到室外休息一下，静静地坐上几分钟，可能有助于孩子整理思绪。

- 派对可能不是孩子锻炼与他人眼神交流的恰当场合。不要勉强孩子在道谢时一直注视着女主人，请在感觉刺激较少的场合让孩子加强眼神交流。

- 派对时间也不适合坚持让孩子尝试他不喜欢的食物。如果场地便利而主人也同意，你可以带上孩子更容易接受的食物（甚至是甜点），这样孩子就可以和其他人一起吃。尤其是对于某种食物过敏的孩子，你最好在上菜之前悄悄地带孩子离开派对，去享用自备的合适的食物。注意避开其他孩子，这样他们就不会误认为你家孩子有

"更好"的零食而抗议了。

- 如果孩子的生日快到了，而他不习惯有人对着自己唱生日歌和吹灭蜡烛，那就提前练习。先把生日蜡烛放在用橡皮泥做的纸杯蛋糕模型里，然后把孩子的玩具霸王龙放在椅子的对面，让孩子对着霸王龙唱生日歌，最后吹灭蜡烛。你可以用剑龙玩具、三角龙玩具帮助孩子再练习几遍。如果孩子不知道如何通过嘴唇吹气，请咨询你的医生或言语治疗师如何辅助孩子学会吹气。例如，你可以把食指和拇指放在孩子的嘴角斜上方约 2 厘米处，轻轻地按压，帮助孩子放松下巴并向前移动嘴唇。你也可以举起蛋糕和蜡烛，这样孩子吹气的时候就更容易瞄准火焰。

- 如果派对是在你家举行的，让孩子提前将他不想和别人分享的特殊玩具收起来。要在喧闹的生日派对上保持冷静已经让孩子很有压力了，不必再强求他与其他人分享自己最喜欢的东西。

- 小孩子可能会喜欢庆祝活动中的做手工环节，它可以提供令人平静的触觉输入。大一点的孩子可能会喜欢更复杂的活动，比如玩弹珠游戏。

- 确保举办派对的场所有个安静的地方，比如卧室、浴室、院子、汽车里，可以在孩子不知所措时带他前去休息，但永远不要将孩子单独留在车里。一些孩子觉得在水里玩能更快地平静下

来，在家长的监护下，也可以让孩子在儿童泳池里戏水，以帮助孩子保持头脑清醒。

- 许多有听觉处理问题的孩子发现自己更容易接受在户外举办的喧闹聚会，因为户外的声音不会像在密闭空间里那样回响。此外，孩子在户外通常可以更自由地奔跑和跳跃，从而获得大量的感觉输入。因此，当你选择生日派对的地点时，请综合考虑自己孩子的感官敏感性。

- 如果孩子根本无法参加朋友的生日派对，但又收到了别人的邀请，请考虑让孩子告诉朋友他虽然不能参加生日派对，但会为对方精心准备一份礼物。

看牙医

有感觉问题的孩子——尤其是那些口腔敏感的孩子——看牙医时都会非常难熬。花时间多比较一下，寻找适合孩子看牙的牙医诊所是非常必要的。一位优秀的儿科牙医已经将以下列出的许多技巧融入自己的实践中。当然，你也可以和任何你愿意合作的牙医一起来使用这些技巧。请记住，很多孩子以及成年人都不愿意去看牙医，即使你已经尽力考虑到孩子的感觉问题了，也不要期待孩子能有完美的表现。认同孩子的感受，但同时让他知道看牙医是生活的一部分。孩子可能需要一段时间才能做好足够的心理准备，从而不再抗拒看牙医。

- 牙齿检查要趁早做，而且要经常做。

在孩子第一颗牙齿长出来的时候就该带他去看牙医了，以后最好每六个月检查一次。请为孩子找一位能灵活安排时间，可以与孩子相处融洽，并且其所在诊所有儿童候诊室（一般会有些娱乐设施）的牙医。这对那些需要耐心劝诱和安慰的孩子来说至关重要。在你第一次带孩子去看牙医之前，应该自己先去拜访一次牙医，并向其解释孩子有感觉敏感问题。

- 事先预约，这样就有足够的时间来缓解孩子的忧虑、向孩子解释看牙的过程，并让孩子了解将要用到的看牙工具。

- 如果家里的其他孩子需要看牙医，请为他们单独预约，并多拍摄一些他们在候诊室和诊疗室的照片。用这些照片制作一本小故事书，给家里有感觉问题的孩子看，让其在看牙医前能有所放松。或者在需要看牙的孩子去见牙医时，让有感觉问题的孩子跟着一起去提前了解下看牙是怎么回事。

- 阅读关于牙科检查的科普书籍，帮助孩子为看牙做好心理准备。请评估播放看牙的视频是会让孩子感到放心，还是会带来更多的焦虑。

- 根据孩子的年龄，用孩子的名字编一个关于看牙医的故事。

- 出发之前打电话咨询牙医，看看是按预约的时间到还是延后一些到，尽量缩短孩子在候诊室等待的时间。

- 在牙医给孩子看牙时，给孩子戴上耳塞或耳机，让他听音乐或有声读物。一些儿科牙医诊所会给就诊的孩子播放动画片，并贴心地提供耳机。

- 给孩子戴上太阳镜，以保护他的眼睛免受检查时的强光伤害。

- 即使不用拍X线片，也要将加重的铅围兜放在孩子的胸前，以提供镇静、本体感觉和深度压力输入。

- 带上安抚玩具、减压工具、黏土或橡皮泥，让孩子挤压。

- 如果孩子口腔过敏，请进行口腔脱敏，如使用振动牙胶、牙刷或其他口腔振动器；或者戴上手指套按摩孩子的牙龈。

- 在家里和孩子玩看牙医的游戏。大人和孩子轮流扮演病人，这样能帮助孩子获得掌控感。

- 对那些因头部位置的变化和移动而感到不适的孩子来说，斜倚的姿势和坐在牙医椅上升起和降落，可能会让他非常痛苦。如果孩子很小，你可以让孩子坐在你的腿上，然后自己躺在牙医椅上。

- 如果孩子需要麻醉，可以让孩子在注射麻醉剂时摆动手指来分散注意力。

- 在你向孩子描述治疗牙齿的过程之前，请先咨询牙医并弄清楚治疗方案。正式的治疗方法也许跟你之前预想的不一样。此外，牙医也可能会对如何描述治疗过程给出更好的建议，使其听起来没那么可怕。例如，如果牙医注射技术高超，那么注射麻醉药时孩子就没有打针的感觉，所以你不必告诉孩子"你得挨一针"。

- 在你为孩子选择牙齿填充物和防止蛀牙的涂层之前，请先向牙医了解能够选择的所有材料及处理方法，讨论其优缺点。正确地使用含氟漱口水、牙膏来保护孩子的齿面。保持良好的口腔卫生，以及避免吃会黏牙的零食如精制面粉饼干、椒盐脆饼、橡皮糖等，都是预防龋齿的方式。

- 应该适时对孩子进行奖励。即使他在看牙医时忍不住哭闹，也可以得到一份特别的礼物！

预约看病

荧光灯、检查台、白大褂、压舌板……医生办公室的这些东西对孩子来说是可怕的。下面列出了一些方法可以让看病变得更容易被孩子接受。

- 如果孩子要在候诊室待很久，请为他带上一些有趣的物品，如贴纸、小开本的涂色书、蜡笔、便利贴、玩偶或玩具汽车等。年龄大一点的孩子可以自己准备书、掌上游戏机或其他玩具。在等候时，可以让孩子靠墙做俯卧撑或借助椅子做俯卧撑；给孩子按摩，从手指一直捏到肩膀；或者给孩子一个紧紧的拥抱，这也可能帮助孩子平静下来。

- 如果孩子被要求换上病号服，请询问医生孩子是否可以穿从家里带来的他熟悉的家居服。

- 让孩子听自己最喜欢的音乐，戴上帽子或面罩以便保护敏感的眼睛免受荧光灯的照射。你也可以带一个充气垫子，这样孩子就可以更舒适地坐在检查台上。当孩子躺下时，使用加重毯子可能对他有镇静效果。

- 如果孩子对打针和抽血异常敏感（很多孩子都会讨厌打针，有些孩子甚至在打针后的几小时、几天或数周内都无法恢复），请咨询医生是否可以给孩子使用利多卡因和丙胺卡因乳剂、霜剂。

- 在家中和孩子玩扮演医生和病人的游戏，阅读相关科普书籍，来减少孩子的恐惧因素。

度假

假期是一段十分美好的时光，但对有感觉问题的孩子来说，度假也是一项考验。

- 可以找一些手工活动和孩子一起做。年纪小一点的孩子可以在松果上粘上彩色的羽毛和眼睛来制作一只"火鸡"；可以把大亮片或纽扣粘到用绿色建筑纸或毛毡剪成的圣诞树上；或把三个泡沫塑料球粘在一起，加上装饰做成一个雪人；或是用黏土做一只可爱的小动物。使用作业治疗师教给你的触觉脱敏技巧，来帮助孩子在触摸令他"恶心"的材料时感觉舒服一点。

- 烹饪是一种美妙的感觉体验。让孩子帮助你倒入、搅拌、混合和装饰节日食物。即使你要去别人家过节，也可以让孩子帮忙，做一道特别的菜肴或甜点带过去。

- 尽量减少惊喜。尽可能提前告诉孩子假期会发生什么，让他知道谁会来家里做客，以及将进行哪些活动。

- 给孩子找一个可以休憩的地方。和孩子一起提前弄清楚，如果他在节日聚会上感到不知所措，他知道可以去哪里以及可以做些什么来缓解。对孩子来说，休息一下总比身陷难以应对的情境要好得多。如果聚会是在自己家举行，让孩子知道如果他需要一些时间来镇定，可以礼貌地找个借口回自己的房间。如果是在亲戚家，可能需要找一个可以让孩子休息的地方。问一问亲戚，孩子是否可以到某间卧室、书房或者其他地方休息片刻。

- 即使客人或亲戚不理解你所做的，也要先考虑孩子的感受。外出做客时你还可以带上一些能让孩子平静下来的东西，如孩子喜欢的毛绒玩具、橡皮泥等。在节日聚会上，孩子如果能够戴上耳机听自己喜欢的音乐，阅读自己喜欢的书或玩掌上游戏机，可能会感觉更自在一些。给孩子提供他需要的感觉输入，如果他在坐下来吃饭之前必须跳20次，那就让他去跳。饱餐一顿后，让孩子去散步是非常不错的选择，而且散步有助于消化。散步时他也可以试试踩过一堆树叶，在雪中踩脚，或滚下山坡。

- 你愿意为节日而精心打扮，并不意味着你可以强迫孩子穿上会令他感觉不舒服的衣服。连衣裙上粗糙的衬裙、蕾丝和蝴蝶结对女孩来说可能过于刺激，而男孩可能无法忍受打领带和穿正装鞋。但说不准，也许你的孩子会喜欢特别的节日装束！在节日之前，可以先让孩子试穿几次节日装束，并准备好备用方案（带上一套日常穿的衣服，以防万一）。和往常一样，灵活应变是关键。

- 如果你打算在外过夜，请带上孩子自己的枕头和被褥。还要记得带上夜灯和其他睡觉的必需品。

- 不要仅仅因为节日应该吃某种食物就强迫孩子吃他觉得难吃的食物。如果你知道孩子不吃火鸡肉，就让孩子吃其他有营养的食物。当然也可以给孩子一些火鸡肉尝尝。也就是在这个场合，孩子可能会愿意试试，特别是在孩子喜欢的亲戚爱吃火鸡肉的情况下。

- 如果孩子排斥吃一些甜食，请提前做好准备，因为节日聚会通常会有糖果、蛋糕和各种饮料。你可以给孩子带上他能接受也爱吃的甜点，这也是你将更健康的甜点介绍给他人的绝佳机会。如果孩子没有食物过敏，你可能会想让孩子尽情地享受某种特殊美食，但得做好心理准备并想好应对方式，之

后孩子也许会突然出现行为反应（身体活动增加、情绪波动等）。例如，如果孩子在吃了含糖的食物后变得亢奋，那就在孩子吃完甜食后让他做些体育运动。

- 如果担心朋友和亲戚对你们有抵触情绪，请阅读本书第 17 章的内容。

户外活动

尽管我们很希望孩子能喜欢户外活动，但是有感觉问题的孩子可能还是会觉得户外活动非常令他苦恼。明亮的阳光、刺骨的寒风、扎人的草以及嗡嗡作响的昆虫……这些都是孩子讨厌户外活动的原因。

- 为了防止孩子受到紫外线的伤害，在明亮的阳光下让孩子戴上高质量的太阳镜，可以非常有效地保护他的眼睛。请咨询眼科医生该如何为孩子选择合适的太阳镜。

- 如果孩子不喜欢戴太阳镜，且待在阴凉处又无法玩得开心，那就让孩子戴一顶棒球帽或一顶宽檐帽，也可以用伞、帐篷等来遮阴。

- 带容易清理的沙滩垫（而非毛巾）去海滩或公园野餐，这样孩子就不用坐在沙子、泥土或草地上了。

- 尽量使用不含避蚊胺的天然驱虫剂。市场上有许多具有不同效果的驱虫剂，效果最突出的是柠檬桉驱虫剂。

- 不喜欢被触碰的孩子也可以选择防晒

喷雾。

● 咬人的蚊虫通常在黎明和黄昏时最为活跃，所以如果孩子不爱用驱蚊产品，最好避免在这些时段带孩子去户外。

公共厕所

对有听觉、视觉和嗅觉敏感的孩子来说，公共厕所可能是糟糕得令他无法忍受的地方。闪烁的荧光灯、突然冲水的自动马桶、大声吹风的烘手机以及不停有人进出且充满回声的房间，都会让孩子无所适从。戴耳塞可以帮到听觉敏感的孩子。去商场等公共场所时，你可以询问工作人员是否可以让孩子使用内部员工的独立厕所。在条件允许的情况下，可以带孩子到他能够忍受的公共厕所附近，尝试熟悉一下环境。

● 由于很多公共场所的肥皂不是很干净，所以请你随身携带湿纸巾或含酒精的洗手液。

● 将便利贴贴在自动马桶的感应器上，以避免突然冲水给孩子带来的不适，因为这声响对小孩子来说可能太吓人了。随身携带小包装的柔软纸巾，以代替公厕提供的粗糙厕纸。

● 对于学步幼儿和学龄前儿童，你可以在自驾游的旅途中携带便携式便盆。如果你能找到隐蔽之处让孩子使用小便盆，就可以避免让孩子去公厕了。你也可以买一个可以随身携带的便盆垫，这样又大又冷的便盆座圈更容易被孩子接受。

购物和做家务

● 平时多给孩子一些掌控权，让他提前知道需要做什么事。年幼的孩子可以帮忙找到货架上的杂货，按图片清单寻找要购买的物品，或者按照当天要做的家务的图片清单来做家务。大一点的孩子可以帮你写清单、找物品、取优惠券，或者核对待办事项是否完成。

● 让孩子推购物车以获得本体感觉输入。许多超市都有专为小孩子准备的小型手推车。此外，推自己的车可以帮助学步幼儿或学龄前儿童获得舒缓的本体感觉输入，你还可以往车里添加包裹以增加重量。

● 购物时让孩子背着背包。当背包逐渐被采购的物品塞满时，孩子将获得足够的本体感觉输入。

● 如果可以，请选择网购，在购物时把孩子托付给配偶、保姆、朋友或亲戚照看，或者让别人帮你购物。如果必须外出购物，尽量把购物时间定在有人陪同购物或替你照看孩子的时候。

● 有些孩子可能会觉得乘坐厢式电梯或是自动扶梯可以得到抚慰，可以让他们心情平静下来。

● 如果你必须带孩子购物，请选择在商店不那么繁忙的时间段（比如晚上）去购物，或者在工作日去购买所需的物品。

● 购物时，如果想要休息一下以平复情绪，可以带孩子去宠物店看看玻璃缸里的鱼；或者去花店闻闻花香，植物释放的氧气也能安抚孩子并帮助他恢复精力。但是请注意，若孩子受不了强烈的气味，去花店、蜡烛店或宠物店可能会让孩子的情绪更为焦躁。

夏令营

　　对有感觉问题的孩子来说，夏令营可能是天堂，也可能是地狱。孩子是否适合参加以及如何才能做好准备，取决于他们的成熟度和独立性，当然也取决于训练营本身。作业治疗师、特殊教育工作者等专业人士会专门为有感觉问题的儿童举办了多种夏令营。一些在学校工作的作业治疗师和物理治疗师也会在夏令营做暑期工，一些精通孩子感觉问题的教师也会参与。请询问孩子的治疗师和老师，看看他们对你所在地区针对有感觉问题的儿童的夏令营了解多少。

　　如果你要送孩子去一个传统的夏令营，你需要确保营地负责人会关注孩子的需求，愿意为孩子提供便利，并遵循孩子的感觉饮食。请你的作业治疗师与营地负责人沟通和协商，并在可能的情况下去营地看几次，检查是否需要调整一下夏令营的环境和设施。

游泳

● 含氯的泳池有明显的难闻的气味，不容易被感觉敏感的孩子接受。另外，游戏时给孩子戴上游泳耳塞，可以减轻室内游泳池的回声给他带来的不适感。

● 戴上泳镜和面罩能给孩子提供深度压力输入，同时保护他们的眼部卫生。泳镜和面罩还能够让孩子轻松地在水下进行观察，感觉更自在。有些孩子喜欢戴鼻塞游泳，以防止水进入鼻子和耳朵而引发不适。你也可以让孩子在跳进泳池时用手指捏住鼻子，教孩子如何清除进入嘴巴和鼻子的水，以及如何倾斜头部以排出进入耳朵里的水。

● 如果泳池的水很冷的话，对有感觉问题的孩子来说是一个挑战。有些孩子喜欢跳入或扎入水中，并通过快速的游动来热身；而有些孩子则需要慢慢地适应。在孩子入水前，可以先试着打湿脚，接着是腿，然后浇湿肩膀和胸部，再给头上来点水，最后再全身进到水里。可以尝试让孩子提前用凉水冲洗一下，以便能够更快地适应池中的水温。

● 带孩子去海边游泳之前，先让孩子试穿下泳衣，将泳衣弄湿甚至沾上沙子，让孩子好好感受一下。有的孩子在家里能忍受穿着齐膝长的泳裤，但一旦泳裤湿了或沾上沙子，他就会很难受。

● 去海滩玩耍时给孩子涂上防晒霜。

● 考虑给孩子穿紧身的泳衣。男孩可以

考虑选择速比涛泳裤或短款潜水服，女孩可以选择两件式的或连体的泳衣。有的女孩可能觉得穿两件式的泳衣会让腹部暴露，导致着凉，这令她难以忍受；有的女孩则可能无法忍受穿连体式泳衣，因为移动时泳衣会摩擦腹部而使她感觉不适。

排队

● 如果孩子因为时刻提防被人碰撞而感觉在学校等场所排队不舒服，那就让孩子站在队伍的最前面或末尾，这样他会有更多的个人空间。

● 如果孩子在与你排队时烦躁不安，尝试让孩子站在离你一两米远的地方，或者问问你后面的人是否介意你离开队伍，跟孩子一起到不远处站一会儿。让孩子靠在附近的墙壁上做俯卧撑或做曳步舞动作①、原地跳，或从矮护墙上跳下，以提供感觉输入。

● 让孩子即使在排队等候时也有活动的机会。他可以先用脚跟着地，然后脚掌贴地，最后脚趾着地，来回反复。还可以计算他踮脚、单腿站立的时间。

在等候室

● 在任何等候室，你都可以为孩子带上他喜欢的玩具（包括减压玩具）或书籍；让孩子做俯卧撑动作；或给他一个紧紧的拥抱。另外，你最好提前打电话确定最佳到达时间，这样就可以避免你们长时间的等候了。

家居环境

卫生间

● 在水槽或镜子前梳洗时，请确保孩子用的站立物（如长凳、地毯、椅子等）牢固且表面不滑。

● 可以考虑安装低噪声马桶，当孩子不在卫生间时关着门给浴缸放水，或用更能吸音的材料替换卫生间内的一些瓷砖。卫生间里的物品越多——尤其是可以吸音的毛巾、窗帘和浴袍——噪声就越小。

● 重新考虑浴室的照明是否合适（详见后文灯光部分的介绍）。

寝具

● 使用精心洗涤过的、柔软的床单，比如高支棉布料的床单。新床单尤其是聚酯纤维制成的床单，可能会粗糙扎人，且容易发硬。孩子可能会更喜欢法兰绒床单，但有些床单被洗过几次之后会起球，引起孩子皮肤不适。

● 对移动敏感的孩子可能更喜欢榻榻米上的日式床垫，或者在床垫和弹簧床箱之间放一块木板。

● 有些孩子觉得睡在重物下面会有平静安稳的感觉。你可以给这样的孩子盖一条加重毛毯。

① 属于一种力量型舞蹈，是一种拖着脚走的舞步，动作快速有力。

- 有些孩子可能更喜欢睡在睡袋里，这能给他们一种好像被裹在襁褓里的感觉。

- 如果孩子恐高，那就别用弹簧床，或者把床垫直接铺在地板上。

- 如果孩子经常从床上掉下来，你可以在床周围安装安全栏杆。

灯光

- 许多灯的光线对孩子而言都太亮了。你可以安装调光开关，以便控制房间里的光量。

- 用白炽灯、暖色 LED 或全光谱灯泡代替荧光灯泡，它们提供的光会更柔和一些。你可以在货品齐全的五金店找到这些灯泡。你可以给房间的天花板上安装柔光灯，这样的灯光线柔和且没有明显的阴影。

- 如果条件允许，避免使用含有汞的节能型荧光灯。虽然这种灯可以节电，但如果灯泡破裂，你需要按相关规定清理和净化环境。

- 彩色灯光能让一些孩子平静下来。

- 悬挂厚重的窗帘（灯芯绒或帆布材质的窗帘效果较好）可以减轻室外噪声、穿堂风和光线的影响。由厚乙烯基和 S 形板条制成的百叶窗在阻隔光线方面功效显著。如果家中有小孩，请务必剪掉百叶窗拉绳，或者购买无拉绳的百叶窗，否则会有安全隐患。你还应关注百叶窗的含铅量，有些百叶窗

的含铅量超标。

- 为孩子的学习和玩耍区域提供充足的照明。如果孩子有注意力问题，请在其书桌上营造温暖的聚光灯效果，并减少房间其他地方的照明，以便帮助孩子将视觉焦点放在书桌上。

噪声和气味

- 孩子的床或书桌要远离取暖器或水管等，以免其产生的噪声干扰到孩子。

- 在孩子卧室的墙壁上安装隔音材料，比如厚的软木板或隔音砖。房间里放置的柔软物品如蓬松的地毯和毛绒玩具越多，回声就越小。

- 孩子的卧室应尽量远离厨房这样经常会有嘈杂声音的环境。

- 当孩子的房间或孩子经常玩耍、会待很久的地方要安置任何新家具时，请注意地毯、窗帘、百叶窗以及油漆可能会在未来一段时间内散发出非常强烈的气味。你需要为孩子做好其他相应的安排，让他在大人给这些新物品通风时有适合的地方睡觉、学习和玩耍，或者把东西放在院子里晾晒几天散去气味。

房间的装饰

- 把物品存放在门后面或不透明的箱子里。用门或窗帘遮住置物架。避免使用色彩杂乱的地毯、带图案的墙纸或者令孩子觉得过于刺激的颜色（通常是红色和橙色）来装饰，特别是在孩

子的卧室和游戏区。

- 如果是大孩子，可以考虑让他参与决定如何装饰房屋。

- 不要使用拼块地毯，它可能会导致孩子滑倒摔跤。如果必须使用，请使用双面胶将其固定住，或者在其下面铺上防滑的橡胶垫。

其他挑战

乘车

- 乘车时，给孩子使用加重膝垫或带着手指减压玩具。也可以考虑给孩子带一盒果汁或一杯装在吸管杯里的水，让他用细吸管吸着喝，可以让孩子放松下来。也可以给孩子吃松脆不黏牙的健康零食，比如果蔬干等。

- •如果孩子不习惯坐汽车安全座椅，可以给他使用羊毛皮或其他柔软材料制成的"安全带搭档"。你可以先用其将孩子包裹起来，再用安全带固定，以防止安全带或带扣勒着孩子。同时，考虑调整孩子在系安全带时的穿着。太多层的衣物可能会让孩子感觉受限，或提供了太多令他困惑的感觉输入。寒冷天气带孩子出门之前，先打开车内空调预热一下，等孩子坐下后，马上帮他盖上毯子，并确保肩带调整得当、不会太紧。

- 如果孩子感到不安，试着在其座位前加塞一个脚凳，这样孩子的腿就不会悬空。请确保脚凳固定良好，以免遇

到事故时被抛出。

- 播放令孩子感觉舒缓的音乐，这将有助于屏蔽令他心烦的声音。

- 带上小玩具和图片丰富的图书。如果孩子容易晕车，就不要在车里看书，你可以和孩子玩一些脑力游戏。还可以给孩子试试防吐手环，通过按压穴位来防止恶心。

- 问问孩子开空调或开窗哪个感觉更舒适。即使窗户只开了一条小缝，其透进的新鲜空气通常也能减轻孩子晕车的程度。同时，将另一扇车窗也打开一些，通过空气对流来降低车内的噪声。

- 不要在车内吸烟。

- 如果汽车行驶的是颠簸的山路，那么汽车停下后让孩子下车休息片刻，以帮助饱受刺激的前庭神经恢复平衡。

- 乘车时可以跟孩子玩游戏，例如，让他把车牌号码上的数字加起来，看看等于多少，还可以带上一些好的玩具。移动电子设备虽然可以让一些孩子平静下来，但也会导致他们晕车或烦躁不安，所以请给孩子审慎使用。

- 途中你可以时不时地停车，让孩子下车活动一下身体，以便释放乘车时被压抑的情绪。

乘坐电梯、自动扶梯和进出滑动玻璃门

即使是没有感觉问题的孩子，乘坐

电梯和自动扶梯时也可能会有异样的感觉。电梯带来了大量的身体移动，特别是当它每隔几层楼就停下再启动时，会增加内耳前庭刺激。孩子会感觉到自己在向上或向下移动，但看起来自己并没有移动。听觉敏感的孩子可能会因机械振动和噪声而苦恼。自动扶梯在孩子站着不动时推着孩子向上或向下移动，也会提供不同寻常的前庭输入。更重要的是，孩子必须有一定的预估能力才能安全地上下扶梯。滑动玻璃门就更像是在变魔术，孩子本已饱受视觉信息不可预测的困扰，玻璃门的突然开闭更会吓到他们。

● 用家里已有的玩具，比如费雪的电动玩具车库，或者用滑轮吊起一个桶来演示给孩子看，解释电梯是如何工作的，以及那些不知道从哪里传来的声响是怎么回事。如果噪声让孩子感到不安，可以给他戴上耳塞或捂住他的耳朵。在乘坐电梯时，教孩子观察每层楼的数字，让孩子倾听电梯到达每层楼时的提示音。如果电梯内有活动空间，就让孩子动一动，比如，他可以靠着电梯轿厢壁板做俯卧撑。

● 告诉孩子自动扶梯是如何工作的。通过数"一、二、三，走"来帮助孩子练习掌握踏进、踏出扶梯的时机。如果孩子害怕乘下行扶梯，就让他站在你的身后。如果孩子无法安全地使用自动扶梯，请尽量乘坐垂直电梯或走楼梯。

● 孩子往往意识不到滑动玻璃门开闭的

规律。让孩子观察其他人走到门前的哪个区域时门就会开启以及滑动玻璃门从开启到关闭用了多长时间。让孩子明白没人会被门夹到！

摆手和撞头

关于孩子为什么会出现摆手、撞头的行为，请参见本书第147页内容。

摆手

● 试着训练孩子拍手或拥抱自己，以代替摆手。

● 通过推车行走、使用触觉刷以及关节按压等感觉活动，给孩子的肩部、手臂和手提供深层压力和本体感觉输入。

● 让孩子玩喜欢的玩具或者让他进行动手活动，分散孩子的注意力。手指减压工具对孩子也有助益。

撞头

● 检查孩子是否有耳部感染、视力问题、牙齿问题等。一些孩子会用撞头来缓解头痛。在极少数情况下，这种行为可能是癫痫发作的迹象。如果孩子总是撞头，请咨询儿科医生或神经专科医生。

● 如果孩子撞头的力度很大，儿科医生和作业治疗师可能会建议让孩子戴上头盔以防止受伤。

● 把孩子的床移离墙边，并将其放在厚地毯上。

● 仔细观察孩子的行为，并且根据他的行为调整孩子的感觉饮食。

- 和作业治疗师商量一下，给孩子使用加重的帽子或者给孩子戴厚帽子，从而给孩子更多的头部感觉输入。一顶紧绷的针织帽也会对孩子有帮助。

- 鼓励孩子将头埋进枕头或豆袋椅中。

- 经常用手或按摩器按摩孩子的脸。让孩子坐在你的腿上，面对你，然后用你的脸去蹭孩子的脸。试着把你的下巴压在孩子的前额上，然后边哼歌边来回移动下巴。

- 让孩子用额头推东西，比如推桌面上的盒子。

- 让孩子坐在柔软的物体上，如床、靠垫或大枕头上，然后用你的手推孩子的额头，让他倒下去。

对温度的敏感程度

有些感统失调的孩子对温度不敏感，对他们来说，调节自身的体温以应对极端温度是很困难的。在极少数情况下，由于处理温度的神经束已经受损，孩子可能无法感知温度。对于这样的孩子，你要特别谨慎：洗澡时调低热水器的温度，冬天在室内盖上散热器的盖子……你要告诉孩子哪些东西温度太高，不能靠近。

- 向孩子讲述温度的变化。在几个碗里装入不同温度的水，让孩子摸一下每个碗里的水，并帮助孩子标记温度：热、温、凉、冷。引导孩子进行科学实验并仔细观察：冰块被放在温水中

会发生什么变化？温水被放进冰箱里又会发生什么变化？

- 如果孩子渴望温暖，在你洗完孩子的衣物后，可以使用衣物烘干机。

对一般性噪声的敏感程度

- 尊重孩子对听觉信息的敏感，因为这真的会令他很痛苦！如果孩子完全无法忍受周围嘈杂的声音，请避免带他去吵闹的地方，包括有很多人同时说话的房间。如果有人在使用手刨钻，那么就带孩子绕道而行。如果街上有警笛在响，那么就让孩子躲进商店里。

- 周围有孩子难以忍受的噪声时，可以让他使用隔音耳机、耳罩或耳塞。如果使用耳塞，请确保耳塞干净、安全且贴合孩子的耳朵。你也可以去听觉矫正师那里为孩子定做耳塞，或者在网络购物平台找找是否有可塑硅胶耳塞出售，或者看看是否有适合所有年龄段的耳罩。

- 有一种高保真耳塞可以避免因降低音量而造成的声音失真，它有利于对音量敏感的孩子，以及那些想在音乐会上舒舒服服听清楚音乐的人。请你选择正规品牌的产品。

- 如果孩子对音量感到不适，或者在刮风时感觉耳道内有风，可以让他戴上耳罩。

- 如果孩子可以忍受，让他尝试用吸尘器清理地板上的饼干碎屑。能够自己控制声音强弱，通常能帮助孩子忍受

声音。同样地，如果孩子能够在咖啡研磨机开始工作前给它倒计时，也可以提高对此类噪声的忍受程度，因为他可以提前做好准备。

- 让孩子去听播放白噪声的应用程序和视频、转动的风扇以及播放着杂音的收音机。试试反复播放玛莎·斯通创作的《放声哭泣！》(*For Crying Out Loud*!)，这首曲子由背景噪声、餐厅的人声和噪声、雨刷声以及其他一些令婴儿感觉舒适的声音组成。

对特定噪声的恐惧

许多孩子在很小的时候都会害怕吸尘器的声音、狗吠、吹风机声和雷声。随着孩子长大，接触这类声音的次数增多，不少孩子逐渐克服了这种恐惧。但是有听觉过敏问题的孩子，则无法克服这种恐惧。在这种情况下，家长需要多管齐下帮助孩子适应环境中不可回避的声音。

- 保护孩子的听力，避免孩子听到令其难以忍受的声音。

- 及时向作业治疗师咨询。

- 逐渐降低孩子对声音的敏感度。如果孩子非常害怕某样物品，你可能需要从给孩子看该物品的图片开始。然后你可以在一个安全可靠的环境中，非常轻柔地播放原本让孩子感觉不安的声音。例如，让孩子抱着泰迪熊，吮吸着棒棒糖，依偎在你的怀里，然后让孩子听割草机的声音。

个人空间问题

- 教孩子与他人保持一臂的距离，营造自己的个人空间。让孩子想象自己的身体周围仿佛罩着一个泡泡。

- 吃饭时，让孩子坐在长方形桌子的一端，给他足够的活动空间。

收拾玩具

- 让孩子在指定的地方放置玩具。比如，把所有的玩具车放在一个抽屉或箱子里，把小玩偶放在门后的透明鞋架上，等等。不要让收拾玩具的过程变得太复杂，假如你为玩具卡车、汽车和消

保护耳朵的注意事项

我们已经多次建议在各种声音嘈杂的情况下保护好孩子的听力。然而，孩子只有在确有需要时才能佩戴耳塞、耳机或其他类型的听力保护设备，而不应该一直佩戴。否则，他们的耳朵和大脑将习惯于减弱的听觉输入，那么耳塞或耳机将不再有效。

防车分别指定单独的抽屉，那么即使孩子同时玩了所有的玩具车，他也没有收拾玩具的耐心。也不要让收拾的过程变得太简单，如果让孩子把所有的玩具都扔进一个大箱子里，也许孩子能很轻易地把东西收好，但等到下次玩时，却需要把所有玩具都倒出来才能找到他想要的那一个。

- 不要让玩具区变得过于杂乱。对于容易受到过度视觉刺激的孩子，不要把玩具放在透明的储物箱里。为了方便孩子寻找玩具，你可以在不透明的箱子上贴上物品的标签。

- 把大整理分解成小任务。如果有很多玩具要收拾，你可以帮孩子一起收拾，或者让孩子先收拾两个容易收拾的玩具，然后对他说："现在你需要把这些拼图块捡起来放进袋子，再把袋子放到拼图盒子里。"

- 试着训练孩子一次只玩一个玩具，而不要让他一下子把所有玩具都拿出来。在孩子年龄较小的时候就开始培养他这种习惯。

- 如果大一点的孩子表现不佳，可以将他的物品放入"24小时超时箱"里：他可以选择从此放弃这些物品，或者想办法把它们"赢回去"。

- 让收拾玩具变得有趣。在你和孩子整理玩具的时候，可以一起唱一首儿歌，或者用计时器计时，看看孩子是否能在规定的时间内"挑战成功"。鼓励孩子在你唱完一首歌之前把所有的玩具都收起来，或者播放快节奏的曲子来激励他加快动作。

用脚尖走路

如果孩子总是用前脚掌或脚尖走路，请考虑采取以下措施，并咨询作业治疗师或物理治疗师。

- 通过按摩双脚、用软刷子刷脚或用毛巾擦脚来减低孩子足部的敏感度。让孩子用脚探索不同的材料，如站在装满米粒、豆子、沙子或小颗粒泡沫的桶里。

- 教孩子注意走路时身体的姿势。提醒他走路或跑步时要将脚后跟先着地，提醒孩子的时候请不要显得很唠叨。

- 寻找孩子走路的规律：孩子什么时候用脚趾走路？何时光脚？何时穿鞋？在地毯、硬木地板、草地以及海滩上行走时，孩子会怎么表现？如果你能发现是什么原因引发孩子踮脚或赤脚走路，请在孩子玩耍时创造机会让他去探索不同的感觉输入。

- 让孩子穿缓震性强的鞋子比如运动鞋，或穿缓震性差的鞋子比如皮鞋，并尝试穿不同类型的袜子（厚袜子、薄袜子，或者无缝袜）。治疗师可能会推荐高帮运动鞋或特殊的矫形鞋垫。

- 让孩子在迷你蹦床上跳，必要时牵着你的手或扶好安全杆跳。一定要让孩子将脚后跟先着地。

- 用魔术贴搭扣给脚踝增加压力，以加强脚踝和足部的感觉输入。孩子坐在椅子上玩耍或吃饭时，双脚应平放在地板上铺的毛巾上或其他带有有趣纹理的物品上。

- 让孩子扶着桌子或椅子，脚后跟贴地，让双脚的前脚掌根据音乐节奏敲击地面。

- 拉伸小腿肌肉和跟腱。让孩子站在楔形物上，脚趾尖沿着楔形物较厚的部分向上，脚跟沿着较薄的部分向下。重力将会起作用，让孩子的双脚慢慢下滑。如果孩子觉得非常不适，刚开始练习时，可以只持续一分钟，然后慢慢增加站立时间。可以让孩子一边站在楔形物上，一边在桌面玩耍或在画架上画画。

图2　站在楔形物上拉伸紧绷的小腿肌肉

- 如果孩子坚持用脚尖走路，可以向矫形师或小儿骨科医生咨询，他们会推荐适合孩子的特殊的脚垫。

安抚不知所措的孩子

- 调暗房间的灯光。

- 放低说话的声音。

- 让孩子深呼吸10次。

- 涂一点能让孩子觉得镇静的精油，如薰衣草味或香草味的精油。

- 确保孩子不会太热（例如，脱掉孩子的毛衣，或让孩子靠近空调或风扇）。

- 改变孩子坐的位置（例如，靠近老师坐）。

- 给孩子一个大大的拥抱，有节奏地用力揉孩子的背，或往下按压他的肩膀。

- 给孩子一杯插了吸管的水或其他可以吮吸的东西，如棒棒糖或硬糖。咀嚼松脆的食物，如苏打饼干或椒盐脆饼，可以帮助孩子舒缓情绪。

- 把孩子带到安静的房间里待上几分钟。这不是惩罚，而是让孩子能够进行自我调节。

- 让孩子听舒缓的音乐，适当使用耳机。

- 带孩子到"舒适的角落"放松一下。在那里，孩子可以坐在豆袋椅上，在柔和的灯光下看书或玩毛绒玩具，直到孩子头脑清醒。

- 让孩子坐到摇椅上，或在球椅上弹跳。

- 帮助孩子靠墙做俯卧撑或借助椅子做俯卧撑。

- 给孩子一个手指减压玩具，例如毛毛球，但不要让孩子把玩具扔来扔去。

- 带孩子到户外待几分钟，让他尽情扭动身体，或者上下爬楼梯。

- 重复安慰性的短语，如"会没事的"或"一切都好"。

适合青少年或成人的实用建议

许多青少年或成人有严重的感觉问题，极大地影响了上学、工作、社交和育儿。幸运的是，我们年龄越大，就越独立，越能掌控自己的生活，也就越能更好地观察和表述自己的需求，能在感到压力过大之前应对好自身的感觉问题。研究表明，无论你是 3 岁还是 70 岁，你都可以对神经系统进行再训练，使其功能更正常；你只是需要用更长的时间来对自身系统进行"重新编程"，从而更好地容忍和处理感觉信息。我们给儿童提出的大多数建议也可以帮助青少年或成人，有些方法甚至可以照搬。当你开始接受自己的感官差异时，你会发现自己将更坦然地把欧乐宝贝幼童训练牙膏放在卫生间的水槽边（因为你不会再为需要甜味的无泡沫牙膏而感到不好意思）。你也会有意识地让感官休息，会在嘈杂的家庭聚会期间主动退到安静的房间里。

有些作业治疗师可以为成人或青少

年开展定期治疗或提供咨询，我们建议你尝试补充疗法，这对你一定会有助益。

环境问题

作为成人，你可以更好地控制和改造自己周围的环境，使其适应自身的敏感性并应对难以忍受的复杂情况。当你身处办公室或入住酒店时，你可能需要更有创造性的感觉输入解决方案。请查阅针对儿童的感觉输入解决方案，并根据自己的需要来进行调整。此外，你还应该考虑以下几点。

- 如果你无法忍受办公室的荧光灯，有条件的情况下，你可以将灯管更换为全光谱灯，因为它能提供更自然的光照。你可以在货品齐全的五金店找到这类灯管，不过在你准备改造照明灯具之前，可能要和你所在公司的相关部门确认一下。另外，在工作环境中，我们通常无法关掉顶灯，请试试在视线水平处增加你需要的全光谱灯。

- 如果使用台式电脑、笔记本电脑或平板电脑，请注意避免用眼疲劳。其症状包括头痛，眼睛疲倦、发痒、干涩，视力模糊，光敏度增加，以及出现视觉残影。以下是一些解决方案：

- 经常看看远处的物体。

- 使用间接光，确保显示器不反射任何顶灯或台灯的光。必要时，可关闭百叶窗或拉上窗帘。还可使用防眩光屏或显示器护罩来减少眩光。

- 你可能需要配一副专门的眼镜，以便在使用电脑时佩戴。

- 向眼科医生咨询是否可以使用药店购买的润滑滴眼液。

- 如果想在工作时间关上自己办公室的门，可以和你的老板与同事解释一下，你是为了阻挡视觉和听觉的干扰，关门并不意味着你不在或没空，若有需要，他们随时可以来敲门。

- 使用白噪声、风扇声或瀑布声等自然声音的录音来屏蔽背景噪声。你也可以在工作或学习时使用耳塞来帮助自己集中注意力。

- 如果你对气味敏感，可以尝试嚼薄荷或肉桂味口香糖。尝试使用空气清新剂、精油喷雾剂或精油香薰器。

- 如果你觉得振动能舒缓情绪，那么就使用振动按摩椅、在普通椅子上放置按摩坐垫或者在椅子下的地板上放振动垫。

- 试试充气坐垫，如大号楔形充气坐垫或小号楔形充气坐垫等。

- 在家里或办公室使用隔音材料，比如可轻易贴在墙上的吸音砖。请记住，房间里放置的柔软物品如枕头、沙发、窗帘等越多，回声就越小。如果经济宽裕，你可以考虑安装可轻松拆卸的双层窗户以隔绝街道噪声。

- 尝试不同的耳塞、降噪耳机和各种可以屏蔽外界嘈杂声音的听力设备。

- 如果你对味道敏感或有口腔敏感，受邀去别人家吃饭时请提前沟通，大多数人都能理解你的问题。请提前询问当日有哪些菜品，并带一个自己能吃的菜，或者事先吃点东西垫一下底。

- 如果你要出行并入住酒店，请自带枕头或枕套（记得随身携带！）。你还可以带些空气清新剂或精油喷雾。

- 如果你无法忍受室内的音乐会，那么你可以去参加露天音乐会。那里的音响效果不同，并且你可以更好地调节音量对你的影响，因为你可以走远一点，远离声源。

学习驾驶

- 向一位愿意耐心教你驾驶技术的教练学习，先从在停车场和几乎无人的街道练习开车开始，然后慢慢转去交通繁忙的路段练习驾驶。可以请教练把任务分解成小的步骤，例如，让教练指导你每一个具体的动作，而非直接说"驶入主路并在这里左转"。

- 不要觉得你一开始就必须在拥挤的路面或高速公路上开车。请一步一步挑战更复杂的路况和更难的操作。

- 适量的背景音乐可以帮助你掩盖背景噪声。

- 如果负重能帮助你保持冷静，请在开车时使用加重膝上垫。

- 可以尝试通过嚼口香糖来集中注意力。

- 试试使用羊毛皮或毛绒织物制成的

"安全带搭档"，可以将它系在汽车安全带上。

- 开车前尝试冥想几分钟或以其他方式平复自己的情绪，这样你在开车时会更专注、压力更小。

看病与看牙

- 咨询医生是否有什么方法可以减轻就诊时的压力，询问就诊时将涉及哪些步骤，并与他商量能否做些调整。例如，你也许可以带上自己的浴袍，而不用穿医院的病号服。在牙医诊所，即便只是洗个牙，你也可能想请护士给你戴上铅围兜。去医院看病时，可以争取尽量排在前面以便早早就诊，这样可以避免因等待医生看诊而产生焦虑。不要害怕为自己发声，要大胆地说出自己的需求。

- 建立奖励机制：面对令你不愉快的事情，只要自己能够坚持住，就可以给自己奖励，无论是去店里按摩下身体还是吃一个冰激凌。

随着不断开发自己的感觉智慧，你渐渐会发现，自己能想出一些非常巧妙的办法去解决日常遇到的问题。除了尝试我们在这里给出的实用解决方案，还请与你的作业治疗师或其他治疗师、其他有感觉问题孩子的父母，或者有感觉问题的成年人进行交流，他们可能会有一些好主意提供给你。

第三部分

促 进 孩 子 的 发 育

第 8 章

应对发育迟缓

也许你的孩子的口头表达能力不如其他孩子，或者不能很好地应对日常生活，我们希望你能通过早期干预、学校系统，或我们之前讨论过的内容对孩子进行评估。或许你的孩子已经因发育迟缓而接受治疗，你查阅本章的内容是为了获得更多关于发育迟缓的信息，并弄清发育迟缓与孩子的感觉问题有何关联。

如果你刚刚得知孩子在几个方面发育迟缓，那么请深呼吸，情况没那么糟。感觉统合失调的孩子出现发育迟缓是很常见的。事实上，你可能会发现解决孩子的感觉问题将有助于改善他的发育迟缓问题。例如，一些妈妈注意到，使用"威尔巴格"触觉刷给孩子按摩不仅会降低孩子的触觉敏感度，而且会改善他的听觉处理能力；或者在对孩子的感觉问题进行作业治疗后，孩子在言语治疗方面会开始取得真正的进步。

南希的故事

虽然我确实接受了真实的科尔，而且不再习惯性地将他与别的孩子做比较，但有些时候，我仍然会深深地嫉妒其他孩子和他们的父母，他们生活得真轻松。有一次，我和一位妈妈在游乐场上观看她的孩子荡秋千。她的女儿可能还不到三岁，已经可以自己跳上秋千，然后通过蹬腿让自己越荡越高。与此同时，尽管我和丈夫一再向五岁的科尔解释如何蹬腿，并一遍又一遍地演示，他还是不明白，还是需要别人来推。每当这个时候，我就会不由自主地感到难过。我尝试着快速脱离这种自怨自艾的状态，并提醒自己拿科尔与其他孩子相比是毫无意义的。对自己短暂的情感宣泄，对自己内心的愤怒、失望甚至嫉妒的情绪，我总是选择原谅。因为我知道养育发育迟缓或残疾儿童的父母，都会忍不住滋生出负面的情绪，会悲伤和挣扎，这是再自然不过的了。

为什么有感觉问题的儿童会发育迟缓？

请记住，孩子们是通过感官来学习的。如果一个孩子在理解、统合和使用来自身体内外的感觉信息方面有困难，那么其发育可能会稍微滞后或者会滞后很多。事实上，大多数父母因为孩子发育迟缓寻求帮助时，并没有想到是孩子的感觉统合有问题。父母和老师通常注意到的是孩子精细运动迟缓、大动作笨拙或语言滞后；或是孩子的行为有问题，比如容易失控、发脾气。

发育迟缓的原因多种多样，感觉统合失调只是其中之一。大多数有感觉问题的孩子确实会经历某种程度的发育迟缓，但有些孩子不会。在我们探究这些导致孩子发育迟缓的原因之前，有一点非常重要——每个孩子的发育速度是不同的。"应该"在 24 ~ 26 个月接住大球的孩子，可能提前至 22 个月或推迟至 28 个月时掌握这项技能。这是否意味着孩子有身体机能上的天赋或是发育迟缓？24 ~ 26 个月的年龄范围是正常发育的孩子能接住球的平均年龄段，但"平均"只是一个数学概念，每个人能做什么、不能做什么以及何时能做什么，存在很大的差异。

此外，用于评估儿童的发育量表也有很多，它们有时互相矛盾。例如，夏威夷早期学习量表指出，孩子在 22 ~ 24 月的阶段，应该能够叠放六块积木。然而布里格斯儿童早期筛查量表却认为孩子要到 24 ~ 30 个月的阶段才具备这样的能力。由此可见，发育正常或迟缓的标准在很大程度上取决于评估所用的发育量表。此外，从不玩积木的孩子没有机会练习这个项目，由于丝毫没有搭建积木的经验，因而在评估过程中做这个任务时可能会表现得有些迟缓。

有感觉问题的孩子在搭建积木方面可能也会表现不佳。有的孩子在把一块积木放在另一块上的时候，可能会用力过猛，从而在搭第三块积木时就把塔碰倒了。有的孩子因为手握积木时感觉不适，可能会在将积木放到顶上之前就松开它。有的孩子可能非常喜欢积木的手感，以至于紧握不放。另外，有视觉问题的孩子可能无法对齐积木。那么，这是否意味着孩子发育迟缓了呢？的确是，但是，难道孩子到了一定年龄还不能搭建一座六层的积木塔，就一定是出了大问题吗？不见得，孩子可能搭到第四层就因感到厌倦而放弃了。当然，如果孩子的各项测试都没有达到发育指标，那就是明确的信号——孩子的身体出现了某些问题，我们需要去探索、理解和解决他们的问题。

因为有太多的发育量表可供选择，而且评分往往基于评估人的主观观察。（孩子的任务完成得怎么样？是否拥有这项技能？是什么因素干扰了孩子完成任务？孩子在评估环境中是否感到舒适？孩子是累了还是饿了？）所以，你必须让孩子得到专业的评估，而不是自己参考杂志或育儿书中的那些重要发育指标就下结论。请记住，评估只能反映孩子在某个时间点的表现，而不能反映孩子的整体情况。所以，我们应该结合你作为家长提供的孩子平时的信息，再加上专家团队的参与，对孩子做出综合评估。

这就是为什么作为家长的你，必须成为团队的一员，并且提供重要的背景信息，以帮助完成对孩子的综合评估。

如果你发现孩子发育迟缓，请不要惊慌。发育迟缓并不意味着你的孩子不聪明或缺乏赶上他人的能力。

常见的发育迟缓

儿童发育迟缓的情况从非常轻微到严重不等。假设你家两岁的孩子在上日托所，里面的其他孩子都在胡乱画圈，你家孩子虽然没有画圈，但已经发展了其他精细动作技能。如果给孩子足够的时间和机会去观察和练习，说不定很快就会画圈了。然而，如果一个孩子在四岁时还不能保持单脚站立几秒钟，则其发育迟缓就比较严重。因此，在某些情况下，孩子的发育迟缓是轻微的，是可以随着时间的推移，在孩子自然的成长过程中，通过一些额外的帮助，自然而然被克服的问题。而有一些发育迟缓是严重的问题，是需要加强干预的。

如何区分可以自愈的轻微发育迟缓和无法自愈的发育迟缓？如果你不能够

确定，最好的方法是带孩子去做一个评估。即使评估员可能无法预测你的孩子是否会随着成长而自愈，但他可能会建议你带孩子接受一些可以解决轻微发育迟缓的治疗，或帮助你监测孩子的发育状况。

另一个需要考虑的方面是，在某个特定的技能领域，有多少适龄儿童本应该能够完成的任务，而你的孩子无法做到。如果一个五岁的孩子会串珠子、完成拼图、用乐高积木搭建堡垒、扣衬衫扣子，但不会用剪刀，那么就说明他在精细运动方面发育迟缓吗？有些孩子在某一个方面发育迟缓，在其他方面也表现出滞后，这是常见的现象。但有些孩子在某个领域落后，却又在另外的领域领先，这可能就会令父母困惑和烦躁。面对这些不正确性，获得专业的帮助以认清孩子的问题，让孩子获得适当的干预是至关重要的。

我们会给你提供一些衡量孩子发育的参考标准，大致取材于各类发育量表。但请记住，不同的量表有着不同的评估标准，评估也只是一种主观的手段，而且大多数孩子的发育迟缓并不是无法逆转的重大问题。

自我调节能力发育迟缓

自我调节能力是指控制情绪、自我安抚、延迟满足和容忍变化的能力。为了自我调节，孩子需要让神经系统"有条理"地工作——也就是说，能够调节内在状态的高潮和低谷。这是一项关键技能，许多感觉统合失调的孩子在这方面都有严重的困难。自我调节能力差的孩子可能难以入睡、保持睡眠状态或难以醒来，也可能会在不恰当的时间睡觉。他们可能会不规律地或突然地感到饥饿。他们可能无法在需要的时候集中注意力（比如当言语治疗师试图让他们吹泡泡的时候，他们无法专注地吹），也可能在需要转做其他事时无法转移自己的注意力。日常生活中最小的变化、意外的压力或者仅仅是不太顺利的经历，都可能导致他们出现极端的过度反应。例如，一位妈妈让她有感觉统合问题的四岁孩子，选择在睡觉时是关上还是微开卧室门时，竟无意间引发了孩子长达两个小时的怒火。另一位妈妈则注意到，每当她准备给孩子穿红色衣服时，孩子就会在视觉上受到过度刺激，一整天情绪暴躁。

　　孩子的自我调节能力是发展其他能力的基础。有感觉问题的孩子，由于难以处理感觉输入，导致唤醒和活动水平紊乱，行为反应过于强烈，无法长时间保持注意力。

　　随着生长发育，大多数孩子会在警觉、保持注意力、调控情绪方面形成自己的模式。大多数婴儿能够很快学会通过吮吸手指、摇晃、看喜欢的物体来平复情绪，他们建立了可预测的睡眠和饥饿周期，并在一天中的某个特定时间最为专注和活跃。他们能很好地忍受变化和过渡，且通常心情愉悦，而这对有些

婴儿来说就比较困难了。你永远无法预测他们什么时候会清醒和警觉，什么时候会感到饥饿或情绪暴躁，他们看起来总是很挑剔或喜怒无常，日常行为毫无规律。

　　"失调"的孩子很难学会自我安抚、延迟满足以及应对意外情况。父母们可能每天都要花好几个小时来安慰不开心的孩子。作为父母，你可能会发现每次推婴儿车出去散步时，都不知道自己的孩子是想从踏出家门起就坐车，还是想要自己推着车往前跑并希望你快步跟上。大一点的孩子可能会在车里大喊大叫，频繁地、不明缘由地大发脾气。

不同年龄自我调节能力的重要表现

● *约6个月时*

- 容忍并喜欢被触摸和移动。
- 对感兴趣的人和物能保持1分钟以上的兴趣。
- 不再无缘无故地哭泣，通常能够自我安慰。

● *约9个月时*

- 能专注地玩一个玩具2～3分钟。
- 对图片和说话的人保持关注。

● *约12个月时*

- 能随着音乐节奏移动（蹦跳或左右移动）。
- 晚上睡12～14个小时；白天小睡

1～2次，每次持续1～4个小时（随着年龄增长，慢慢白天就不会小睡了）。

● **约18个月时**

- 喜欢把东西弄得乱糟糟的，如玩食物、水和肥皂。

- 晚上睡10~12个小时；白天小睡1次，每次持续1～3个小时。

- 喜欢某些玩具胜过其他玩具。

● **约24个月时**

- 自己能够有目的地、积极地玩几分钟。

- 自由地玩颜料、橡皮泥和其他物品。

- 喜欢玩打架游戏。

● **约3岁时**

- 想独立做事。

- 可能会放弃午睡。

- 喜欢参与互动性游戏和圆圈游戏。

● **5岁时**

- 在没有成人陪伴的情况下参加活动10分钟。

精细运动技能发育迟缓

精细运动技能是指对手臂和手的运动控制的能力，尤其是对手腕以及手指的小关节和肌肉的控制能力。精细运动包括抓住并放开磨牙饼干、启动玩具、握笔以及串珠子等。

精细运动技能的发展一般遵循以下特点。

稳定。想要熟练地使用双手，孩子需要有一个稳定的基础。他们需要稳定住姿势，才能在伸手够物体时不会摔倒。他们需要稳定住肩部，让手臂和手处于一个合适的位置，才方便使用手指。比如，梳头时你的肩膀需要保持稳定才能把头梳好。他们需要用部分手指稳定住手部，以便使用其他手指做更困难的精细运动任务。比如，写字时将小手指的外侧稳定在桌子上，其余四指协同配合以便握笔书写。一旦孩子有了稳定的基础，他们就可以提升精细运动的力量和熟练程度。

会双手配合。如果你在日常生活中观察自己的手，会注意到自己经常同时使用两只手：用一只手来稳定物体，再用另一只手去操纵物体。例如，当你缝纽扣时，你的"帮助手"会握住材料，而你惯用的"熟练手"会负责穿针。通常在出生后的第一年，婴儿就可以学会用两只手协作，把玩具从一只手转移到另一只手。等婴儿长到18个月大时，他通常把双手放在身体的中线，开始尝试越过身体的中线去拿物品，比如用右手去拿身体中线左侧的毛绒玩具。随着时间的推移，当孩子开始学步或等到上幼儿园的时候，他会表现出用手偏好，逐渐确定优势手（左利手或右利手）。

有感觉问题的儿童通常在双侧整合和越过中线方面表现滞后，并且可能很晚或过早地发展出优势手。两岁的米奇因为有大量的不良行为和语言发育迟缓而开始接受早期干预。他的一个主要问题就是在玩耍时会经常发脾气——尖叫、扔玩具以及咬人。米奇试图用一只手做所有的事情。他会拽着一颗珠子试图把它扯下来，但因为他不会用另一只"辅助手"来扶住旁边的珠子，结果当然是扯掉了整串珠子。他会在纸上乱写乱画，但纸张总是飞离桌子，因为他的另一只手没有按住纸而是放在了膝盖上。对此，米奇自然感到十分沮丧。在治疗中，米奇学会了在做任务时用他的"辅助手"来稳定物体。当发现他更习惯使用右手时，治疗师就鼓励他用右手越过身体中线到达左侧。米奇还在治疗中学会了在有需要时寻求帮助，并学会了诸如"几乎"和"再试一次"之类的概念。取得一定进步后，他才更愿意接受更困难、更适合他年龄的任务。

协调和灵巧。当孩子们尝试触摸物品、操纵物品并获得精细运动体验时，他们也学会了通过皮肤以及关节和肌肉来感觉物品。他们学习恰到好处地放置手指、手腕和手臂来做好事情，学习"分级"处理自己的精细动作，用足够的力量推动蜡笔以画出漂亮的记号，但又懂得不可以太用力，否则会弄断蜡笔。他们可以分辨纽扣和扣眼，能够在不用眼睛看的情况下将纽扣穿过扣眼。后来，他们逐渐发展出了更精确的动作技能，能把掉了的纽扣再缝回去。

想协调且灵巧地进行精细运动，几乎依赖于孩子的所有感官。例如，如果要将珠子串到蕾丝带上，孩子必须先懂得区分不同触感（"这是带子，这是珠子"），能定位触觉（"带子在我的拇指和食指之间"），用视觉引导动作（"洞在这里，带子要从这里穿过"），用本体感觉来调整动作（"我需要先稍微弯曲手指，再伸直，将带子从洞里穿过"），并处理前庭输入（"我必须在重力作用下保持直立并能够弯腰捡起所有掉落的珠子"）。他们需要能够过滤掉无关紧要的声音、景象和气味，以保持注意力的集中。

不同年龄精细运动技能举例

● **约7个月时**

- 将两个物体靠在一起。

- 用食指戳物体。

- 具有良好的抓握能力，并能自主放下物体。

● **约13个月时**

- 用蜡笔在纸上乱画。

- 将三个或更多物体放入小容器中。

● **约16个月时**

- 用食指指物。

- 能将两个立方体叠放。

● **约18个月时**

- 一只手握住物体，另一只手摆弄它。

- 自发地涂鸦。

- **约 24 个月时**
  - 用剪刀快速地剪纸。
  - 串直径约为 2 厘米的珠子。
  - 模仿着画竖线和画圆形。

- **约 5 岁时**
  - 会写自己的名字。
  - 会写数字 1～5。

大运动技能发育迟缓

一提到大运动技能，很多父母想到的是孩子第一次独坐、走路、爬楼梯和跑步。通常，婴儿在大约两个月大的时候会一边趴着一边抬头，然后学会用手来支撑上半身，慢慢坐起来，尝试爬行和站立，能够把重心从一条腿转移到另一条腿，同时学习运用身体两侧进行协调合作。最后他们迈出了人生的第一步，然后很快地，快得连你都还没做好准备，他们就会走路和跑步了。在这整个过程中，他们的感官一直在统合，以对抗重力并调节肌肉张力，并激发自己对探索环境产生浓厚的兴趣。

像所有发育性技能一样，大运动技能的发展需要感觉系统的良好协同工作。例如，学骑自行车，孩子需要肌肉力量、协调身体两侧的能力、能在车轮上感到舒适的平衡感和移动感、视觉上感知自己与障碍物的距离，以及能根据需要改变骑行方向或速度。

感觉统合失调、肌肉张力问题、持续性神经反射以及许多其他因素都可能

大脑可塑性

大脑在不断进化，神经元之间不断连接和争夺空间。假设你正在学习弹吉他，当你第一次弹奏一段乐曲时，神经连接就形成了。以后每当你弹奏这段乐曲，这种连接就会得到加强，直到最后无需有意识的思考，你的手指就知道该如何弹奏。实际上，你已经重塑了你的大脑。

每当你通过学习新事物来锻炼你的大脑时，你都会改变神经连接的数量和强度。虽然人们曾经认为，人类的大脑只有在 7 岁之前才具有可塑性，也就是说，大脑结构只能够在一定时间段内发生变化，但现在的研究表明，人类在死亡之前都拥有重塑大脑的能力。

大脑可塑性，也被称为神经可塑性，是在任何年龄阶段干预感觉问题都有价值的原因。通过提供精心设计的感觉体验，正向的神经连接会得到加强，而负向的神经连接则有望被削弱和消除。

导致大运动技能发育滞后。如果孩子的力量和耐力有限、运动规划困难或有感觉统合失调，他们可能会高抬手肘跑步以保持稳定，或者避免上下楼梯，甚至下几层矮台阶时也要坚持扶栏杆或者握着家长的手。他们可能喜欢久坐不动，或更喜欢闲逛、看电视或者阅读。

大运动技能也可能是感觉问题患儿的强项。孩子可能会喜欢跑步、跳跃和攀爬等带来的强烈的感觉体验，他们可以通过完成大运动任务来保持身体运转和协调自如。

图 3　高抬手肘的孩子

如果孩子有严重的大运动技能发育迟缓，最好能让他们接受物理治疗师的治疗。

踮脚走路。 孩子是否经常看起来像是用脚尖或脚掌走路和跑步，很少把脚跟放下来？他的小腿肌肉是否看起来过于强壮和坚硬？他在走路或跑步时，上身是否会前倾？他经常跌倒吗？踮脚走路的情况在 3 岁及以下的儿童中相当常见。然而，如果孩子在 3 岁以后仍然踮着脚尖走路，或者在更大的年龄踮脚走，就提示孩子的神经系统有潜在的病理状况。对于感觉统合失调儿童，你几乎可以肯定这是与感官相关的行为，保险起见，你还是需要与儿科医生和作业治疗师或物理治疗师沟通确认。

触觉敏感的孩子可能会无法忍受穿袜子或光脚穿鞋子，踩到草地、沙子或地毯上也让他们感觉很糟糕，所以他们会尽量用脚的一小部分来走路。由于脚承受全身的重量，所以孩子踮着脚尖走路可能是为了避免脚掌承受不舒服的压力感。

肌张力低下，W 形坐姿。 肌肉张力是指肌肉在休息时的紧张程度。肌肉通常是有一定张力的，不会过于紧绷以至于肘部或膝盖等关节僵硬且难以移动。肌张力低下或张力减退的孩子，肌肉看起来很松垮。他们难以克服重力移动和保持反重力姿势。为了补偿肌肉的低张力，他们可能会僵硬地保持身体稳定。坐着时，肌张力低下的孩子可能总是以类似字母 W 的姿势坐在地板上，用臀部、腿、膝盖、脚踝和脚来分散承受的重量。W 形坐姿扩大了孩子的支撑基础，

也让手臂得以用来玩耍。在这种姿势下，孩子的躯干是不需要活动的，他通常摊着身子。虽然这是一个非常稳定、安全的姿势，但它不利于孩子学习如何控制姿势。你应该教导孩子不要采取 W 形坐姿，以便让关节不再承担重量，并使用身体来对抗重力。理想情况下，孩子可以采取不同方式的坐姿，包括盘腿坐、跪坐、蹲坐等。这些不同的姿势，可以激活孩子身体不同部位的肌肉，加强肌肉力量，避免关节承受过度的压力。

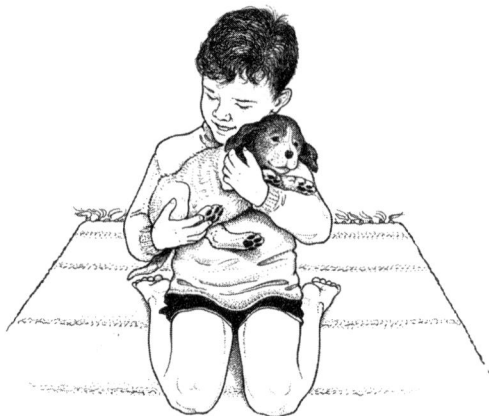

图 4　孩子可能会采用 W 形坐姿以增加稳定性

不同年龄大动作技能举例

● **约 6 个月时**

- 趴着时用手支撑身体的大部分重量。
- 将脚抬到嘴边。
- 独坐几秒钟。

● **约 1 岁时**

- 独自站立几秒钟。

- 大人扶着手能走路。

● **约 16 个月时**

- 独立行走。
- 弯曲膝盖蹲下，伸直膝盖站起来。
- 坐着时用手投球。

● **约 26 个月时**

- 能上几层台阶。
- 站立时能接住一个大球。
- 一般情况下，不需要高抬手肘也能跑得很好。

● **约 3 岁时**

- 单脚站立数秒。
- 能下几层台阶。
- 蹬幼儿三轮脚踏车前进 2 ~ 3 米。

运动规划能力发育迟缓

运动规划能力是指将运动概念化、计划和执行不熟悉的运动动作的能力。在一个以前从未去过的操场上，孩子可能会发现一堵貌似很有趣的攀爬墙。他会使用运动规划能力，来确定手脚放置的位置，以攀爬到墙头。

失用症或运用障碍是指一个人概念化、计划和执行运动动作的能力受损的情况。失用症一词用于因脑损伤或疾病而导致运动规划有问题的成年人；而运用障碍用于描述儿童，因为他们的运动规划问题是发育性的。

如果孩子有运用障碍，他们就很难弄清楚如何去做不习惯的动作。这个问题可能会发生在运动过程中的任何一个时间点：孩子可能想不出要去做什么，如何计划和组织身体需要去做的事情，以及（或者）如何排列动作。当一个有运用障碍的孩子试图独立穿衣服时，他可能会十分沮丧，因为两只脚都塞进一条裤腿里卡住了。这类孩子可能很笨拙，行动不便，跑步时容易被绊倒。他们的笔迹可能难以辨认，甚至难以从一种身体姿势换到另一种姿势，比如从坐到站。像"我说你做"或"认识左右"之类的模仿游戏，对他们来说可能会非常困难。对有运用障碍的孩子来说，生活就像歌舞表演，他是歌舞团里那个总迟一步的人，不知道舞步，跟不上周围孩子眼花缭乱的快速动作和节奏。

运用障碍影响到口腔时，会导致孩子难以进食和发声，你将在第 10 章"言语挑战和选择性饮食"中阅读到相关的内容。考虑到有运用障碍的患儿很难跟上周围世界的步伐，他们往往渴望去做可预测的、熟悉的活动或有规律的事情。

有运用障碍的儿童在学习新任务时需要手把手地教，尤其是在他学习多步骤的活动时，更需要一步一步地教，并且需要你放慢指令和给他更多的练习机会。他可能需要一遍又一遍地被提示，直到大脑弄明白并且他们可以将学会的东西归纳并应用于不同的任务和情况。当科尔两岁的时候，他的运动规划能力非常糟糕，以至于每一项需要用两只手协调完成的任务都必须分开来教，甚至在他终于学会如何提起裤子之后，他还是不会穿袜子，尽管这两者的运动过程基本相同。像其他有运用障碍的孩子一样，他很难归纳运动技能并将其应用到生活场景中。

目前没有专门针对有运用障碍的患儿的动作基准，比如"正确地把腿伸进裤子里"实际上被认为是一种自理技能。

视觉感知技能发育迟缓

在感觉统合失调儿童中，视觉感知技能发育迟缓十分常见。视觉感知技能指的是一个人对所见的事物进行解释、分析并赋予意义的能力。据美国验光协会统计，在课堂上成绩欠佳的学生中有超过 70% 的人在处理视觉信息方面有问题，即使他们有着绝佳的视力。

视觉注意力。 视觉注意力可以让孩子集中注意力于他们正在做的事情，同时屏蔽外部的刺激。容易分心的孩子很难保持视觉注意力。阅读时，孩子可能会觉得必须要查看周围的视觉刺激，目光甚至需要先扫过页面上所有的文字，而非仅仅专注于当前正在阅读的文字。有些孩子很难转移视觉注意力，他们太专注于正在看的东西，以至于没有注意到周围发生的其他事情。视觉反应迟钝的孩子可能无法注意到视觉刺激或维持视觉兴趣，很快就会感到疲劳。没有充分利用视觉的孩子，会错过至关重要的

发育机会。还有一些孩子一直沉浸在其他感官所传达的信息中。

视觉辨别力。 视觉辨别力能帮助孩子识别物体的不同特征，如颜色、形状、大小和朝向，并帮助他们对物体进行匹配和分类。随着孩子的成长，他们可以感知三角形和圆形、B 和 b 之间的区别。有视觉辨别问题的孩子可能难以识别人的脸，或注意到长方形和正方形之间的区别。

视觉记忆力。 视觉记忆力是让孩子记住他们见过的东西，是模仿新的手势和动作、完成拼写任务、识别单词和人物等必不可少的技能。若视觉记忆力较差，孩子可能对现实生活中的亲身经历有着出色的记忆力，却记不清通过阅读或观察学到的知识和了解到的信息。

图形背景识别能力。 图形背景识别能力可以让孩子区分前景和背景，这对关注重要的视觉刺激、忽略分散注意力的环境信息至关重要。这项技能使孩子在家时能在装满玩具的箱子里找到自己最喜欢的玩具车，在嘈杂的教室环境里关注到老师。有图形背景识别困难的孩子可能有阅读困难。

视觉闭合能力。 视觉闭合能力可以让孩子使用视觉线索来识别物体，而不需要看到整个图像。这项技能可以让孩子找到隐藏在牛奶盒后面只露出一部分的麦片盒，以及通过英文单词的一部分识别出整个单词（对单词熟悉的人不需要看清单词中的每个字母）。

视觉恒常性。 孩子应了解视觉恒常性，即一个事物无论其环境、位置、大小和其他细节如何改变，它仍是那个事物。当孩子还小的时候，他们就知道勺子就是勺子，不管它是倒着放还是侧着放，是用银做的还是用塑料做的。在学校里，他们学到字母 S 就是 S，不管是手写的还是印刷体的。

空间视觉能力。 空间视觉能力能帮助孩子定位空间中的物体。他们会知道，如果夹克正对着他们，那么他们就应用右手伸进夹克的左袖。当他们上学时，他们会知道左边有一条线的是小写的英文字母 b，而右边有一条线的是小写的英文字母 d。空间视觉能力差的孩子可能在玩玩具、学习爬楼梯和接球以及完成许多自我照顾任务方面遇到困难。他们可能会对字母或数字序列感到困惑，难以理解方位词，如上、下、里、外等，并且记不住地形，方向感差，很容易迷路。

孩子还需要发展视觉—运动统合技能。孩子的眼睛和身体必须协同工作才能完成许多发育性任务，从串珠到接球等。视觉—运动统合技能这一术语也被称为眼手协调技能，是指运动技能、视觉技能和视觉感知技能的相互作用。

诊断视觉问题

如果孩子出现视力问题的迹象，比如阅读困难、头痛和眼睛疲劳，视觉注意力不集中或分散，孩子可能需要专业验光师的检查。验光师不仅会检查孩子眼睛的健康状况和视力，还会检查孩子如何使用眼睛来处理视觉信息。如果孩子确实存在视力问题，行为验光师可能会推荐相应的治疗措施。孩子多久去看一次行为验光师，取决于他们的需要。一些孩子定期去诊室接受视力治疗；而另一些孩子则在家里进行眼睛保健，然后每隔一段时间去诊室接受一次随访。

未被诊断的视力问题很可能给孩子造成严重障碍。美国验光协会建议在孩子 6 个月、3 岁，以及进入一年级前进行系统的视力检查，然后每年检查一次。不要依赖学校或儿科医生的快速视力筛查。这种筛选通常只考虑一定距离的视力（比如阅读近处的字母表），不能诊断出孩子其实无法阅读老师的板书或者无法用眼睛跟随移动的物体。有鉴于此，请在验光师或眼科医生那里进行全面的视力评估。有关验光师和视力治疗的更多信息，请参阅第 13 章"补充疗法及方法"。

● 不同年龄视觉感知技能举例

● *约 6 个月时*

- 用眼睛跟踪各个方向的移动物体。
- 看 1 ~ 2 米远的物体。

● *8 ~ 9 个月时*

- 更频繁地观察周围的活动。
- 用眼睛跟踪快速移动的物体的运动

轨迹，例如球的运动轨迹。

● *约 15 个月时*

- 在看图片时会触摸图片。
- 通过视觉指导两只手的活动。

● *约 18 个月时*

- 看书里的图片。
- 表现出对颜色和尺寸的理解。

● *约 36 个月时*

- 在玩叠放类玩具如叠叠乐时能按正确顺序叠放。
- 观察和模仿其他孩子。

● *约 4 岁时*

- 识别自己名字的印刷体。
- 能够区分左右。
- 画画并给图片命名。

生活自理能力发育迟缓

生活自理能力是我们进行日常活动所必需的。感觉统合失调儿童通常在这方面会表现滞后。下文提供了许多你可以实践的活动，以帮助孩子发展生活自理能力。

进食。当孩子进食时，需要用到排序和运动规划能力，因为这项活动需要他们把许多单独的任务统合在一起：选择吃什么，弄清楚如何（用手或餐具）把食物送到嘴里，使用什么口腔动作以及如何做（吸、咬、咀嚼或啜饮），如何

短暂地屏住呼吸以便吞咽食物。当然，进食也需要精细运动技能，比如用手指喂食的能力、使用餐具的能力。如果孩子有触觉防御，他们可能会反感金属勺子在手里或嘴里的感觉。

穿衣。 有些有感觉问题的孩子喜欢穿着衣服的感觉……希望最好能一直穿着。而有些不喜欢穿衣服的孩子，在换尿布时会大惊小怪，甚至会把穿上或脱掉衣服当作一种对他的攻击。有些孩子不管温度高低，只喜欢穿长袖上衣和长裤，而有些孩子则更喜欢裸着身体。一些有感觉问题的孩子很快就学会如何独立穿衣，以满足自身快速遮盖身体的需求。有些孩子的独立穿衣能力比同龄孩子发展得明显滞缓，他们更需要帮助，因为他们的触觉敏感度、精细运动技能较差，而且通常很难弄清穿衣服的方法和步骤。

梳洗和洗澡。 梳洗对很多孩子来说都是一个大问题。毕竟有趣的事情那么多，为何非得梳头和刷牙？有感觉问题的孩子会觉得梳洗困难重重，对触觉防御型孩子来说，用纸巾擤鼻涕、剪头发、梳头（处理打结的头发）等都是极其痛苦的经历。低敏感的孩子可能无法意识到自己需要梳洗，甚至可能彻底忘记面包屑还粘在嘴巴外面或是头皮很脏。

而有一些有感觉问题的孩子对梳洗十分挑剔，他们更喜欢整洁、纹丝不乱的发型，以及手脸干净的感觉。这对他们的父母来说可能是一件好事，但也可能是一件麻烦事。因为生活并不总是那么可控，而且有时其实不需要那么整洁，尤其是在做泥饼、画手指画或者吃湿软的食物时。

同样，洗澡也可能是孩子苦难或快乐的源泉。有的孩子可能会反抗，以避免被弄湿、涂肥皂和使用毛巾；而有的孩子可能会沉溺于泡澡或淋浴，喜爱泼水、闻洗发水的香味，并且享受安全封闭的浴室空间。

如厕。 有些孩子可能非常不喜欢脏尿布的感觉，以至于他们很早就开始进行如厕训练了。他们的父母是多么幸运啊！有些孩子的如厕技能就很难被培养了，他们可能不喜欢脱掉尿布、擦干净屁股或涂抹护臀膏；可能没有意识到尿布脏了，甚至会享受尿布湿漉漉的感觉；可能会对坐便器或马桶座圈感到不适，或者很难在马桶上保持坐姿，尤其是在他们的脚接触不到地板的情况下；还可能难以感受到便意，需要别人帮忙穿裤子，或者会被马桶冲水的声音吓到。

不同年龄应具备的自理能力举例

● **约 12 个月时**

● 用手握住勺子并进食。

● 从大人举的杯子里喝水。

● 伸出手臂和腿来配合穿衣。

● **约 18 个月时**

● 自己拿着杯子喝水。

- 对弄脏的尿布表现出不适。
- 可以脱掉宽松的袜子和帽子。

约 24 个月时

- 用勺子舀食物喂自己。
- 搓洗沾了肥皂的手，并且在别人的帮助下擦干双手。
- 借助别人的帮助，在儿童便盆上坐稳。
- 可以脱下未系鞋带的鞋子。

约 3 岁时

- 用叉子叉食物。
- 自己脱衣服（没有扣子的衣服），并且在别人的帮助下穿好衣服。
- 系较大的纽扣。
- 会自己上厕所；在别人的帮助下，可以擦干净身体并重新穿好衣服。

约 5 岁时

- 自行穿衣。
- 自行梳理头发。
- 独立刷牙。

言语－语言技能发育迟缓

许多孩子被介绍到专业人士那里进行评估，是因为他们的父母或老师注意到他们无法像同龄人那样说话。言语－语言技能发育迟缓（或称语言发育迟缓）有很多原因，从认知障碍到创伤性脑损伤，情况各不相同，我们将重点关注与孩子感觉统合失调直接相关的言语－语言技能发育迟缓。我们先来了解几个概念。

言语是指从孩子的嘴里发出的声音，比如词语。说话是一个复杂的过程：孩子必须要学会与他人交流；弄清楚要使用的声音组合；进行运动规划来发出可被理解的语音，包括控制呼吸和准确地移动舌头、嘴唇和下颌。孩子必须能够使用听力来检查自己所说的内容，确保其是可被理解的，有正确的音量、发音、语调等。

接收性语言（语言理解）是指孩子对别人所说的话的理解。

表达性语言（语言表达）是孩子为了被理解而表达自己意思的方式。婴儿最开始是通过面部表情和手势等方式表达自身的感受、想法和需要。同时，他们自始至终都在接收语言，积极地倾听字词之间的差异，学习并记住这些字词的含义，以及其构成短语和句子的方式。

随着孩子言语和语言能力的发展，社交技能和想象游戏技能也在发展。想象游戏，从孩子跟玩具娃娃过家家到想象自己有一个虚构的朋友，都需要语言交流。唱歌也一样需要言语和语言技能。

感觉问题会严重干扰言语和语言的发展。宝宝的第一个语言能力飞跃期是从你说话时能观察大人的眼睛和嘴巴开始的，通常发生在 3 个月时，而有眼动障碍的孩子很难与人进行并保持眼神交流。听觉处理问题包括对语音频率的超敏反应，可能会干扰孩子听清楚及组合话语中的语音。过度兴奋或未被充分激发的神经系统会使人很难注意到词语并理解其含义。孩子可能会被相互冲突的感觉输入分散注意力，以至于无法完成听说任务。口腔运动规划问题则会干扰孩子以单词的形式组合声音的过程（下一章将详细介绍）。在第 2 章中，你了解了运动和听力之间的联系，像奔跑和跳跃这样可以激活孩子内耳、大脑和身体其余部分的动作，通常也会刺激言语和语言的产生。由此可知，言语 – 语言技能发育迟缓的儿童通常前庭功能不佳，频繁的内耳感染也会导致孩子的语言能力滞后。

如果你怀疑孩子有问题，请咨询言语治疗师并对孩子进行评估，同时请研究听觉处理问题的听觉矫正师进行全面的听力评估。听力测试应包括：

- 听到的最低分贝水平（孩子可能有超敏听力，即听觉过敏，因此应该测试他们的听力阈值是否低于正常水平）。

- 对音频范围的敏感度。

- 利用鼓室压图检查耳内液体。

- 听觉前景 / 背景识别（通常情况下，仅适用于 5 岁及以上的儿童）。

对有感觉统合失调的孩子而言，全面的听力敏度图可以展示非常重要的信息。孩子若比其他人听到更多的声音，

对高频声音也非常敏感，那么孩子在过滤背景噪声和听别人说话时通常会有困难。根据孩子的年龄和需要，听觉矫正师（或言语治疗师、作业治疗师）可能会推荐听觉干预策略，以提高孩子的听觉注意力和听力技巧。有关这方面的更多信息，请阅读本书第 13 章的相关内容。

不同年龄言语 – 语言技能举例

● *约 6 个月时*

- 知道自己的名字。

- 有目的地咿呀作声、大笑和呜咽。

- 被怒斥时会哭泣。

- 会转身找寻陌生的声音。

● *约 12 个月时*

- 理解简单的方向。

- 模仿各种声音，能说出 1 ~ 2 个词。

- 能识别自己的两个身体部位（例如，在被问到"你的鼻子在哪里？"时，孩子能给出正确答案）。

● *约 18 个月时*

- 识别图片中熟悉的人和物。

- 通过手势或声音表达需求和愿望。

- 最多可以说出 15 个词。

● *约 2 岁时*

- 能够说出自己的名字。

- 说出两个词的短语和一些三个词的

短语。

- 使用 150 ～ 300 个词语，包括名词、动词和形容词（例如狗狗、走、脏）。

约 3 岁时

- 大多数的时候说的话能够被陌生人理解。
- 遵循三步指令（比如拿盘子、放进水槽和洗手）。
- 进行想象游戏——玩洋娃娃，与毛绒玩具交谈并根据物品展开想象（例如，假装一根四季豆是一架飞机）。

约 4 岁时

- 进行复杂的对话，可以询问"谁"和"为什么"。
- 按顺序重复简单的单词。
- 掌握了简单的语法，但说话时可能有一半的单词发音出错。

约 5 岁时

- 会用完整的句子说话。
- 与同龄人和成年人沟通良好。
- 大部分发音正确。

认知能力发育迟缓

认知能力的发育取决于很多因素，而本书下面的内容着重阐述感觉统合问题将会如何影响孩子的认知能力。

孩子通过与环境中的人和物的互动

来了解世界。如果他们因为神经系统反应过度或者反应不足而无法集中注意力，抑或运动和触摸等令他们感到恐惧、刺激过度或是根本没感觉，这些问题就会导致认知滞后。但非常重要的一点是，尽管感觉统合问题会影响孩子在智力测试中的表现，但有感觉统合问题并不意味着孩子的智商低。具有视觉处理差异的孩子在机考时可能要比纸考时表现得好一些，反之亦然，这取决于屏幕或纸上的眩光、文字和背景之间的对比、使用的字体、孩子的精细运动技能与键盘输入技能等。在假设某项测试能准确衡量孩子的能力和潜力之前，一定要留意测试的整个过程，看看孩子的感觉问题是否影响了他们的表现。

大多数认知的获得依赖于良好的感觉输入的统合，要求孩子在运动规划、视觉感知和语言等领域具备与其年龄相符的技能水平。因此，如果根据标准的智力测试，你发现孩子有认知能力发育迟缓或比同龄孩子滞后的现象，必须先解决孩子潜在的、根本的感觉和发育性技能问题。熟悉感觉统合失调并与作业治疗师合作的老师非常擅长帮助有感觉问题和认知能力发育迟缓的孩子。

不同年龄应具备的认知能力举例

6 个月时

- 用手和嘴探索物体。
- 找到一个部分被隐藏的物体。

● *9个月时*

- 玩一个玩具2～3分钟（检查、旋转、触摸、戳）。

- 模仿熟悉的手势。

- 找到一个完全隐藏的物体。

- 故意触摸大人的手或玩具来玩耍。

● *约12个月时*

- 找回一件物品继续玩耍。

- 用手牵引玩具。

- 把东西扔出去，看看会发生什么。

● *约2岁时*

- 旋转颠倒的图片。

- 借助工具解决问题。例如，为了把玩具放在桌子上而爬上椅子。

- 根据声音匹配对应的动物图片。

- 参与需要想象力的游戏（例如用梳子给洋娃娃梳头发）。

● *约3岁时*

- 自编自导一个故事或与想象中的朋友交谈。

- 理解"2"的概念（例如在大人引导下挑出两个玩具）。

- 区分大小（当孩子被问到"两者相比，哪个更大一些"时，会指向饼干而非巧克力豆）。

社交和情感技能发育迟缓

随着孩子的成长，他们会形成健康的自我意识，对家长的依赖也会越来越少。他们会表达自己的想法和情绪，了解与人相处之道并发展友谊。他们会主动学习如何应对外界的变化和矛盾，开始自行想办法解决问题，并在需要时向别人寻求帮助，在困难极大或无法解决问题时学会处理自己的情绪。沉着应对生活中的各种逆境对所有人来说都不容易，而有感觉问题的人则需要学习和处理另一个层面的东西。感觉统合失调的孩子不仅要面对第一天上幼儿园的忐忑，以及第一次与小朋友们见面的不安，还要处理自己因感觉问题产生的情绪。仅仅是面见新老师就足够让孩子为难的了，更何况还得穿上令他感觉不适的校服。

发育迟缓问题通常会令孩子感到沮丧——在表达自己想要的东西方面有困难，无法完成拼图或无法清晰书写——因而会生气、难过或行为不当。完不成任务的孩子可能会扔东西、打人、乱咬或尖叫。有时，如果孩子做不好某事，他们会直接放弃，说自己不感兴趣或很厌烦。或者他们可能会认为自己就是智力低下。因此，你和治疗师的主要目标应该是帮助孩子不仅要尽可能地做到同龄孩子可以做到的事情，还应该发展社交、情感和应对技能，以处理可能遇到的棘手问题和艰巨的任务。

在群体环境中。许多有感觉问题的

孩子在和伙伴一起玩耍时、在派对等社交场合尤其容易遇到困难。三岁的夏芮丝喜欢和她六岁的哥哥一起玩。但是，当她在操场上或在玩耍的时候被同龄的孩子接近时，她会突然崩溃，然后跑掉并哭个不停。因为哥哥比她大，她对哥哥很熟悉，所以夏芮丝几乎能预测他会做些什么以及他会怎么做。她知道他们兄妹之间是亲密的，也知道父母就在身边保护她。而其他孩子尤其是"外来"的孩子，看上去似乎不那么安全，因为他们的行为不容易被预测，夏芮丝自然会拉响心中的警报。

有些孩子虽然没有感觉问题，但因为生性胆小，所以需要花更长的时间才能适应社交场合。如果你有一个高敏感的孩子，那么你就会很容易理解孩子在遇到挑战的时候感觉是多么不舒服以及孩子为什么会退缩。正如你现在所知，反应迟钝的孩子通常会寻求更多的感觉输入。他们处于群体环境中时，可能会变得过度兴奋，甚至情绪失控。无论你的孩子会对感觉输入做出何种反应，请记住，在群体环境中，他们更容易受到过度刺激或者感觉不开心。

发脾气。作为父母，你面临的最大考验之一可能就是如何处理孩子发脾气的问题。我们将会在第 14 章中讨论一些应对技巧，但是你应该知道因受挫折而发脾气是孩子发育过程中的正常行为，而且经常出现在孩子 12 ~ 18 个月的阶段，并在两岁多时达到顶峰。正在发展

自主和独立意识的孩子在感到疲倦、饥饿或受到过度刺激的时候，如果得不到满足，通常会失控地大发脾气。无论是否有感觉问题，大多数孩子都是如此。

《难相处的孩子》（*The Difficult Child*）的作者斯坦利·图雷基博士在他的书中介绍了两种类型的"发脾气"：习惯性地、故意地发脾气（例如，孩子在晚餐之前大吼大叫，以获得他想要的冰激凌蛋卷）和情绪化地发脾气（例如，发生了违背孩子天性的事情）。对有感觉问题的孩子来说，脾气爆发可能是受到无法忍受的感觉侵犯或感官超负荷导致的。当然，除此之外，孩子也可能会故意发脾气。那么，如何区分故意发脾气和情绪化发脾气呢？图雷基博士指出，前者的程度没有那么强烈，是孩子没有得到他想要的东西而做出的直接、明确的反应。然而，情绪化发脾气与潜在问题（比如感官敏感性）有关。如果你能冷静地去思考问题的本质，你会为孩子感到难过，理解他其实根本无法控制自己。此外，如果孩子得到了他想要的东西，很快就会停止故意发脾气，而情绪化发脾气却没那么容易结束。

心理学家罗斯·格林博士在其《暴躁的孩子》（*The Explosive Child*）一书中提道：当我们的孩子缺乏在某些领域的技能时，解决技能不足而非关注行为是避免孩子发脾气的关键。当孩子们不够灵活、适应性差、缺乏忍受挫折或解决问题的能力时，他们的脾气也很大。他

提出这样一个问题 "试着想想你的孩子最近一次大发脾气是否是因为不具备某些技能"。他所指出的技能可能会受到感觉统合失调的影响。格林博士还指出,一旦这些孩子到达崩溃的边缘,他们会在很长一段时间内听不进他人的劝告或说教,也无法恢复平静,即使父母怎么哄也不会起作用。格林博士将顽固且暴躁的儿童描述为:处理变化和过渡的能力非常有限,对挫折的容忍度很低,思维僵化,对奖励或惩罚漠不关心。他们的脾气来得莫名其妙,也许仅因为一件我们认为微不足道的事情就大动肝火。

语言发育迟缓的儿童更容易发脾气,他们无法正常表达自己的需求和感受。由于语言运用障碍而难以找到要用的词语或无法组织词语来明确表达自我的孩子,可能会变得非常沮丧。当孩子学会用语言表达自我时,他会感到更有信心,挫败感减少,在通常情况下,发脾气的次数也会相应地减少。因此,当孩子发展表达性语言技能的时候,教他用一些基本的手语来帮助交流,可以让整个家庭获益。

不同年龄应具备的社交情感技能举例

● 约 12 个月时

● 喜欢探索周围的环境,但需要父母的陪伴。

● 显示出对某些人、地方或事物的偏好。

● 会测试父母的反应(例如,扔食物或拒绝睡觉)。

● 约 18 个月时

● 经常发脾气,通常一天不超过 6 次,每次发作时间少于 10 分钟,且可以很快恢复平静。

● 可能会产生恐惧情绪,对新事物产生不安全感,这种不安全感不会对情绪状态产生明显的影响(例如,孩子可能会害怕小动物或洗碗机,但不会怕到崩溃的程度)。

● 约 24 个月时

● 表现出多种情绪——快乐、嫉妒、恐惧、愤怒。

● 能认出照片中的自己,知道自己的名字。

● 有保卫财物的意识。

● 约 3 岁时

● 在熟悉的环境中可以接受与父母分开。

● 坚持独立做事,并以取得的成绩为荣。

● 与其他孩子进行平行游戏(待在一起,但各玩各的)。

● 约 4 岁时

● 听从指挥,服从老师等权威人物的安排。

● 与其他孩子一同玩耍,偶尔需要成

人帮助。

- 喜欢提问，经常以"为什么"开头。

约 5 岁时

- 玩有规则的游戏。

- 能够接受失败，会感到失望却不会情绪失控。

约 6 岁时

- 有非常好的朋友。

- 有坚持做完一件事的韧劲。

- 可以和一小群儿童玩耍 20 分钟或更长时间。

摆手、撞头和其他不良行为。当一个孩子对感觉刺激过度敏感或不敏感，又或者两者兼而有之时，就容易出现混乱。为了使神经系统恢复正常，孩子可能会停止思考并退缩，过度专注于某件事而屏蔽其他一切干扰，或做出重复性的行为，如摆手或撞头。虽然这些行为通常见于孤独症儿童，但它们确实也会出现在一部分有感觉问题的儿童身上。

斯蒂芬·M.埃德尔森博士给出了几个原因，解释为什么孩子可能会做出诸如摆手之类的刻板行为。这些行为可以给低敏感的孩子提供其所渴望的感觉刺激，唤醒其神经系统；可以帮助高敏感的孩子屏蔽外部环境使其平静下来。这些行为也会让孩子体内释放 β - 内啡肽——天然的人体止痛药。

虽然你可能会觉得孩子的摆手行为令人困扰，且不利于他的社交，但除非这种行为妨碍到孩子学习或玩耍，否则没有必要阻止。有感觉问题的孩子可能会经常摆手，因为这样做可以帮助他们专注、放松下来，并提供了大量的视觉输入（你也可以自己试一试）。语言发育迟缓的孩子在兴奋或沮丧时，经常会用摆手来表达自我，但当他们拥有足够的语言表达能力时，就不会再这样做了。一些家长反映，当孩子开始出现季节性过敏时，摆手的次数会增加；而当孩子服用某种营养补充剂（如含有必需脂肪酸的营养补充剂）后，摆手的次数会逐渐减少。

反复地摇摆和旋转也能够给孩子提供强烈的前庭刺激。是的，孩子摇摆和旋转的行为可能看起来很令人不安，但再强调一下，这些行为并不危险。与之相比，撞头行为可要严重多了。美国儿科学会指出，孩子的这些行为可能是正常发育的一部分，它们只是一些孩子掌握运动的方式，并在 18 ~ 24 个月的阶段达到顶峰。如果孩子的摇晃或撞头行为让你担心，请咨询儿科医生。

接受发育迟缓治疗

如果你发现孩子发育迟缓，应尽快请儿童生长发育科的医生给孩子进行检查和评估。请记住，如果孩子是轻度的发育迟缓，他们可能很快就可以赶上同龄人；而严重的发育迟缓显然需要更密集的干预手段。是的，发现孩子没能按照预期正常发育是十分令人担心的，但作为父母，你可以寻求帮助，为你出众的、只不过有些发育迟缓的孩子做很多事情。

南希的故事

单独来看，科尔的发育迟缓似乎并不明显，但如果把种种情况叠加在一起，在他 3 岁时就已经可以罗列一个很长的问题清单了：他的精细运动和大运动技能发育迟缓已经持续一年了，有听觉处理问题、语言运用障碍以及运动规划困难。然而幸运的是，乔治和我一致认为在大多数情况下，科尔的性格很随和（特别是在他度过了所谓的可怕的两岁阶段之后）。

当科尔首次开始接受多重干预时，我们需要记住和做的事情太多了：不要总是给孩子同一个玩具，且要把玩具举过孩子的头顶，这样可以帮助他锻炼躯干肌肉；不要在他用完便池后就帮他把裤子提起来，而是教他如何把双手放在裤腰上，先抓住，然后往上提，直到把裤子提起来。作业治疗师、言语治疗师或物理治疗师也会让我们尝试发展科尔的其他技能，我们把练习使用剪刀和尝试咀嚼甘草纳入了日常生活。每当科尔掌握了一项技能，我们就要迎接另一项发育问题的挑战。这样的情况曾经让我们心烦意乱，但后来我们开始坦然接受，毕竟孩子的感觉问题和发育迟缓现象是客观存在的。所有的干预方法共同起着

作用，科尔获得的新技能也会帮助他发展其他的技能。不得不承认，每次当我得知科尔还有另一个感觉问题需要解决时，都难免心情沉重。我曾经花了很长的时间才让自己不再为此感到沮丧。在大多数情况下，要满足科尔的感觉需求十分容易。科尔活泼好动，让他做一些可以增强身体平衡和协调能力的体育活动毫不费力。正如生活中有许多时刻适合进行教育，生活中也有许多机会让科尔学习他尚未掌握的技能。一件画有卡通图案的衬衫会激发科尔学习扣扣子的兴趣；和他聊一聊在学校操场上做了什么，可以辅助他表达一些涉及顺序和关系的概念。科尔的需求让我变得更富有创造力。现在，我每天都能找到很多机会来解决他的发育迟缓问题，这是我在他刚被确诊时没有想到的。

由于科尔发育迟缓，我们经常不得不陪他进行一些治疗性活动。他不是那种会自然而然地拿起蜡笔开始涂色的孩子。为了让他学习精细运动技能，我们会引导他给他最喜欢的涂色书上色。或者，我们会让他用剪刀剪纸，或者用塑料夹子夹麦圈吃。我们也会鼓励并帮助他去完成棘手的任务，比如剪绳子，然后表扬他做出的努力并让他再试一次。我们还会给他提供简化任务的建议，这样他下次就可以做得更好。我们与科尔的治疗师保持联系，他们会提供简单有用的建议，这让我们受益颇多，不会再觉得"我们一定是忘记了什么"或者

"我们没有取得任何进展"。坦率地说，过去这些想法给我们带来了很多困扰，总让我们感觉疲惫又沮丧。每当我没有耐心再给科尔展示如何用吸管吮吸或吹泡泡时，内疚感就会爬上心头：我不是个好妈妈！在治疗师的建议下，我加入了在线支持小组，记录孩子每一个微小的进步并为此庆祝。回顾过去的家庭录像，我会想到我们已经走了很远，而且科尔表现得很好！现在，即使我们有时在睡前忘记确认当天进行了哪些发育迟缓的干预，我也不会感到焦虑了。

诚然，如果我的孩子没有任何发育迟缓是多么好的事情，但随着时间流逝，我看到他能做的事情越来越多，他的快乐也与日俱增，我情不自禁地为他感到骄傲，也接受了他本来的样子。

推荐阅读

Bellis, Teri James, PhD. *When the Brain Can't Hear: Unraveling the Mystery of Auditory Processing Disorder.* New York: Simon & Schuster, 2003.

Greene, Ross, PhD. *The Explosive Child. Rev.* ed. New York: Harper Collins, 2014.

Hamaguchi, Patricia McAleer. *Childhood Speech, Language and Listening Problems: What Every Parent Should Know.* 3rd ed. New York: Wiley, 2010.

LeComer, Laurie. *A Parent's Guide to Developmental Delays.* New York: Perigee, 2006.

Smith, Barbara. *From Rattles to Writing: A Parent's Guide to Hand Skills.* Foreword by Lindsey Biel. Framingham, MA: Therapro, 2011.

Turecki, Stanley *The Difficult Child.* 2nd ed. New York: Bantam Books, 2000.

第 9 章

感 觉 问 题 与 孤 独 症 儿 童

据统计，大约每68个儿童中就会有一个孤独症儿童。自本书出版以来，这个比例几乎翻了一番。任何一个爱护、帮助或认识孤独症儿童的人都会有这样的感受——没有两个孤独症儿童的情况是完全一样的。每个孤独症儿童都是独一无二的。有些儿童不喜欢说话，而有些很健谈。有些儿童有特殊才能，而有些各方面能力都很落后。有些儿童比较内向，而有些则比较外向。有些儿童对一两个主题感兴趣（这些主题有时对典型发育的同龄人来说没有丝毫吸引力），而有些则非常渴望学习和分享有关各种主题的信息。

在孤独症人士中，既有那些从小学时起就显得孤僻怪异的孩子，他们长大后也有点古怪或反常，但可以获得很大的成功（例如，成为工程师或计算机程序员）；也有一些有学习障碍或难以独立生活的儿童和成年人。"孤独症"的诊断结果就像是一把很大的伞，涵盖了在社会交往和沟通技能方面受到不同程度损害的人，以及行为和兴趣异常的人。

有关孤独症的研究着重指出，患者的神经系统在处理、统合和回应感觉输入方面都存在非常显著的问题。莎拉·A.舍恩、露西·简·米勒及其同行进行的几项研究测量了孤独症儿童的唤醒水平和感觉反应能力，研究发现他们对感觉输入有着明显反应过度或反应不足的情况。有趣的是，研究表明，孤独症儿童的神经系统整体上唤醒度较低，对前庭和本体感觉输入的反应较弱，但对味觉和嗅觉的反应较强。据统计，有45% ~ 96%的孤独症儿童有感觉统合失调问题。

尽管孤独症儿童经常存在非常严重的感觉统合失调以及一系列的认知能力问题，但作为父母、老师、治疗师等与他们接触的人，都应该假定孤独症儿童有一定的能力。艾玛是一个患有孤独症的小女孩，她的妈妈阿丽亚娜发现她可以清晰流畅地写作，但难以进行口语表达。提到女儿艾玛，阿丽亚娜这样说："我希望她与他人互动的方式，能被真正平等地对待，且她拥有和其他人一样的基本人权。"她写道：

> 许多非孤独症人士认为，假定孤独症孩子具有一定的能力是高估了他们。有些人可能会争辩说，不会说话的孩子根本不可能具备理解力。对这些人，我想说的是，事实恰恰与之相反。唯一的、真正的失败是，我们认定孩子无能并放任自流。

> 作为孤独症儿童的父母，你需要假定你的孩子具有感知力和理解能力，即使他可能不会以你能够辨识或理解的方式表现出来。

显著的感官差异

像为本书作序的天宝·葛兰汀博士这样的孤独症人士，已经就自身的感觉问题撰写了大量文字，为我们提供了一扇窗户，让我们得以了解孤独症人士的真实感受和想法。葛兰汀博士在穿任何衣物时，都会在里面穿柔软的旧衬衫，并且因为无法忍受接缝而把内衣都翻过来穿。她表示，某些类似于火警警报的声音不仅让她恼火，还会让她有置身于"摇滚音乐会的扬声器里"的感觉，或者"就像是牙钻在耳朵里钻一样"的感觉。

养育孩子（尤其是孤独症儿童）的难题之一，就是弄清楚何时保护孩子、何时推动他们前进。虽然你的本能反应可能只是敦促孩子振作起来，学会忍耐负面的感觉输入，但在某些情况下，这个要求可能太过分了。患有孤独症的托马斯·麦基恩在其回忆录《光明即将来临》（*Soon Will Come the Light*）中写道："我一直处于持续的、低强度的疼痛状态。有时也会痛得厉害。我有很多想做的事情，我也知道自己有很多应该做的事情，但有时什么也做不了，因为我必须把精力放在应对疼痛上。"

即使眼科检查没有问题，一些孤独症儿童仍然在视觉处理方面存在严重问题。有些儿童在陌生的地方会表现得像失明一样，而另一些则出现视觉白斑。据葛兰汀博士形容，这种感觉就像在没有信号的电视屏幕上看到雪花点一样。许多孤独症儿童都无法忍受荧光灯，因为他们可以看到快速的闪光，听到高频的颤音。特定的颜色可能会令孤独症患者感到痛苦，以至于他们不得不移开目光。

一些孤独症患者依赖于周边视觉，因为这样做可以减少出现在他视野中央部分的视觉扭曲现象。这意味着，虽然孩子是看着你的肩膀，但其实他是通过这种方式可以更清楚地看到你。或者，孩子可能需要关闭一个感觉通道（如视觉），以便更好地使用另一种感觉（如听觉）。因为眼睛会有跟随反应，所以孤独症儿童通过注视对眼睛刺激少的物体，可以将注意力集中到你说的话上。

如果担心孩子有潜在的视力问题，有必要请验光师或其他合格的视力保健工作人员检查孩子的视力。如果孩子是远视眼，他们可能会注意看远处的物品而非手头的。如果孩子是近视眼，那么他们近距离看物的效果最好，而看远处的物品和人会模糊不清。

患有孤独症的卢克·杰克逊在他的回忆录《怪胎、极客①和阿斯伯格综合征：青春期使用指南》（*Freaks, Geeks & Asperger Syndrome: A User Guide to Adolescence*）中写道："我有时很难同时专注于听和看。能理解对方在说什么已经够困难的了，因为他们用词往往含义模糊，而且他们说话时，脸会移动，眉毛会上挑下沉，眼睛会睁大然后眯着，我无法一口气理解所看到的一切，所以说实话，我直接就放弃理解了……最终，我找到了解决这个问题的办法——注意观察对方的口型。"

如果治疗师或老师坚持让孩子"看着我的眼睛"，这对孤独症儿童来说可能是个大问题。在交流过程中进行眼神接触既是社会交往的重要组成部分。虽然坚持眼神交流可以很好地与一些孤独症儿童建立联系，但也可能会导致一些儿童感官超负荷。所以，最好在孩子听觉处理需求较少的时候再安排眼神交流的练习。林赛通常不会在孩子学新东西的时候要求他们进行眼神接触，而是在孩子进行熟悉又有趣的活动时让他们尝试进行眼神交流。例如，在给孩子口头指示或教孩子做某事时，林赛不会坚持眼神交流，而她会在孩子需要沟通的时候鼓励他们进行眼神交流。例如，她可能会帮助一个小孩稳稳地荡秋千，然后突然让秋千停下，这自然会引起孩子的注意。在大多数情况下，孩子会看着林赛，并会用语言、点头或做手势来表达自己希望继续荡秋千的愿望。

2013年的一项研究发现，孤独症儿童察觉动作的速度是典型发育的儿童的两倍。视觉过度敏感是指当看到大量动作时，这类孩子会比典型发育的同龄人得到更多的视觉刺激，这就是患有孤独症的孩子（或任何视觉敏感的孩子）很容易在繁忙的环境中感官超负荷的原因。这些问题不仅仅会影响待在热闹的教室或操场上的孩子。事实上，当我们说话时，我们的脸会动来动去，同时嘴唇、下颌、眉毛也会移动。如果我们是动作、表情丰富的演讲者，我们还会举手挥臂，移动整个身体。这为我们提供了一个全新的视角来解释为什么视觉高度敏感的人会在别人说话时回避眼神交流。

由于孤独症儿童在感觉处理过程中往往是"单通道"的，因此他们需要排

---

① 又译为技客、奇客，是英文单词 Geek 的音译，指不易融入集体、有社交障碍（或主观上不爱社交），但智力出众、痴迷于某一领域并展现出超强专业能力的人。柯林斯词典认为 Geek 含贬义，但近年来，随着互联网文化兴起，其贬义的成分正慢慢减少。也指一些电脑迷。

除来自一种感官的信息，以专注于来自另一种感官的信息。一些家长曾反映他们的孩子似乎有时会耳聋。如果孩子忽略你正在说的话，也可能是由于他太过专注于手头的事情。如果你的女儿正全神贯注地观看《紫色小恐龙巴尼》①的视频，她可能真的听不到你在叫她的名字。你可能需要温柔且坚定地把手放在她的身上，以吸引她的注意力，并帮助她转移注意力。或者你的孩子可能在听觉处理方面有问题，他的注意力和精力都集中在弄明白声音传达的意思上了。更多关于听觉处理障碍的信息，请参见第 10 章。

已故的唐娜·威廉姆斯曾在她的一本回忆录《某人某处：从孤独症的世界挣脱出来》（*Somebody Somewhere: Breaking Free from the World of Autism*）中写道："与聋哑人不同，我不能说'哦，对不起，我没听到你说话'。我显然完全可以听到声音。我不能说'对不起，我没听懂'，因为我显然智商正常。而当我终于弄明白刚才人们在说什么时，他们通常又说了一大段话。多年来，人们都在说'别听她的，她只是在胡扯'，或者'听啊，你是聋了还是怎么了'，我真是被折腾得够呛。在很长一段时间里，我都放弃了去理解别人或被别人理解。"

自我刺激行为

面对强烈且不适的感觉体验，或者因一天里累积了太多的感觉信息需要处理从而导致超负荷，孤独症儿童、青少年或成人很可能诉诸有限的应对机制。我们所有人都有应对紧张和压力的机制，也许你会为手头拮据时花大价钱买一套新衣服找理由，坚持认为这会帮助你找到一份高薪的工作，或者你会通过打扫房间来转化自己对配偶或其他人的怒火。这种应对机制有助于我们驾驭愤怒、内疚和沮丧等情绪。一般来说，我们接受每个人有时会诉诸这些应对机制的事实，通常也不会认为这些管理压力的方法是可耻的。然而，有严重感觉问题的孤独症儿童的应对机制通常有三种主要表现形式，且往往被认为是不可接受的。

* *走神*，也就是注意力不集中甚至精神涣散。我们都希望谈话时对方会对自己做出回应，尤其是自己的孩子，但患有孤独症的孩子看起来可能在无视你，或者似乎迷失在自己的世界里。其实他或许也想听你说话，但当感觉问题很严重时，他可能必须"关闭"大脑并专注于自我。

* *通过行动发泄*，包括声音变大或变得有攻击性，例如向墙壁上投掷积木、

① 我们希望告诉你为什么那么多儿童甚至成人孤独症患者都对紫色小恐龙巴尼如此着迷，但我们也只是推测。巴尼的脸缺少眉毛、睫毛、鼻孔和牙齿等细节。虽然你可能会觉得这令人毛骨悚然，但对太容易分散注意力而无法看到整个画面的孩子来说，这可能是有益的。巴尼说话的节奏正常，声音单调且不高不低。其节目涵盖了诸如何识别他人的感受，或如何安排日常活动的顺序等主题，并提供了台词和视觉效果的解释，以强化许多孤独症患者正在学习或喜欢回顾的基本概念。

大喊大叫、伤害自己或他人。孩子可能会故意恐吓别人，让其停止自己认为有威胁性的行为；或者孩子可能处于恐慌状态，失控地尖叫或咬人。

- 进行自我刺激行为，例如摆手、哼唱等。这些刺激行为绝非毫无目的，而是具有非常实际的用途。首先，它们可以帮助孩子屏蔽周围嘈杂的声音、令他目不暇接的世界。孤独症儿童可以通过在脸前摆手来摆脱焦躁的状态和保持冷静。刺激行为可以成为孩子向你传达沮丧、疲倦、饥饿或无聊等情绪或感受的方式，尤其是在孩子不说话并且没有其他沟通方式的时候。

- 另外，刺激行为可以调节功能不良的中枢神经系统。正如你坐着的时候，可能会扭动脚踝、上下晃腿、在桌面上敲击手指或者咀嚼口香糖，刺激可以是一种使用重复性身体动作来调节自身唤醒水平的方法。有些行为，比如把玩具排列成行，可能会让孩子在混乱世界中找到秩序感和掌控感。最后，就像你在健身房里锻炼完身体后会感到无比畅快一样，刺激行为也会让人感到兴奋，因为它们会促使身体分泌天然止痛药——内源性啡肽类物质。

常见的刺激行为包括：

- 视觉：弹手指、摆手、盯着灯、开关灯、旋转玩具车上的轮子、看着门被打开和关闭、排列玩具。

- 前庭：摇摆、旋转、倒挂、跳跃、踱步、绕圈跑。

- 听觉：不寻常的发声、重复词或短语、哼唱、敲击或撞击物体、一遍又一遍地播放整首或部分录制的歌曲。

- 触觉：触摸、摩擦或抓挠自己的身体部位、其他物体或人；用嘴啃咬自己的身体部位或非食用物品；自慰。

- 本体感觉：无缘无故地撞击身体、猛烈击打、投掷、咀嚼、磨牙、咬人。

- 味觉和嗅觉：舔或嗅物体、他人或自己的身体部位。

要了解孩子的刺激行为，请问自己以下问题：

- 我的孩子在什么情境下会有刺激行为？是累了或者饿了的时候吗？抑或感到焦虑、无聊或者沮丧的时候？日常生活或计划中是否有太多意想不到的变化？他正在应对突然到来的过渡吗？他是否被周围的环境压垮了？在超市或游乐场这样的地方，他的刺激行为会愈发恶化吗？他在某些人面前会有更多的刺激行为吗？

- 孩子能从这种行为中得到什么？他之所以这样做，是想获得他真正需要的关注吗？他需要我做什么？要远离他吗？如何让他摆脱困境？他很痛苦吗？他这样做是否可以屏蔽不愉快的感觉呢？这样做能够帮助他冷静下来，或者帮助他尽快进行下一项活动吗？

这有助于释放他被压抑的情绪吗？

- 孩子的刺激行为涉及最多的感觉系统是什么？是视觉、听觉、嗅觉、味觉、触觉，还是前庭觉？如果你不知道答案，可以自己尝试做一下孩子的刺激行为，看看有何种感觉。你可能会发现，慢慢摇晃身体是孩子正在自我安慰。如果你已经辛苦工作了一天，这样的行为可能会让你松一口气。

- 孩子是否存在潜在的健康问题？如果是新出现的行为，关注这一点对孩子来说尤其重要。例如，如果孩子突然开始挠耳朵，可能是因为过敏或者有耳部感染，这些问题可能只引起瘙痒而不至于疼痛。撞击头部也可能是耳部感染、头痛、牙痛或其他疾病的征兆。由于未诊断出视力问题，孩子可能偶尔会通过视觉刺激来自行放松疲累的眼睛。

- 某个刺激行为为什么会对孩子有帮助？根据你对孩子及其感觉问题的了解，你是否需要以特定的方式（例如调暗灯光）来减少环境给孩子感官带来的刺激？孩子是否需要离开过度刺激的环境去休息一下（例如，你是否需要带他离开餐厅几分钟）？孩子是否出现低血糖的症状并需要进食？孩子需要小睡还是只需休息片刻？分散孩子的注意力会起作用吗？孩子需要进行某项感觉饮食活动吗？

当看到孩子在进行自我刺激时，你的第一反应自然会是大叫或者至少在心里大喊"停下来"。但是，正如你可能已经知道的那样，当你阻止孩子进行刺激或重复行为时，他通常会等你不注意的时候再继续做，或者干脆换个新动作。例如，你阻止他摆手，他就开始弹手指；阻止他哼唱，他就开始敲击物体；拿走他喜欢用来排队的玩具火车，他就开始排列其他物品。

这就是为什么必须分析是什么触发了孩子的刺激行为以及了解该行为的目的，然后制订相应的干预计划，以可接受的方式来满足孩子的这些需求。应对由感觉问题引起的刺激行为的方法包括以下几点：

替代。你可以用有趣的玩具或零食来分散孩子的注意力，从而避免孩子出现自我刺激行为。或者你可以尝试让刺激行为变成更具功能性的行为。例如，如果孩子一直跳来跳去，那么就让他在弹跳板或迷你蹦床上跳。如果孩子在弹手指，试着让他玩手指减压玩具。

参与。如果孩子沉浸在自己的世界里，那么请考虑如何进入他的世界并与他建立联系。例如，如果孩子前后摇晃，请与孩子背靠背坐着，然后一起摇摆；或者让孩子坐在面向你的摇椅里，帮他摇动椅子，并不时停止摆动，做鬼脸来吸引他，或促使孩子提出做更多摆动的要求。

给予感觉输入。如果刺激行为是出于感觉问题，在孩子能够获得其神经系统所需的有序的感觉输入后，这类行为常常会减少甚至消失。虽然你很想让孩子别转圈了，但如果孩子的身体需要前庭觉／刺激的输入，那么可以通过蹲式转盘、小型晕眩转盘、可旋转的办公椅、旋转木马帮助孩子获得所需的感觉输入，这些活动至少比孩子直接在超市里转圈更容易让人接受。

奖励。刺激行为可以十分舒缓，令人极其放松。与其试图完全消除孩子的刺激行为，倒不如把它当作给孩子的一种奖励。例如，在学校劳累了一天后，你可以让孩子花半个小时的时间玩沙子从自己的指缝间漏下的游戏，或者把玩具卡车排成一列。不过，你得设定时间限制，这样孩子就不会一直沉迷在刺激行为中。

杰西在上幼儿园时，林赛在他家里对他进行治疗。杰西很难进行自己感兴趣的结构性任务，比如给图片上色或者玩拼图。杰西喜欢一边绕着房间转圈一边弹手指，或者在床上跳来跳去。杰西有强烈的运动冲动，就像许多孤独症儿童一样，他希望任何事情都是可预测的。如果不知道接下来会发生什么，杰西的自我刺激行为就会加剧，所以林赛专门给他实施了"事项列表"治疗方案，这种方法是对幼儿园的圆圈时间的简单改编。在圆圈时间，全班的小朋友会用图表回顾当天的时间安排。在每次治疗课开始时，林赛会在列表的顶部写下杰西的名字（后来教他自己写），然后他俩一起创建一个带编号的活动列表，并书写

和绘制了条目（感谢杰西像大多数的孩子一样，把字迹当作插图记忆下来）。现在杰西知道接下来的 60 分钟里需要做什么。如果他去做别的事情，林赛可以把他带到"事项列表"前，让他重回正轨。每完成一项活动，他就会划掉它。如果因为某些原因，当天无法开展某项活动，杰西可以练习自我安慰和解决问题（比如学习说"没关系，我们可以下次再做"）。"事项列表"上的第一项内容几乎总是包含剧烈运动的活动，比如在小型蹦床上跳跃。有时候杰西必须运动，否则无法集中注意力，那么林赛就在他蹦跳的时候与他一起制订当天的"事项列表"。杰西使用了充气坐垫，他在完成桌面任务后可以坐在上面扭动。整个治疗团队和杰西的父母都使用了"事项列表"的治疗方法。后来，杰西终于能够更好地集中注意力，锻炼自己的运动技能、社交技能、语言和演讲技能，以及认知技能，他还能在用餐时间长久保持坐姿。

别忽视孩子的具象思维

具象思维在孤独症儿童中非常普遍。每个与孤独症谱系儿童打交道的人虽然都会知道这一点，但很容易忽略它，并且总会习惯性地使用孩子无法理解的抽象概念。林赛回忆起，有一天，她带着一个 9 岁的患孤独症的女孩去艺术用品店挑选彩色铅笔。在选了不少铅笔后，女孩忽然转身对她说"我要上厕所"，林

赛问她是否可以等到她们回家后再上，孩子说"不能"，因此林赛回答道"你可以在这里上"，孩子被吓坏了，喊道"不要在这里！要在厕所！"。还有一次，这个女孩在被问及在商店橱窗里看到了什么时，她回答"玻璃"。

虽然教授习语很重要，但在应对诸如孩子的感觉问题时，请使用非常具体的类比，并尽可能提供图像。与其让孩子试图弄清楚某件事情是"一点点"还是"极其"烦人，你可以教他用评分量表，为不同的体验匹配不同的数字，数字 1 表示可应对的小烦恼，然后是数字 2……一直到表示极难承受的烦恼的数字 5。如果你注意到孩子表现出即将崩溃的迹象，可以让他通过给你一个数字——可以口头表述，用手指比画，或用实体数字卡和塑料号码——来帮助自己表达意愿，而你可以采取相应的行动。1 级的烦恼可能只需要你握着孩子的手，或用抚慰的语调说话就够了，而更大的数字则可能要求你采取更积极的行动。比如，进行能让孩子平静的感觉饮食活动、休息一下，或完全脱离当前环境。这个简单但巧妙的方法是卡里·邓恩·布隆和米琪·柯蒂斯发明的，用以帮助孩子理解和控制自身对日常事件的情绪反应。更多关于这个方法的介绍，请参阅两位作者共同撰写的著作——包括《不可思议的五点式量表》（ *The Incredible Five-Point Scale* ）。

干预人员还针对孤独症儿童发明了"警报项目"（ The Alert Program ），它以汽车引擎为例来监控孩子的自我调节能力。该项目告诉孩子，他的身体就像引擎，有时高速运转，有时低速运转，有时正常运转。同样，这个类比是具体的，让孩子可以联系具体实物进行理解。本书的第 6 章还介绍了一门旨在帮助儿童和成人通过具体的视觉支持来提高自我调节和情绪控制能力的课程。该课程实操性强，可单独学习或组队学习，对一些患有孤独症的大龄儿童和年轻人非常有帮助。

教育者和治疗师之间的合作

各种各样的教学项目被用来教育孤独症儿童。除了指出你需要为孩子找到的最佳教育方法外，向父母提供特定的教育干预的咨询远远超出了本书的范围，因为每个项目都有自己的优点和缺点。必须指出并强调的是，如果你孩子的老师、治疗师或其他照顾者表示他们"不相信孩子有感觉问题"，那请赶紧离开他们，继续找寻其他合适人选。任何情况下都不应小看或忽视孩子的感觉问题，无论孩子接受哪种干预方法，以及无论孩子是在特殊教育班级上课还是融合班级上课，如果他感到不适或疼痛时没有得到所需的感觉输入，或者无法同时处理所有的感觉输入，他就很难从任何教学项目中获得益处。

正如一种尺码的鞋子不可能适合所有人一样，仅使用一种方法很难满足孩子的所有需求。处于崩溃情绪中的孩子需要的不仅仅是取消他的某项特权或让他避免与外界接触。令人高兴的是，越来越多的教育工作者、心理学家、行为学家和治疗师同心协力，认识到在帮助有感觉问题的儿童时，必须整合各种方法。

利哈伊大学的特殊教育学教授琳达·班芭拉博士专门研究有感觉问题的儿童和成人的行为。她撰写了大量关于正向行为支持（Positive Behavior Support，PBS）框架的文章，该框架起源于应用行为分析法，在行为分析中使用了更偏向全人教育的方法，并结合其他干预技术，包括基于感官的方法。班芭拉说："传统的应用行为分析法的从业者纯粹根据观察到的情况来制订干预措施，但现今的正向行为支持方法的从业人员更关注深层的原因。"人们做出某种行为是因为能使自己获得某种形式的帮助，也许是获得渴望的或令自己愉悦的东西，也许是避免不愉快的或不需要的东西。班芭拉说："当火警警报拉响，一个孩子尖叫着跑下楼梯，然后坐在角落里摇晃身体，你首先要做的不是处理观察到的行为，而是通过功能性行为评估来分析潜在的触发因素，找到触发行为的环境因素和孩子自身的内部因素。"通过评估引发和维持该行为的原因，你可以开展正向行为的支持。了解孩子感觉问题的作业治疗师在分析评估中起着关键作用。如果评估后发现孩子的行为是由其感觉问题导致的，那么可以采取改变环境的干预措施，例如，将音频报警切换为视觉报警，以及教授孩子应对策略和新技能以替代问题行为（如教孩子在受到惊吓时寻求帮助，或指导孩子如何渡过难关）。

本书的第11章"帮助孩子学习和变得有条理"提供了改造有感统问题的学生的学习环境的方法。老师可能会发现，如果先减少有害的环境刺激，他们在教授孩子新技能时就更容易成功。例如，孩子觉得荧光灯的灯光令他很痛苦，以至无法集中精神学习，这时如果老师关掉教室的顶灯，用落地灯或台灯，然后再观察一下，孩子可能已经准备好听老师讲课了。或者，如果老师在上课之前或期间融入一些孩子的感觉饮食活动，例如，让孩子在日程比较多的时候，穿上作业治疗师推荐的加重背心，老师则更容易进行教学。

特殊教育教师、心理健康顾问辛迪·阿尔法诺曾说过，面对一个有感觉问题的孩子，教师不仅要在上课之前思考如何应对孩子的问题，在整个教学过程中，都要注意随时调整教学环境。她建议："离开桌面教学，尽可能满足孩子的感觉需求，创造让孩子真正参与社交的机会，并鼓励孩子接触更多新的学习项目。"阿尔法诺还建议父母应为孩子干预团队中的专业人员，包括作业治疗师、老师及行为治疗师等创造机会，让他们彼此交流。老师可以分享管理孩子行为的策略，而作业治疗师可能会发现老师正在努力应对的行为是由孩子的感觉问题引发的。

养育有孤独症和感觉问题的孩子

与任何有感觉问题的孩子一样，孤独症儿童会经历更多的焦虑和不适，并且比正常孩子更难集中注意力、适应从一项活动过渡到另一项活动以管理日常生活。由于难以屏蔽背景噪声并专注于对话，孤独症儿童在社交沟通方面的困难可能会加大。其他孩子可能会因为他们会咬衬衫袖子或者听不懂笑话而嘲笑他们，或者叫他们"怪人"。突然发现自己忘记带作业文件夹引发的焦虑会令孤独症儿童在学校落泪，而这种焦虑感可能会因为对周围环境感到不适而加剧。跟孩子玩角色扮演，讲述社交故事，以及分解棘手的新任务，并和孩子一步一步地练习，这些活动可以帮助孩子更好地在社交领域探索与成长。

通过解决感觉问题，父母、祖父母、老师和治疗师可以让孩子更轻松地学习、进行社交、吃饭、参加团体活动和接受干预治疗。而作为父母，因为每天和患有孤独症的孩子生活在一起，你可能已经形成了能自动执行策略的潜意识。但是，若把孩子送到其他人那里，孩子很可能陷入困境，因为即使是最善解人意的成年人，也很可能对孤独症儿童的行为感到困惑并误判。14岁的萨凡纳患有孤独症，她的妈妈温迪说，多年来，学校团队已经接受了"萨凡纳的感觉问题影响了她的行为"这一观点。他们允许温迪带一把豆袋椅到学校，并为萨凡纳安排了安静的地方，如果她的焦虑情绪愈发严重，可以去那里整理思绪。他们还允许萨凡纳带减压玩具以防止她不停地敲自己的头。然而，温迪说："我必须先学习并参加研讨会，再向他们指出孩子的感觉问题。虽然他们能够理解这个概念，但不会主动将孩子的感觉问题看作是所有问题的根源。孩子一出现问题，我马上就会想到感觉原因，但他们最先想到的是'情感上的反抗'。"人们往往将萨凡纳视为"问题学生"，而温迪一直克服自己的防卫心理并培养耐心，她为孩子竭尽全力并且希望获得更多支持，温迪说："我们最近在学校开了个会，彼此交换了信息。案例经理问我认为目前的感受如何，觉得学校的支持网络怎么样。第一次有人问我这个问题，我差点感动得哭了。"温迪坚信，每个月和女儿学校的干预团队聚在一起交流意见和想法对萨凡纳非常有帮助，萨凡纳的任何突发状况都会得到妥善解决，从而不会影响她的学业、自尊心和社交等。正如温迪发现的那样，为孤独症儿童争取权益非常具有挑战性，它不仅需要勇气、耐心、良好的沟通技巧，通常还需要足够好的心理素质。

体力活动和感觉饮食

许多父母发现定期参加锻炼对孩子

非常有益，可以帮助孩子保持自律甚至提升自尊心。据温迪反映，萨凡纳是当地少年足球队的一员，因为被队友们接纳并受到鼓励，她的自信心大大增加了，她的各项技能也因此得到很大的提高。山姆在他七岁的时候被诊断出患有阿斯伯格综合征，他的妈妈玛丽经常鼓励他在小型蹦床上锻炼身体，山姆说这让他"感觉更健康了"。现在，山姆每周都会去游泳队参加训练，这让他能很好地保持平静和专注，也很有自豪感，并有交朋友的机会。乔伊斯四岁的儿子迈克尔也患有阿斯伯格综合征，她说："我每天都督促他锻炼身体，要么在公园，要么在其他公共游乐场所，要么在家里的地下室。地下室里有蹦床、跳绳和蹲式转盘。其实每次督促他锻炼身体都挺困难的！"

此外，调整你的家庭生活方式，让每个人都有定期锻炼身体的机会，这不仅有利于你患孤独症的孩子，也有利于整个家庭，因为定期锻炼身体已被证明是一种非常有效的减压方法。

独立与成长

帮助孩子变得更加独立不仅能提升他们的自尊心，还可以让他们拥有更多的选择机会。尽管你本能地想保护孩子的感情不受伤害，但是你的保护欲不能影响孩子的成长。玛丽说："随着山姆逐渐成熟，他正在学习如何更好地理解社交信号，但有时他只会一意孤行。作为

他的母亲，看着他这样，我觉得很痛苦。有时，他不跟你商量就独自走开，不愿意做他觉得无聊的事情。最近我们遇到的另一个问题就是如何帮助他理解自己身体的发育，以及如何看待他正在经历的感觉。他不一定想和我——他的母亲，讨论这个问题，但显然他更不愿意和他的父亲讨论这个问题。"

温迪很自豪，经过多次练习和鼓励，萨凡纳终于可以独自走入音像店，租一部影碟，然后回家，路上没有发生任何事故，也没有产生焦虑情绪。"对于一个正常的孩子，这些不算什么。但如果你有一个有特殊需求的孩子，这一切就变得格外令人感动，因为你知道他想要取得一些成就是多么艰难，而他又是多么勇敢才能做到这一点。萨凡纳真的很想学习，也不会轻言放弃。我们的目标是让她在自己能力范围内做到最好，发挥她最大的潜能，我认为这就是大多数父母对孩子的期望。"

每个患有孤独症的孩子都有自己独特的优秀品质，重要的是要记住，不要让所有的问题及干预措施分散了你对孩子的注意力，忽略了孩子本身有多么出色。玛丽说："虽然山姆不是一个正常的孩子，但他确实是上天赐予我的礼物。我是在流了无数眼泪和历经绝望之后才说这番话的。他对事物有更深刻的感受，看事情比别人更清楚，会非常直率地表达自己，了解他的人都很喜爱他。当我在与自己的病痛和面对的问题做斗争时，

山姆一直是我最大的力量源泉。当我告诉他我要接受化疗并且会掉头发时，他非常平静地说'虽然这样会很令人难过，但是你可以戴上假发，看起来肯定会比现在更好'。他的话让我忍俊不禁，且深深打动了我，在我看来特别有意义。"

养育有感觉问题的孩子是一项挑战，当孩子还有社交、语言和行为问题时更是如此。你总有精疲力竭的时候。我们强烈建议你参加一个可靠的支持小组，小组由那些能切实帮助你的人，以及那些能给予你同情和鼓励的人组成。在你努力帮助自己的孩子做到最好的时候，一定要确保先照顾好自己。正如乘飞机时空乘人员告诉你的，在给孩子戴氧气罩之前，要先戴上自己的。你必须照顾好自己，才能成为好家长，从而为孩子争取更多的权益。

推荐阅读

Bambara, Linda, and Tim Knoster. *Designing Positive Behavior Support Plans.* Rev. ed. Washington, DC: AAIDD, 2009.

Grandin, Temple. *Temple Talks about Autism and Sensory Issues: The World's Leading Expert on Autism Shares Her Advice and Experiences.* Arlington, TX: Sensory World, 2015.

Grandin, Temple. *Thinking in Pictures.* New York: Vintage Books. Rev. ed., 2006.

Jackson, Luke. *Freaks, Geeks & Asperger Syndrome: A User Guide to Adolescence.* London: Jessica Kingsley, 2002.

McKean, Thomas. *Soon Will Come the Light.* Arlington, TX: Future Horizons, 2001.

Myers, Jennifer M. *How to Teach Life Skills to Kids with Autism or Asperger's.* Arlington, TX: Future Horizons, 2010.

Notbohm, Ellen. *Ten Things Every Child with Autism Wishes You Knew.* Arlington, TX: Future Horizons, 2005.

Prince-Hughes, Dawn. *Songs of the Gorilla Nation: My Journey through Autism.* New York: Harmony Books, 2004.

Prizant, Barry. *Uniquely Human: A Different Way of Seeing Autism.* New York: Simon & Schuster, 2015.

Robinson, John Elder. *Look at Me in the Eye: My Life with Asperger's.* New York: Crown, 2007.

Shore, Stephen. *Beyond the Wall: Personal Experiences with Autism and Asperger Syndrome.* Shawnee, KS: AAPC Publishing, 2003.

Sicile-Kira, Chantal, and Jeremy Sicile-Kira. *A Full Life with Autism.* New York: St. Martin's Press, 2012.

Tammet, Daniel. *Born on a Blue Day: Inside the Extraordinary Mind of an Autistic Savant.* New York: Free Press, 2006.

Volkmar, Fred, and Lisa Wiesner. *A Practical Guide to Autism: What Every Parent, Family Member, and Teacher Needs to Know.* New York: Wiley, 2009.

Donna. Williams *Somebody Somewhere: Breaking Free from the World of Autism.* New York: Three Rivers Press, 1994.

Wrobel, Mary. *Taking Care of Myself: A Healthy Hygiene, Puberty, and Personal Curriculum for Young People with Autism.* Arlington, TX: Future Horizons, 2003.

第10章

言语挑战和饮食问题

回想一下，当你结束牙科治疗离开诊所的时候，口腔依然因麻醉剂而麻木。你可能会避免开口，因为你的舌头感觉像灌了铅一样，说话又慢又吃力。这时候你要是去喝水，水可能会滴出来。也许你会感觉嘴巴有一侧偏大些，尽管你清楚事实并非如此。之后的几个小时里，你不得不集中注意力，只用嘴巴的另一侧咀嚼。

对被感觉问题影响了口腔的孩子来说，进食和说话可能都需要付出很大的努力。正如你已经了解到的，感觉统合失调会导致肌张力异常和触觉处理问题。孩子的口腔肌肉张力可能较低，从而导致下颌、脸颊、舌头和嘴唇无力。因为无法控制"软塌塌"的嘴，孩子的嘴在不使用时可能也会张开。孩子还可能会经常流口水，并且在某些发音上有困难。在进食和饮水时，孩子可能会紧咬吸管和餐具来增加稳定性，或者通过将脖子和头部的肌肉向后拉，来咬下一块食物。

如果孩子有触觉问题，那么问题将会变得更加复杂。如果孩子感觉不到唾液或食物，他们就无法获得所需的触觉提示，也就无从了解什么时候需要用舌头四处搜寻、什么时候应该吞咽，以及嘴唇上是否有残留的食物。

口腔肌张力高的孩子在生活中也会遇到困难。在进食时，他们会不太灵活，无法有效地使用下颌、脸颊、舌头和嘴唇。口腔内过度敏感的触觉会干扰孩子的嘴部动作，比如用牙齿轻咬下唇发出v音，导致他们不愿意吃某些食物，或者有刷牙方面的困难，等等。更重要的是，一个有口腔运动障碍的孩子可能知道自己想说什么，但无法准确表达出来。简而言之，有口腔运动问题的孩子通常会存在或轻或重的言语障碍和饮食问题。

言语障碍

如果孩子有语言发育迟缓，言语治

疗师会检查孩子的嘴巴，并询问很多方面的问题，例如是否有流口水、伸舌头，孩子的发声史，是否使用安抚奶嘴、奶瓶或者吮吸拇指，以及孩子是否有任何饮食问题。你的回答将有助于确定孩子是否存在影响言语能力的潜在口腔运动问题。

发音问题 [①]

当孩子刚开始学习说话时，他们的发音错误可能显得非常可爱。随着时间的推移，如果孩子继续发音不佳，他们就会因为不被理解而感到沮丧，你可能忍不住琢磨：为什么我的孩子学不会说话？

在婴儿时期，当孩子听到母语时，他们的大脑会产生神经连接。这有助于他们在逐渐发育到适当阶段时识别和复制语音。通常，婴儿首先会发元音，接着发 b、d 和 m。他们会在此后，有时甚至是几年之后，逐渐发出更复杂的音。言语治疗师认为，直到孩子八岁左右，把 s 发成 th 或把 r 发成 w，都是正常现象。同样，蹒跚学步的幼儿说话结巴也是很常见的，因为他们的口腔运动能力跟不上他们的想法。

然而，有些发音问题是与年龄不符的，并且是由发育不成熟以外的其他原因引起的。孩子可能会因肌张力差、触觉过度敏感、运动规划问题或舌头活动受限而无法发出某些声音（或有效进食）。孩

子也可能会出现舌头打结的现象，这是因为他们的舌系带（张开口翘起舌头时在舌和口底之间的薄条状组织）延伸得太过靠近舌尖。舌系带可能会随着时间的推移而越长越长，严重的情况下可能需要进行手术。如果你的孩子舌系带过短，请务必咨询言语治疗师，以便确定是否会影响孩子说话或进食。

口腔运动问题

正如你已经了解到的，口腔运动对许多感统失调的孩子来说，可能是一个挑战。由于说话需要协调口部肌肉，因此有口腔运动问题的孩子在说话时可能会出错。他们的接受性语言技能可能非常出色，大脑可能也很清楚他们想用嘴巴发出 c、a 和 t 的音，但当他们试图说出 cat 这个单词时，就会出现障碍。常见的一些表现如下：

- 难以模仿别人的声音或口腔运动的动作。

- 言语缓慢、单调或机械。

- 难以按要求说话或者回答问题（只有在没有压力的情况下，才能自由地表达）。

- 很难持续使用已经说过的单词（例如，你可能听孩子说过一个完整的句子，但再也没有听到孩子说其中的任何一个单词；或者孩子会连续说几次"water"，然后不管你怎么哄，几个月

---

① 本章涉及发音内容时，多指英语语境下的发音。

都不会再说一次这个单词）。

- 发音不一致（例如，他们今天说"wuh"表示 water，几天后说"wahher"，然后隔一天又说"wooo"）。

- 难以按顺序叙述事件。

　　除了分解动作、配合音乐或节奏等常用的技巧外，一些经过特殊训练的言语治疗师还会通过身体上的提示，来帮助有口腔运动障碍的儿童发出适当的声音。他们使用的方法有黛博拉·海登的 PROMPT 法或者类似的触示法（touch-cue）和适应性提示法。举个例子，如果孩子用 g 音来表示 k 音，言语治疗师会让孩子发出 g 音，然后用食指向上推孩子下颌后面的皮肤，促使舌头到达正确的位置。当然，如果孩子对口腔和脸周围部位的触摸非常敏感，不能容忍这样的提示方法，那么言语治疗师必须先让孩子的口腔内部和周围区域脱敏。如果

你怀疑孩子有口腔运动方面的问题，请咨询言语治疗师。

言语障碍的其他原因

　　听觉敏感、有耳部感染史和听觉处理问题，都会对孩子言语的发展产生深远的影响。

　　经历多次耳部感染的孩子通常会出现语言发育滞后的问题，因为他们曾历经长时间的听力受损。言语治疗师帕特里西娅·滨口在其《儿童言语、语言和听力问题：每位家长都应该知道的事》（*Childhood Speech, Language, and Listening Problems: What Every Parent Should Know*）一书中写道："如果孩子在出生后的头三年里有超过三次的耳部感染，家长应该仔细监控孩子的言语和语言发展。"她还补充："在听力恢复正常后，记忆信息（听觉记忆）和理解口语信息（听觉处理）的困难可能会长

婴儿手语

　　婴儿通常在会说"再见"之前就会挥手作别，在会开口要果汁之前就会指着冰箱里的果汁。言语治疗师可能会教你的宝宝（和你）一些日常生活中的手语，这样孩子就可以快速提高沟通的能力，从而减少挫败感。那些会通过手语表达"给我"或"更

多"而不是哭闹或发脾气的孩子，会感觉更易被理解，更有掌控感。手语也可以用来帮助有言语障碍的大孩子减少挫败感，增加交流。他们常常边做手势边说话，以提高口语表达的技能。

期持续存在。"她呼吁所有父母，如果孩子经常发生耳部感染，就应该请听觉矫正师给孩子绘制鼓室图。这在孩子三岁之前尤其重要，否则持续的耳部感染就会影响孩子的听力发育。此外，吸吮困难的婴儿更容易患耳部感染，因为吸吮有助于清理细小的耳咽管，防止细菌滋生。

如果孩子不能清晰地听到和正确地处理发音，他们将很难进行言语复制。听力检查可以帮助孩子排除实际的听力问题，当孩子七岁左右时（如果检查结果正常），也许可以排除听觉处理问题。虽然你可能认为只有在孩子听不清声音时，才要去找听觉矫正师，但他们也会给孩子评估和治疗听觉方面的问题。除了测试鼓膜功能和感觉灵敏度外，听觉矫正师的高度专业化测试也在诊断听觉处理障碍中发挥了决定性的作用。请务必和在儿科方面有大量实践经验的听觉矫正师合作，他们知道如何能让孩子觉得测试更有趣。请参阅本书第 13 章的内容，了解有关听觉干预以及如何找到合格的听觉矫正师的相关信息。

让孩子的口腔感觉舒适

言语治疗师通常会与作业治疗师合作评估孩子下颌、脸颊、嘴唇、上腭和舌头的感觉是过度敏感还是不够敏感。根据孩子的特定需要，言语治疗师可能会要求孩子进行干预，提高或降低孩子口腔的敏感度。

你可能会被要求做一些事情来刺激孩子口腔周围和内部，比如使用按摩器、橡胶指套、一次性口腔拭子或海绵棒牙刷，或者使用湿毛巾。你还可以选择给孩子用振动牙刷或其他口腔振动仪器来刺激脸部的某些部位，或者给孩子吃冰棒和松脆的食物以提供深度压力输入。

吹生日蜡烛的艺术

一旦完成口腔区域的脱敏或增敏，言语治疗师就可以开始帮助孩子增强面部和口腔肌肉的力量，并提高孩子协调这些肌肉的能力，以做出精确动作。例如，一开始孩子可能完全不能吹灭蜡烛的火焰，但在练习了各种吹气的技巧后，他在适当的距离下轻轻一吹就能将其熄灭。然后，言语治疗师将会帮助他改进吹气动作——吸入更多的空气，撮起嘴唇，并在执行动作时保持嘴唇呈圆形。

以下是言语治疗师建议孩子进行的口腔运动练习：

吹气。 孩子可能会吹灭生日蜡烛，用吸管吹一盘泡泡或者吹桌子上的羽毛，吹掉附在吹泡棒上的泡泡，并且尝试用吹泡棒来吹出泡泡。言语治疗师还利用多种哨子，每一种都有助于孩子完善舌头和嘴唇的不同动作。

吸吮。 孩子可能会先用吸管吸吮果汁盒里的果汁（可以挤压盒让自己吸得更容易），然后再用吸管吸吮浓稠的奶昔。言语治疗师将会与孩子一起练习以防止他咬住吸管。

咀嚼。可以给孩子食用耐嚼的糖果，来增强他的咀嚼耐力与持久力，这种方式也可以鼓励孩子在不使用颈部和头部肌肉的情况下咬下食物。

如果孩子接受了作业治疗，作业治疗师可能会想方设法解决他的喂食问题，因为这类问题经常会涉及感官障碍、肌肉张力过高或过低以及精细运动技能的发展。由于很多治疗活动都涉及食物，所以请向孩子的所有治疗师公开他的饮食。糖果经常被用作奖励或强化手段，因为在甜食的激励下，孩子通常更愿意尝试他觉得困难或令他不愉快的活动。如果孩子对人工色素有强烈的反应，吃一点糖就会变得过度活跃，或者你不想让孩子吃垃圾食品，请与孩子的作业治疗师谈谈可否使用替代品，椒盐脆饼、蔬菜条、坚果或无糖口香糖也是不错的选择。

进行口腔安抚

许多有感觉问题的孩子吮吸手指或者含奶嘴的时间比其他孩子长得多。这些口腔安抚方式可以缓解孩子的焦虑，并促进其自我平静和自我调节，所以请在阻止孩子这么做之前三思。我们可以肯定，孩子一定不会含着奶嘴去上大学的。只要孩子在七岁左右能够停止通过吮吸拇指或奶嘴之类的东西来进行自我安慰，那么任何乳牙的移位都有可能自行逆转，也不会影响孩子的恒牙生长。但是，如果孩子七八岁以后还这么做，就会影响恒牙的生长。你孩子的作业治疗师或言语治疗师可以教你一些技巧，来阻止孩子吮吸拇指和使用安抚奶嘴。如果这些都不起作用，请咨询牙医，有的牙医可以为孩子做一款器具，帮助他克服吮吸拇指的冲动。

同时，如果孩子坚持要吮吸手指或安抚奶嘴，请限制他的使用时间，比如只在睡前和午睡时可以这样做，并提供其他安抚的方式，例如，花10分钟跟孩子一起躺在床上可能会让他忘记安抚奶嘴。如果你让孩子含着奶瓶入睡，或者一整天都使用奶瓶，请务必不要在奶瓶里装果汁、牛奶或母乳，因为牙齿长时间浸泡在含糖液体中就会出现蛀牙。如果孩子不肯喝奶瓶里的水，请尝试逐步稀释果汁或牛奶，帮孩子过渡，从而接受奶瓶里的水。南希说，科尔最开始常常把奶瓶举到灯光下，眯着眼睛看它是否浑浊，因为他以为浑浊的就是牛奶，即便那只是加了两滴牛奶的水，于是后来她买了不透明的瓶子来装水，这样科尔就看不出区别了。

如果你允许孩子在白天使用奶瓶或安抚奶嘴，或者是鸭嘴杯，请坚持不要让孩子含着奶嘴说话。你可以用鸭嘴杯装牛奶或果汁，以防孩子把它们洒到地毯上或车里。尽量让孩子用普通杯子喝水，这有益于口腔运动能力的发育。避免使用塑料杯，如果你担心孩子会打碎陶瓷杯或玻璃杯，那就用不锈钢的杯子吧。此外，水确实是最佳的解渴饮料。

作为一个成年人，你可能会嚼口香糖、喝水或咖啡，或者有意识地深呼吸来调节自己的状态。孩子则可以将奶嘴作为自我镇静的工具。安抚奶嘴可以用来"安抚"婴儿或刚学走路的幼儿。置身于人群中时，让孩子吸吮一盒带吸管的果汁，可以为他提供所需的感觉输入，以避免超负荷，舔棒棒糖也能极大地促进孩子集中注意力、保持专注。请尝试找出能让孩子感到平静、舒适的口腔安抚工具。以下是一些提高口腔运动技能和感觉舒适度的方法：

● 提供多种食物，包括松脆的（椒盐脆饼或胡萝卜条）、耐嚼的（百吉饼或小块煮熟的牛肉）、奶油类的（酸奶或奶油干酪）、咸的（爆米花或薯条）、甜的（水果或糖果）、酸的食物等（酸泡菜或柠檬汁）。

● 鼓励孩子进行多种口腔运动，包括咀嚼和咬碎食物，以及吸、舔、咬、扯和吹（例如把热汤吹冷）。

● 发出有趣的声音（滴答声、响亮的亲吻声、吹口哨声），一起做鬼脸（面对面或对着镜子做）。

漂亮但流着口水的孩子

大多数孩子在大约 15 个月大的时候就会停止流口水，除非长牙或者吃特定的食物。到两岁时，大多数孩子就完全不会流口水了。然而，许多有感觉问题的孩子在吃东西时或专注于具有挑战性的精细运动任务时，比如挤压黏土等需要用力的活动时，仍会继续流口水。除了遵循言语治疗师或作业治疗师的指导来帮助孩子改善口腔运动强度并鼓励孩子更频繁地吞咽外，你可能还需要通过简单的提示帮助孩子意识到自己流口水了，比如"你的嘴唇湿了，让我们擦一擦吧"。一开始可能需要你给孩子擦，后来就可以让他自己擦了。用纸巾或毛巾擦拭嘴唇（向上擦拭下唇，向下擦拭上唇）也能给孩子提供所需的感觉输入。

选择性饮食和其他饮食问题

既然你已经明白协调口腔运动和处理口腔感觉方面的困难会导致孩子的语言表达有问题，那么你也就理解为什么这种困难会导致孩子在饮食上表现出高度的选择性。

对学步期的幼儿来说，选择性饮食、坚持吃同样的食物，就发育而言是合理的行为。感觉处理方面的挑战会让孩子更难接受不熟悉的食物，或者在口感、味道上令他的感官不适的食物。而所谓的挑食就变成了高度选择性的进食，随着孩子越来越限制自己可接受食物的种类，最终饮食问题也就随之而来。甚至食物的颜色和形状也会影响孩子对食物的接受度。我们大多数人其实都不会太关注食物的口感，但有感觉问题的孩子会关注！例如，当你把一片切好的香蕉放进嘴里时，香蕉片湿润的切面会先接触你的舌头。如果你按常规的方式剥了

不恰当的咀嚼、咬和舔

父母希望孩子能够正常使用嘴巴说话、咀嚼和咬东西。如果你的孩子长大一些后仍然在咀嚼、咬或舔一些不应该咬或舔的东西，请认识到这些都是孩子在寻求感觉输入的行为，你可以给他适合咀嚼、咬或舔的物品，例如婴儿磨牙棒、牙胶等。如果没有适合孩子的可咀嚼的物品，也可以用胡萝卜条和芹菜条等口感较脆的食物代替。出于安全考虑，请不要让孩子咬带纽扣的袖口，或钢笔、铅笔的尖端。如果孩子因为沮丧或愤怒而咬其他孩子，请参阅本书第 14 章的内容。

皮后再吃，你的舌头会先接触到香蕉干燥的外部和拉丝的纤维。传统的花生酱比那些含糖的畅销产品更难嚼，你可能需要将两者混合起来，才能让孩子多吃一些更健康的花生酱。南希记得科尔喜欢花生酱麦片粥，他可以接受饼干上的花生酱，但不能接受单独吃花生酱。当南希给他试吃了另一种更滑、更容易咀嚼的花生酱时，科尔不再抵抗，很快爱上了吃花生酱。

有些孩子只吃松脆的或糊状的食物（他们可以接受把松脆麦片倒入牛奶中做成的麦片糊）。如果孩子厌恶特定食物的口感，可能是因为他的触觉有问题，但也可能是口腔肌肉张力较低或口腔运动的问题。有些孩子实际上会在吃东西的时候作呕，并且避免吃那些会让自己呕吐的食物，因为他们的口腔运动尚未达到应有的协调程度。

我们理所当然地认为咬、咀嚼和吞咽都是极其容易的事情，但对有感觉问题的孩子来说，事情并不总是那么顺利。例如，吞咽动作需要二十几块肌肉共同协作来完成，你可以想象一个有口腔运动问题的孩子在同时协调所有这些肌肉时会多么困难。有口腔运动问题的孩子可能会坚持只用门牙或只用一侧的牙齿咬和咀嚼。他们可能无法正确使用舌头和口腔肌肉将食物聚集在一起，从而导致食物在口腔内堆积。如果食物不能在口腔内很好地聚成一团，孩子只能一小口一小口地进食。他们可能无法判断每次吞咽时，应该将多少唾液和食物移到咽喉的后部。孩子可能会把嘴塞得满满的，因为他们感觉不到嘴里食物的量，然后当他们试图吞下一团非常大而干的食物时就会作呕。在吃东西时会歪头的孩子，可能是在用重力而不是用舌头把食物从嘴的一侧移到另一侧。另外，口腔内肌肉张力低的孩子，容易在牙龈和嘴唇之间聚集食物和唾液，导致口臭和蛀牙，甚至导致牙齿歪斜生长。

什么时候需要帮助？

"他饿了就会吃的""你把她惯坏了""在我那个年代，给我什么就吃什么，没得商量"……如果你的孩子在饮食上极度挑剔，你可能已经多次听到过这样的评论，并开始困惑，为什么劝孩子尝试新食物会如此困难。你很难判断孩子对某种食物的抵制，究竟更多是因为实际的感觉问题，还是因为他需要把控自己的世界，包括饮食。甚至孩子的儿科医生也可能会告诉你，不要担心，等孩子长大一些后就会好了，但情况真的是这样吗？

关于"如果孩子不肯吃饭，那就饿一饿"这类说法，凯莉·多尔夫曼女士——《用食物治愈孩子》（*Cure Your Child with Food: The Hidden Connection between Nutrition and Childhood Ailments*）一书的作者是这么说的："这种说法对有正常饥饿感和饱腹感的孩子而言，有一定道理，但是对有感觉问题的孩子来说则不然。让他们挨饿是非常危险的。我发现很多有感觉问题的孩子的日常饮食是这样的：早餐是干麦片和果汁，午餐是饼干和葡萄，晚餐是花生酱和三明治；或者早餐是牛奶加麦片，午餐是贝果和奶油干酪，晚餐是通心粉、奶酪再加点果汁。这样的饮食无法很好地支持孩子

的大脑发育，不过医生通常建议父母不要担心。"事实是，如果孩子因为前庭神经过度敏感而感到恶心，或者排斥某些食物的味道或外观，那么就会对他的健康造成影响。

言语治疗师和喂养专家梅勒妮·波托克曾撰写过多部关于喂养的著作，包括《培养一个健康快乐的饮食者：让孩子走上新奇饮食之路的家长指导手册》（*Raising a Healthy, Happy Eater: A Parent's Handbook: A Stage-by-Stage Guide to Setting Your Child on the Path to Adventurous Eating*）。她说："极度挑食的孩子的父母经常问'这是怎么回事呀？为什么我的孩子不喜欢吃东西？'。虽然孩子们通常会经历一个短暂的挑食阶段，但许多孩子长大后并没能解决这个问题，反而挑食更严重了。这背后的根本原因并不总是那么明显的，而喂养专家通常会找一个单一的原因，比如孩子之前吃某种食物发生过窒息。这会导致孩子厌恶该食物，随后会对其特定的味道、温度或者口感产生恐惧。当孩子限制自己可选择的食物时，他们也限制了进入口腔的感觉输入。然而，长时间受到限制的感觉体验会让嘴唇、舌头、脸颊和喉咙对尝试新食物高度敏感，因此一次负面的进食体验可能最终导致感觉进食障碍。"

如果孩子因为生理问题，只选择那些吃起来感觉安全的食物时，家长可能会向喂养专家寻求帮助。例如，如果孩

子的口腔结构异常如扁桃体肥大、咬合不正或舌系带过短导致咀嚼困难，孩子可能会让自己选择"易捣碎的"食物。这些食物容易被唾液溶化，或者不需要大量咀嚼。但当问题得到解决后（例如扁桃体被切除），孩子可能会由于之前有限的食物选择引起的继发性感觉问题而继续回避吃某些食物。

喂养疗法教会孩子如何适应或克服生理问题，学会放弃保护性行为。梅勒妮通过"堆叠模型"解释了这一点。她说："想象三块积木，一块叠着另一块。第一块积木，即是打基础的那块积木，它是我们身体的生理功能——维持身体正常运作，例如消化功能，感觉处理也是人类生理功能的一个组成部分。第二块积木就是运动技能，包括大运动技能和精细运动技能。第三块积木则是该积木堆的顶端，是习得的行为。当孩子被认为有'行为性'的进食障碍时，他们并不是固执或顽皮，他们只是在保护自己的身体，因为积木堆里有什么东西出了问题。他们已知的保护自己的方式就是避开勺子里的食物，在被要求坐在餐桌旁时尖叫，或者只选择吃几样食物而拒绝其他食物。"

就像你会因患了某个疾病去找医学专家寻求专业建议一样，如果你担心孩子没有摄入适当的营养，可能需要咨询喂养和营养方面的专家，最好是咨询有治疗感觉问题患儿经验的专家。毕竟，解决了营养方面的问题后，孩子的身体

更容易处理感觉问题。有关营养和感觉处理的更多具体信息，请参阅本书第12章的内容。

营养学家凯莉·多尔夫曼建议，如果你的孩子有以下情况，请寻求额外帮助，以应对其严重的选择性进食：

- 体重没有正常增加。

- 除非有特殊计划来解决其饮食问题，否则无法与家人一起参加常规活动。

- 脸色看起来苍白、憔悴。

- 经常生病，例如常有流鼻涕、咳嗽等症状。

- 除了特定的食物，拒绝吃其他食物。

- 长期情绪化或因对食物不满意而大发脾气。

- 晚餐喜欢吃面食。

- 经常出现肠胃问题，例如便秘或腹泻。

- 经常因食物过敏而呕吐。

- 晚餐时经常令全家人崩溃。

患有感觉统合失调的儿童在学步期后仍然会保持高度选择性的进食，因为他们会因食用自己可预测且喜爱的食物而感到舒适。如果想为孩子引入新食物，需要家长的耐心、理解和智慧。你可以从下面列出的一些饮食技巧着手：

扩大食物选择的范围

- 不要放弃给孩子提供新食物！即使孩子拒绝了你给的某种食物，也要继续

提供。在孩子真正尝试一种新食物之前，你可能需要无数次地把它放在孩子面前。试着一次只提供一种新食物，以增加孩子对它的熟悉程度。即使孩子每周有三个晚上对一小份全麦意大利面嗤之以鼻，或者每天都对早餐盘子里的香蕉片不屑一顾，但一段时间后，好奇心很可能会促使孩子尝一尝。

- 刚开始允许孩子只吃一口新食物，如果孩子觉得非常恶心，就让他吐到餐巾纸上。你可能要学会在孩子尝试舔食物时表扬他，甚至给一些奖励。你可以通过向孩子展示令其不快的食物的照片来开启熟悉新食物的过程，然后逐步让孩子接受在用餐时该食物被摆在他的视线范围内（并且足够接近，能闻到气味），再把食物放在孩子的盘子里。鼓励孩子触摸该食物，先用嘴唇触碰，再用舌头接触。

- 让孩子选择一些自己明确"排斥"的食物并将其列入禁食清单，向孩子保证你不会强迫他吃这些食物，并遵守诺言。

- 如果孩子不喜欢吃饭时食物混合在一起，可以用一个有分区的盘子或几个小盘子把食物分开。你也可以逐渐添加不同口感的食物。孩子一开始也许只能容忍并接受在意大利面中加一点番茄酱，但是随着时间的推移，孩子对酱料的接受度会越来越高，并最终接受含番茄块和肉的酱料。

- 提供酱汁和蘸酱会吸引一些孩子进食，但对讨厌食物混合在一起的孩子来说，这种做法可能会令他们反感。你最好鼓励孩子吃一些简单的食物，例如奶酪棒、苹果片（如果你准备带到路上吃，可以给苹果片刷上柠檬汁以防止它变色）、香蕉（试着把它切成薄片，暴露其湿润的切面），或者去皮和去籽的黄瓜。然后，可以提供一些孩子喜欢的食物作为奖励，如糖果、蛋糕、冰激凌或饼干。请利用这个机会鼓励孩子尝试混合口感的食物。如果今天他们能忍受在冰激凌上撒糖屑，明天可能就会接受撒在健康食品上的帕尔玛奶酪碎。

- 通过奖励积分对孩子进行激励：如果孩子尝试了新的食物或吃了一小部分不喜欢的食物，那么就可以获得分数，积累到一定分数后可以兑换小玩具或获得额外的看电视的时间。

- 给孩子提供他喜欢的口感的不同食物。如果孩子喜欢吃豌豆，那就给他准备玉米粒和青豆。如果孩子不吃苹果酱，他可能也不会吃类似口感的土豆泥。偶尔尝试改变孩子喜欢的食物的口感、形状和大小，以提高其耐受度，但如果孩子拒绝改变，你也得准备好他熟悉的食物。例如，如果孩子习惯了只吃土豆丝，他可能会拒绝吃土豆块。改变孩子日常吃食物的方式——把全麦饼干分成四块而非两块，把不同牌子的酸奶或花生酱混合到孩子常吃的酸奶中——然后看看孩子是否能够忍受这样的改变。通常情况下，感觉问题不是孩子挑食的主要原因，对陌生事物的焦虑才是。稍微改变一下孩子最喜欢的食物，并努力让孩子接受它，将有助于孩子在整体上扩大食物选择的范围，所以请坚持尝试。

- 如果孩子厌倦了吃某种食物，请暂时将其从孩子的饮食清单中移除。几周后再将它当作新食物重新提供给孩子。孩子可能需要很长时间才能再次接受它。

- 改变食物的温度。冷的食物可能会为孩子提供较强的感觉输入，"唤醒"孩子的口腔，让孩子更愿意吃它。如果孩子喜欢温热的食物，那么就让他吃吧。

- 用你的创造力和表达技巧哄年幼的孩子吃饭。用烘焙模具将食物做成有趣的形状，或者把食物放在盘子里，摆出动物或笑脸的形状。在孩子的盘子里放一个玩具恐龙，并将肉丸和西蓝花比作"石头和树"。儿童烹饪书通常会推荐各式可爱的摆盘方式。

- 不要把食物放在原包装盒里给孩子吃。生产商经常更换包装，孩子可能会认为新包装里的食物跟老包装里的不同，从而拒绝再吃该食物。

- 常喝果汁、牛奶和汽水，或吃零食都会降低孩子的食欲。限制孩子喝果汁的量，并试着给孩子喝白开水或天然苏打水。

- 不要强迫孩子，例如要求他吃他不喜欢的食物且不吃完就不能离开餐桌。当孩子感到饥饿的时候，在给他补充碳水化合物（如饼干）之前，先提供蛋白质、水果和蔬菜。

- 有的孩子白天吃饭很少，却要在晚上睡觉前吃大量食物。请尽量为孩子安排规律的用餐和吃零食时间。

- 避免在家中储备不健康食品。如果孩子不断拒绝吃健康食品，这一点就尤为重要了。配合孩子学校的午餐计划，给孩子提供更健康的食物选择，尽量使用可重新密封的袋子或容器自备健康午餐，并让孩子把剩下的食物全部带回家，这样你不仅可以清洗餐具，还能够观察孩子当天在学校吃了什么、没吃什么。有时候孩子剩了很多食物可能会让你感到惊讶。请温和地和孩子谈谈，了解他为什么不吃你准备好的食物。也许是因为在孩子饿的时候，食堂的环境太吵、味道太重，所以孩子根本不愿意在那里吃饭；也有可能是因为用餐时间太短，孩子无法在规定的用餐时间内吃完午餐；还可能是因为食物太热，没有时间让其冷却到孩子觉得适宜的温度。这些情况都很常见。

- 居家或旅行时，携带一些营养丰富的零食和易于食用的食物，比如葡萄、蔬菜条、坚果、奶酪、酸奶、圣女果、全麦饼干等。

- 提供各种健康的食物让孩子选择，让他感觉可以控制自己的饮食，比如"吃玉米还是豌豆"。教年龄大点的孩子阅读食品标签并学习基础营养知识，例如天然谷物的脂肪含量较低。鼓励孩子学习营养知识再教给你，以便帮助孩子选择更健康的饮食。

- 在当地的健康食品店寻找适合孩子的健康食品。但请记住，即使某种饼干完全是由有机原料制成的，它仍然是一种零食，而不是主食。

- 让孩子和你一起烹饪：你们一起准备新鲜的食材，采取利于健康的烹饪方式，让孩子了解食物的魅力。

- 开辟一片菜地，让孩子帮助做规划，并种植和照料作物。孩子如果吃到自己帮忙种出的食物，那么应该会觉得很有趣。

- 为了让家人的饮食更有营养，并且让准备食材和筹备菜单变得更有趣，你可以带家人一起去农贸市场，询问农民他们出售的蔬菜怎么烹饪比较好吃。

- 制定一个全家人都认可的食谱，然后大家一起准备一顿晚饭和布置餐桌。让用餐时间成为一家人有趣的交流时间。

- 孩子经常会在亲戚或邻居家用餐时尝试到新食物，因为出于礼貌，他不好意思在别人家的餐桌上挑食。让你的

朋友和亲戚知道你正在努力拓宽孩子的食谱，并告诉他们，你的孩子有可能喜欢吃些什么。我们坚信，你的孩子肯定至少会吃一些大多数人家里都有的简单食物，比如苹果和香蕉。但是，同样重要的是，必须教会孩子在朋友家里做客时，做到别人提供什么自己就吃什么，或者说"不，谢谢"，而不是坚持要另一种食物。询问你的朋友或亲戚，以了解孩子在他们那里是否吃过豆腐或酸奶，这样你就知道哪些食物可以被引入孩子的饮食中了。

改变孩子进食的体验

- 每次提供小分量的食物，不要太多。如果孩子有啃咬或吞咽困难，容易呕吐，或嘴里食物塞得太多，请将食物切成很小的块。

- 尝试使用不同的餐具。太大或太小的叉子、勺子，以及餐具粗糙的边缘都会给感统失调的孩子造成困扰。

- 对于年幼的孩子，可以使用色彩鲜艳的儿童餐具，还可以在家里的地板上举行一个"野餐"派对，让孩子觉得吃饭是件有趣的事情。

- 考虑在家里的其他区域用餐。厨房里的灯光可能太过明亮了（你可以更改照明设备），而且对一些孩子来说，烹饪的声音和气味可能过于强烈。

- 允许孩子将洋娃娃或毛绒玩具带到餐桌上，让它们先"尝尝"食物。

● 保持愉快的用餐氛围。用餐时责骂孩子实际上会让孩子不太愿意进食或尝试新食物。对饮食采取积极甚至是俏皮的态度，对安抚那些对某些食物感到焦虑的挑食者大有帮助。每当孩子尝试新的食物或不喜欢的食物时，请表扬他。

在餐厅用餐

● 如果孩子不喜欢混合口感的食物，那么请简单地带上一些准备好的蔬菜或水果去参加家庭聚会，这样孩子就不用仅以饼干、面包、白面条或者米饭为食了。但如果你想把这些食物带到餐厅，请事先致电商家询问相关事宜并说明孩子的特殊情况。并不是所有的餐厅都会允许客人自带食物，而且你也不希望就餐过程中发生不愉快的事情。

● 亲子餐厅通常会提供蜡笔和纸让孩子画画，你也可以自己带上一些小玩具和其他能够分散孩子注意力的东西。但是，有的餐厅环境太过嘈杂可能会让孩子紧张，从而导致孩子无法安静地坐着并且专注于画画。这种情况孩子可能确实需要离开餐厅几分钟，以获得一些令他平静和专注的感觉输入。

● 时刻注意用餐时的环境。餐厅的声音、灯光，对孩子来说可能都太具挑战性，以至于他无法专心吃饭。吵闹的儿童餐厅可能会让感统失调的孩子极度痛苦或头晕目眩，导致他无法控制地亢奋。

● 如果孩子难以忍受餐厅的环境，带他去一个无人打扰的空间如你们的车里安静片刻，会对孩子有所帮助。如果孩子受到过度刺激，试着到户外让孩子做一些有助于镇静和集中注意力的活动，比如靠墙做俯卧撑、扶着你的手从低矮的台阶上跳下去，或者齐步走。

● 在餐厅里，如果背景噪声实在让孩子太难受，就给他戴上耳塞隔绝噪声。有些有感觉问题的孩子身体意识很差，或者对运动的需求较高，可以给他带一个光滑的充气垫子放在餐厅的座位上。

● 不要害怕点菜单上没有的菜。如果孩子想要喝汽水，询问服务员是否可以把苏打水和果汁混合起来。你还可以询问服务员有哪些蔬菜是可以单独点的，比如汉堡包店通常愿意为客户提供一盘切片西红柿。

● 请记住，每个人去餐厅花钱消费都是为了享受一顿愉快的大餐。如果孩子为了克服听觉敏感而尖叫、乱扔食物，因不舒服而大声抱怨，或者冲出座位绕圈跑（这样做不仅有安全隐患，而且还会分散孩子的注意力），你可以直接告诉孩子以后不会再带他来餐厅。

选择性进食可能是一个巨大的挑战

你已经试过无数次扩大孩子的饮食范围，但似乎没有任何效果。凯利·多尔夫曼提供了以下关于感统失调儿童进食的补充建议：

- 你能够把不健康的食物从孩子的饮食清单中去掉，但很难把好的食物加进食谱。请从孩子爱吃的有营养的食物入手，开动脑筋。对孩子来说，每天晚餐吃鸡块比让他吃饼干更好。或者，如果孩子只吃某一种水果、热狗和花生酱三明治，那么就让孩子早餐吃一个（不含硝酸盐的）热狗，水果和花生酱三明治放在午餐或晚餐吃。

- 不要延迟就餐。孩子非常饥饿的时候，往往脾气暴躁，不太愿意尝试新事物。最好提前让他知道有什么新食物以及什么时候开饭。如果孩子愿意去超市，鼓励他帮忙挑选食物。如果是一天中比较放松的时间，孩子也不紧张和疲惫，你也可以利用零食时间来引入新食物，但是晚饭时间不太合适，因为在一天漫长的学习之后，孩子可能已经非常疲惫了。让孩子弄清楚不吃东西的其他后果，例如，孩子这周的就餐"任务"可能是在晚餐时吃一口胡萝卜（从小处着手），如果孩子拒绝，就让孩子先把平常愿意吃的食物吃掉（避免吃甜点和含糖食物），并要求孩子在"任务"完成之前不进行其他活动。不要威胁或惩罚孩子。要用平静、清晰的声音告诉孩子，你很想与他玩游戏或做亲子活动，但是现在还不能开始，因为他的"任务"还没有完成。如果孩子配合完成了"任务"，那就可以陪孩子玩了；如果孩子不配合，就告诉孩子你不能跟他玩。尽量不要与孩子进行长时间的对话，让孩子陷入和你的争端中，这会强化孩子的消极行为。如果孩子大发脾气，那么你就先离开房间（确保孩子不会被呛到或从椅子上摔下来），用平静、清晰的声音对孩子说"等你冷静下来，我再回来"。

- 不要忘记，有感觉问题的孩子经常会通过不好的行为达到他的目的。例如，如果孩子把不喜欢吃的食物吐了出来，你就不再让他吃不喜欢的食物，那么孩子下次还会继续这样做。如果孩子吐了，请冷静地把他吐出来的食物清理干净，并告诉孩子明天可以再尝试一次。这样，孩子就会明白，吐食物、扔盘子或任何试图控制局面的消极行为都是没有用的。然而，一些嗅觉和味觉敏感的孩子确实会对特定的食物感到恶心。如果你发现孩子确实属于这种情况，那么请不要继续提供孩子无法耐受的食物，例如一些父母会让孩子自己列出几种永远不可能接受的食物。

南希的故事

科尔刚出生时衔乳情况不好。当时尽管我从哺乳顾问、一些介绍喂养的书中得到了很多很棒的建议，但是科尔总是不能正确地咬住我的乳头并进行吸吮。在科尔两岁半的时候，言语治疗师诊断出他有言语障碍，那时我才终于明白，为什么科尔花了那么长时间才学会吃奶：

口腔运动规划对他来说太难了。后来经过言语治疗师的干预，科尔进步飞速，到他四岁的时候，他已经很善于用语言表达自己和理解他人的语言了。

然而，科尔的挑食问题让我很担心，所以我带他去看了营养学家，又看了精通儿童喂养的言语治疗师。我发现虽然科尔已经学会了弥补口腔协调性的不足，可以清楚地说话，但他仍在努力学习咬和咀嚼的基本技能、感知嘴里应该有多少食物以及如何将食物聚成一团方便吞咽。耐嚼的食物是科尔一直回避的，因为吃这类食物需要很强的口腔运动技能。科尔很喜欢嚼软泡泡糖，但如果是硬泡泡糖或焦糖，他会吮吸片刻，然后吐出来。他几乎不吃肉，除了一种——热的意大利火鸡肉香肠！

我了解到，挑食的人尤其是那些不吃肉的人，身体内往往会缺乏某些微量元素如镁和锌。幸运的是，科尔吃了足够的全谷类食物，这些食物可以给他补充镁元素。然而，复合维生素补充剂中的锌显然不足以弥补他体内缺乏的锌。我从营养学家那里了解到，缺锌会使味蕾迟钝，这或许可以解释为什么科尔喜欢吃口味重的意大利火鸡肉香肠。

通过与营养学家的密切合作，我们为科尔制定了适合他的饮食计划。例如，继续让他吃他最喜欢的"小熊"维生素软糖（毕竟，这是很好的咀嚼练习），并每天在他的稀释果汁中添加液体维生素，这样他就可以摄入充足的营养元素。与此同时，我继续与他的作业治疗师和言语治疗师一起研究他的口腔运动问题，鼓励他尝试耐嚼食物和玩口腔运动游戏，这样他会逐渐接受更多的食物。

推荐阅读

Acredolo, L., S. Goodwyn, and D. Abrams. *Baby Signs: How to Talk with Your Baby Before Your Baby Can Talk*. New York: McGraw-Hill, 2002.

Agin, Marilyn C., Lisa F. Geng, and Malcolm Nicholl. *The Late Talker: What to Do If Your Child Isn't Talking Yet*. New York: St. Martin's Press, 2003.

Dorfman, Kelly. *Cure Your Child with Food: The Hidden Connection between Nutrition and Childhood Ailments*. New York: Workman, 2013.

Fernando, Nimali, and Melanie Potock. *Raising a Healthy, Happy Eater: A Parent's Handbook: A Stage-by-Stage Guide to Setting Your Child on the Path to Adventurous Eating*. New York: The Experiment, 2015.

Hamaguchi, Patricia M. *Childhood Speech, Language, and Listening Problems: What Every Parent Should Know*. New York: Wiley, 2001.

Rowell, Katja. *Helping Your Child with Extreme Picky Eating: A Step-by-Step Guide for Overcoming Selective Eating, Food Aversion, and Feeding Disorders*. Oakland, CA: New Harbinger, 2015.

第11章

帮助孩子学习和变得有条理

杰克非常聪明，五岁时，他就能读《纸尿裤超人》(*Captain Underpants*)，还会给妈妈写信。他知道所有行星的名字，还能指出夜空中的几个星座。但他的父母和老师还是很担心他，因为他在学校里根本坐不住，并拒绝参加圆圈时间的活动或者美术项目。他们正在考虑指派一位陪读人员（影子教师）——一位"一对一"的特殊老师——来帮助杰克在学校保持专注并完成学习任务。

莎妮卡也很聪明，她可以告诉你火烈鸟为什么是粉红色的，以及雄性海马才会生宝宝。九岁时，莎妮卡可以画出很多动物，并说出它们的栖息地、最喜欢的食物和天敌。然而，老师们总是抱怨她字迹潦草而且算数能力糟糕，还说她总是弄丢书甚至忘记做作业。

伊斯拉的双手很灵巧，十六岁那年，他在一家汽车修理店找到一份课后兼职。他会修理许多东西：姐姐的玩具屋，朋友的自行车，甚至他自己的笔记本电脑。伊斯拉的父亲曾经梦想儿子能成为像他一样的外科医生，但后来他接受了自己的儿子根本上不了医学院的现实。伊斯拉读高中时的成绩并不理想，需要靠着收费昂贵的课后辅导才能通过考试。

这些孩子都很聪明，并且有学习的动力——至少在他们感兴趣的事物上是这样。老师和父母也都在尽力帮助他们。所以，问题到底出在哪里呢？

现在你知道了，感觉问题影响着孩子生活的方方面面。学校是会加剧孩子感觉问题的强刺激环境。事实上，也许你直到孩子开始上学才注意到他真的有些问题——你突然被要求参加额外的家长会，每天花数个小时恳求孩子更努力地学习，甚至可能考虑让孩子接受特殊教育。

有些孩子从一开始就喜欢上学。他们喜欢在课堂上被点名，在食堂与朋友们见面，保持学习用品的整洁有序，对完成作业感到无比自豪；而有些孩子因为各种各样的原因在学校过得极其不顺，从认知障碍到情绪或身体出状况，再到学习障碍；还有些孩子的问题纯粹是由他们的感觉统合失调引起的。对于那些感觉问题得到管理的孩子，他们的身边有配合的学校工作人员和积极主动的父母，学习对他们来说可谓是无穷的快乐源泉。但若孩子的感觉问题得不到管理，上学对他们来说就是一件痛苦的事情。我们接下来将会介绍很多方法，帮助孩子克服遇到的问题。

在学校出现感官超负荷

一些孩子尽管在学校会感到不知所措，但还是设法坚持了下来，并找到巧妙的方法来减轻自身的压力，让自己能撑到放学回家。而回家后，他们要么瘫倒在地、筋疲力尽，要么看他们最喜欢的电视节目，要么变得很暴躁。另一些孩子发现上学这件事是如此困难，以至于他们得用行动发泄或停止思考才能应对。相比经常跳出座位并打旁边同学的克里斯汀，老师们可能更喜欢安静的西奥多，尽管他总是爱发呆、神游天外，而且这两个孩子可能都无法安心学习，因为他们都无法应对感官超负荷。对于有感觉问题的孩子，从他醒来的那一刻，一天的压力就开始了。他常常还没睡够就得起床，然后乘坐嘈杂、混乱的校车上学，这不利于睡眠不足的孩子进行自我调节或集中注意力。

学校环境本身可能存在问题。大多数学校不会使用吸音地毯或遮光窗帘，所以无法减少环境的噪声和来自外界的眩光。大多数学校都使用既便宜又明亮的荧光灯，这增加了室内眩光，有些孩子可以看到甚至"听到"这些灯在闪烁。约翰·奥特博士和威廉·蒂托夫校长等人的研究表明，荧光灯会直接给人带来压力，造成焦虑、抑郁、多动及注意力不集中等，这些因素会导致孩子出现学习障碍。

保持专注

在大多数学校里，孩子们被要求保持安静、仔细观察和倾听——也就是说，成为视觉和听觉学习者。他们被期望能轻松地忽略无关的视觉、听觉和其他感觉信息，只是专注地接收讲台上的老师传递的信息。随着孩子们逐渐长大，他们需要一动不动地坐更长的时间。孩子们被要求必须长时间坐在硬椅子上，并且不能弯腰驼背。因为大多数学校的课桌椅是无法调节高度的，所以有些孩子的脚根本碰不到地面，却又被告诫不要摆动双脚。对那些肌张力低下，力量、耐力或身体意识差，或需要通过移动以保持清醒和专注的儿童来说，坐在设计糟糕的椅子或地板上尤其困难。

在教室里，感统失调的孩子可能很难把听觉注意力集中在老师身上，可能难以区分老师的讲课声和教室内外的声音。听觉和语言处理问题、精细运动问题、焦虑和其他因素可能会让孩子在做课堂笔记、写作业或者参与小组项目时难以保持专注。教室里的学生越多，对于孩子来说，就越难屏蔽背景噪声。如果许多孩子在手工课上跑来跑去、大声说话，在音乐课上演奏乐器或合唱，或者在上完艺术课打扫教室时开水龙头，有听觉处理障碍的孩子可能更难以忍受。

视觉问题会让孩子很难长时间保持专注，导致注意力持续时间短、烦躁、坐立不安、粗心大意和组织能力差。孩子可能在视敏度上有问题，表现为从黑板或老师再到笔记本的来回聚焦上有困难，或者可能会受到室内眩光的干扰。当孩子开始阅读和写作时，视觉问题如辐辏不足或过度，就变得更加显著。这样的孩子在完成阅读和写作等近距离任务时，很难协调他的双眼。

他的双眼可能倾向于向外移动（辐辏不足）或过度向内移动（辐辏过度），以至于必须要用尽全力才能看清书页上印刷的文字。而如此用眼会导致眼睛酸涩、头痛、疲劳、注意力不集中，以及抗拒阅读。[①]

因为学校午饭时间的安排要尽量综合考虑所有学生的需求，所以用餐时间对孩子来说可能不是刚刚好。如果孩子不得不等很久才能吃上午饭，或是早饭还没消化完就吃午饭了，那么孩子的注意力也会受影响。在食堂里，挑食的孩子通常显得很突出，因为他们只吃自己能忍受的那几种食物，而不像其他人那样什么都吃。食堂的环境通常非常嘈杂和混乱，这对有听觉敏感和听觉处理问题的孩子来说是非常痛苦的。食堂里浓烈的气味也会令一些孩子很不安，再加上午餐时间又短、食物可能太热或太冷，在学校吃午饭对他们来说可能真的是巨大的挑战。

转换上课场景

许多学校都用高音调的铃声或蜂鸣器通知学生上下课的时间。孩子们必须迅速收拾好自己的东西，穿过混乱的走廊，赶去上下一堂课。那些难以适应转变、难以应对嘈杂的人群，或不擅长爬楼梯的孩子，以及对拥挤过度敏感的孩子，在换教室上课时会感到非常困难。

大多数体育课经常会安排高度结构化且竞争激烈的运动。在这种运动中，孩子必须迅速对指示做出反应并与其他孩子竞争，而其中许多孩子可能非常擅长运动。有运动和协调问题的孩子在体育课和课间休息时可能会因为各种原因感觉很痛苦：笨手笨脚地系运动鞋的鞋带，跑步时踉踉跄跄，投不进球，以及被不友善的同学嘲笑……他们必须听体育老师的话，而体育老师通常会大声说话并吹响亮的哨子。除此之外，待在充

---

① 加州大学圣迭戈分校儿童眼科主任大卫·B.格朗内特博士进行的研究表明，患有辐辏不足的儿童被诊断为注意缺陷多动障碍（ADHD）的可能性是正常儿童的 3 倍。

满回声的健身房和更衣室、不得不在其他孩子面前换衣服和淋浴、接触冰冷的地板和难以调节温度的水以及那些粗糙的毛巾，都令他们难以忍受！容易紧张的孩子会觉得体育运动简直是一场噩梦，对有感觉问题的孩子来说更是如此。

坚持住

许多孩子在学校遇到的学习和组织方面的问题，通常在家里也会发生。孩子可能会在做家务方面有困难，比如难以保持房间整洁，或者不能把学习用品和其他物品整理好。即使孩子记得把书和作业本带回家，但是他在家学习和做家庭作业的时间也可能比你预期的长得多。这可能是因为孩子在学校努力忍受压力导致精神上和身体上都过于疲劳，难以再应付这些家庭作业。虽然老师和家长都试图支持孩子，想办法让孩子更努力地学习、做事有条理，督促孩子完成作业，但对有感觉问题的孩子来说，努力学习和保持条理似乎是不可能完成的任务。

让上学更轻松

你几乎可以肯定，只要有机会，大多数学校的工作人员都会创造理想的学习环境，让孩子既能感受到身体上的舒适又有机会进行运动，以最大限度地改善学习效果。有许多具有创新精神的学校和老师（尤其是有特殊教育背景的）奇迹般地创造了温暖、舒适的学习环

境——从铺着地毯的走廊到适合个人学习的小房间。许多学校都会以学生的舒适度为中心提出创造性的解决方案，用分隔出来的安静空间、豆袋椅、地毯、窗帘和改进过的照明重新设计教室。动手实践的学习模式变得越来越流行，学生们在白天也有更多的活动机会。能够提供此类教学条件的学校可能最适合你的孩子，尤其是如果学校还能够调控学习空间的音量就更好了。如果运气好，你可以为孩子选择一所学习环境对他的感官友好的学校。如果没这个机会，你可以向孩子现在的学校捐赠对孩子感官友好的物品，它们都可以极大地提高孩子在学校的舒适度。

你可以跟校方沟通，看他们是否能为孩子提供一个干净、整洁且有序的用餐区。如果你和学校其他孩子的家长进行交谈，你可能会发现，即使是没有感觉问题的孩子，也可能会对吵闹的校车和嘈杂的学校食堂感到不适。其他父母可能会渴望与你合作来改变孩子们就餐环境的现状。

你可以帮助孩子锻炼他的自理能力。以下是一些如何让学校变得更有利于孩子学习的建议。

● 和孩子的体育老师谈谈如何修改课程和活动。在让学生们坐下来听今天的体育课指导之前，能让他们先跑几圈释放多余的能量吗？能让你的孩子在投篮时排在最后一位吗？这样孩子就不会因为有二十几个同学在身后等着

投篮而着急了。另外，可以考虑让孩子戴上耳塞，以减弱回声、口哨声和吱吱作响的运动鞋发出的刺耳噪声带来的影响。

- 美国作业治疗协会建议，儿童双肩背包的最大负重应为体重的 15%。背负巨大的背包会对孩子的背部、肩膀和颈部造成极大的压力。如果孩子需要带去上学的书实在太多，请试着在家里再备一套，或者确保孩子可以在家里阅读在线教科书（如果有的话），并问问学校可否修建更多的储物柜。或者，可以教孩子用书包背一部分书，再用手拿一部分书。你还可以给孩子试试带轮子的书包，这样的书包不仅可以拉着走，而且上面还带有可折叠的把手。装书包时，教孩子把最重的东西放在靠近背部的地方，放置好物品以免四处滑动。告诉孩子背书包时要同时使用两条肩带（最好是有厚衬垫的肩带），如果书包配有腰带还要系紧腰带，以便更好地分配书包的重量。

- 如果你不能让学校把孩子的午餐时间调整到更合理的时段，请给孩子提供健康的富含蛋白质的零食（例如奶酪条、酸奶、坚果或黄油饼干）。关于吃零食这件事，你需要和老师沟通，也许还需要和学校管理部门的人员沟通，必要时可以提供儿科医生的医嘱证明。

咨询孩子的学校是否愿意为那些需要安静的学生提供一间单独的午餐室。有一所学校的学生们创办了一个午餐俱乐部，午餐时间他们可以在一个安静的房间里吃饭，并由一名学生大声朗读大家指定的书。

如果孩子拿不动午餐托盘，那就在家里做游戏，让孩子练习用托盘把食物从厨房搬到桌子上。教孩子把最重的东西放在托盘中间，并练习拿着托盘穿过房间。可以给孩子在托盘上放一张防滑垫（或者一张餐具垫、抽屉衬垫），这样托盘上的东西就不会滑动了。如果这样做有帮助，可以让孩子带一些垫子到学校里使用（使用便宜的一次性垫子即可，因为孩子吃完饭后可能会把垫子留在盘子里）。如有必要，请与学校工作人员商量午餐时能否帮助孩子拿托盘。

如果孩子在排除外来噪声和听老师讲课方面有困难，请考虑调整一下孩子的座位。坐在前排可能会适得其反，因为孩子可能会经常回头看看究竟是谁在背后制造噪声而分散了注意力。尽量让孩子坐在远离通风口、窗户和门的地方。

如果孩子的双眼有辐辏问题，请务必允许孩子经常放松一下眼睛：看看窗外的景色、去饮水机处接点水、削一下铅笔。

- 请求学校安装一种具有防火功能的灯光扩散器，可以安装在标准的荧光灯灯具上，以便使教室或餐厅刺眼的灯光柔和一些。

- 即使孩子正在学习记笔记的技巧，也请老师为他提供一份其他学生记录的不错的课堂笔记做参考。请让学校就考试和作业提供音频或视频说明，并且让老师提供一些例如读书报告、作文和科学课实验报告的范例。范例十分重要，这可能会对孩子理解书面指令和（或）口头指示有帮助。

* 请老师在播放教育影片时设置字幕显示，这种带来多种感官信息的影像可以帮助所有学生——不仅仅是你的孩子——处理和记住信息。

* 确保孩子的评分不是纯粹基于条理性的任务，比如记得在新学期的第二天把家长在教学大纲上的签名带回学校。注重技能的培养，这样即使孩子存在做事条理性的问题，也不会很快导致成绩不及格。

* 要求孩子在放学时向老师报备，以确保孩子有条理地准备好所有放学需要带的东西。如果孩子能变得更独立，让孩子在早上和离开学校时使用检查清单。

学习障碍

你的孩子可能很聪明，甚至很有天赋，但如果孩子有感觉问题，他可能会缺乏组织能力，有不良的学习习惯，并且学习成绩不理想。《被误解的孩子》（*The Misunderstood Child*）的作者拉里·西尔弗（Larry Silver）博士写道，大约10%~20%的学龄儿童有一定程度的学习障碍。当然不是所有患有感觉统合失调的儿童都有学习障碍，但大约有70%的学习障碍儿童有感觉统合问题。当孩子的智力和学习成绩之间存在显著的不匹配，而又不能归因于智力低下、精神疾病、情感创伤、听力损失或失明等问题时，就要考虑是学习障碍了。学习障碍会妨碍孩子在学校和日常生活中的学习。

幸运的是，有这类问题的孩子可以从专门为学习障碍儿童开设的课程中获得很好的帮助。美国各地的大学越来越意识到，他们需要支持有学习障碍的学生。通过量身制定教学计划、调整教学环境和增添便利设施，让有学习障碍的孩子能够表现卓越。

美国国家学习障碍中心将学习障碍定义为一组影响大脑存储、处理和交流信息的能力的神经性紊乱。有学习障碍的儿童可能存在以下问题：

* 阅读、书写和拼写困难。

* 字母和数字写反。

* 分不清方向，如上、下、右、左。

* 难以对想法、事件和活动进行排序。

* 无法为写作进行构思和组织想法。

* 掌握数学概念、数字和符号困难。

* 精细运动和大运动技能受损。

在美国，如果家长担心孩子可能会有学习障碍，可以以书面形式要求学校提供评估。美国公立学校提供的干预方法旨在为在学业或行为上有困难的学生提供额外的帮助，但其并不能替代孩子需要的正规的特殊教育测试和服务。

请记住，有未干预的视力问题、听觉处理障碍、感觉统合失调和 ADHD 的儿童表现出的许多症状与有学习障碍的儿童相同。因此，当孩子必须接受特殊教育测试和帮助时，你也应该尝试咨询专家以便确定孩子是否还有其他问题。也许你最终会带孩子进行多项评估，比如来自作业治疗师、验光师、听力矫正师和神经心理学家的评估。虽然接受这么多专家的评估可能会让孩子感到很大压力，并且花费不菲，但获得准确的诊断才能让孩子得到真正需要的帮助，这一点至关重要。你可以与所在地区或支持小组的其他家长进行线下或在线交流，了解你可以获得哪一类的帮助。

无论孩子是否真的有学习障碍，还是只是耗费了太多精力来处理感觉问题，如果学校老师以及家长对孩子的条理性和责任心的要求太高，都可能会把他压得喘不过气来。

在学校和家庭中的学习和条理观念

如果孩子在学习和保持条理性方面需要额外的帮助，你当然应该寻求专业的帮助。此外，有几本好书可以供你学习，如阿纳·荷马扬的《那张皱巴巴的纸上周就该交了》（*That Crumpled Paper Was Due Last Week*）、卡洛琳·达格利什的《感觉问题儿童变得有条理：为刻板、焦虑或分心的孩子提供行之有效的方法》（*The Sensory Child Gets Organized: Proven Systems for Rigid, Anxious, or Distracted Kids*）。与此同时，下面还给出一些你可以马上采用的建议和策略。你可能会发现，这些建议和策略非常有效。

管理和安排时间。 孩子们经常没有时间观念（有些成人也一样）。他们可能在任务开始时就遇到困难，不仅因为他们不想完成这项任务，还因为他们往往对时间限制或最后期限没有意识——可能不知道 15 分钟与 30 分钟相比有什么区别。许多孩子和大人都不知道做一件事要花多长时间。孩子们可能会想"我只需要做四道数学题，应该只需要几分钟"，但他们想不到拿出作业本、坐下来、削铅笔、完成计算、检查作业、把作业本放进数学文件夹、把数学书放进背包都是需要时间的。当要去图书馆还书时，他们经常犯的一个错误是忘记考虑路上花费的时间，把图书馆的书放进书架当然只需要几分钟，但往返图书馆却可能还要再花 30 分钟。

- 不妨使用计时器来设定任务完成的时间。有时计时器可以直观地显示时间的流逝。当孩子做任务时，可以看到还剩多少时间。

- 将大任务分解成若干小任务。让孩子打扫自己乱糟糟的卧室，他往往不知道从何下手，且非常有可能感觉自己永远干不完。请尝试陪孩子一起玩

"和时间赛跑"的游戏。例如，告诉孩子他将有7分钟的时间找出所有的脏衣服，并将其放进洗衣篮里。你甚至可以鼓励孩子播放一些快节奏的背景音乐，让游戏变得更有趣。然后再告诉孩子，他有3分钟的时间可以把所有的书放回书架上。如果孩子在短短10分钟内做完了计划的事情，你应该好好地表扬他，然后鼓励他继续加油，直到把房间打扫干净。一步一步地去做，可以把一项繁重的大任务分解成许多可管理的小任务。也可以用相同的方式处理学校的作业。假设孩子必须写一篇关于澳大利亚动物的长篇文章，那么第一个任务就是列出需要写的所有动物的名字。然后，孩子将这些动物进行分类，如分成有袋类动物和爬行动物等类别。接下来，就可以开始真正的写作了。你可以帮助孩子使用思维导图、树状图、圆圈图等组织要传递的信息。

- 在孩子的配合下制订每日作息时间表，可以使用手机或电脑上的应用程序，也可以简单地写在纸上。这将帮助孩子了解自己每天需要完成的任务，并确定其优先级。帮助孩子找出一天中的空闲时间，激励孩子更加努力地学习，以便能够充分利用空闲时间玩耍！这也有助于你认清自己是否对孩子持有任何不合理的期望，例如，在如此繁忙的日程安排下，孩子真的能够完成整理房间的任务吗？是否给孩子安排了太多的家务，以至于这占用了孩子整个周末的时间？是否给孩子安排了过多的上课时间？孩子是否有足够的时间和朋友玩？孩子是否有足够的时间进行体育活动以及休息（这是所有孩子都需要的）？给孩子安排的作业时间是否足够？当孩子开始做作业的时候，他是否已经很疲惫，导致完成作业的效率低下？

记住并完成作业和家务。 孩子们应该有良好的学习习惯，但大多数情况下，并没有人教导他们养成这类习惯。许多孩子常常忘记带作业本回家，或者忘记交作业的日期和其他关于作业的细节。

- 帮助孩子对作业本、练习册和老师的讲义进行归档，比如使用标签贴和文件夹等。你可以让孩子选他特别喜欢的文件夹，封面上有他喜欢的图案，方便孩子从其他学校物品中找到。如果学校要求孩子每节课后在单独的笔记本上写作业，那么你可以让孩子使用管理作业的清单来记录哪些笔记本上有需要做的作业。这样在一天结束的时候，孩子可以只带那些笔记本回家，而把其余的东西留在学校的储物柜里。

- 彩色文件夹对有些孩子来说非常有用，但如果科学课的文件夹是黄色的，而社会研究课老师发的作业是用黄色纸打印的，孩子可能就会感到困惑。请和孩子一起决定如何使用文件夹最适合他，最重要的是，定期和孩子一起检查书包并整理好书本。带有分隔区的"一体式"大文件夹，可能最适合孩子，因为单独的文件夹很容易丢失。孩子可能需要在"云"端存储信息，也就是说，可以在网上下载练习册和作业。扫描重要的文件也会有帮助。理想情况下，当孩子开发出一个适合自己的作业整理体系时，老师和家长都应理解他，因为你们的共同目标是让孩子学会自立。一个孩子如果总是"挂科"，仅仅是因为他忘记提交已完成的作业，或者没能完成网上提交作业的几个步骤，那么孩子很容易放弃。

- 帮助孩子制订日常活动计划表。孩子可能更容易记住图像，比如用蓝色墨水写在纸质日常计划表上的课程安排。同样的，纸制计划表可能实用性更强，因为不用担心网络信号，而且还方便记下作业的截止日期和完成大作业中每个步骤的最后期限。特殊教育老师可以帮忙确认孩子记下了所有的作业。孩子也可以在他的日历或计划表上标出特殊的日子，比如生日和假期。可以选一本可爱的挂历来帮助孩子学习年、月、周、日的概念，并标出生日、派对、假期的日期等。

- 可以让孩子使用智能手表等辅助设备。例如，你可以设置让手表每 10 分钟振动一次，并显示"集中注意力"的信息，以帮助孩子专注于当前事项。它还可以提醒孩子抄写家庭作业、做家务，并执行其他重要的任务。

- 可以使用便利贴来提醒孩子。你可以用不同颜色标记不同类别的信息，比如，黄色便利贴用作作业的提醒、蓝色便利贴用作家务的提醒、绿色便利贴用作课后活动的提醒、粉色便利贴上可以写鼓励孩子的话。（例如"我爱你！"）。

- 前一天晚上做好准备。让孩子挑选并准备好第二天要穿的衣服。如果孩子穿着 T 恤衫和内裤睡觉，那么早上就可以直接穿上裤子，这可能会更容易些。如果孩子是带午餐去学校，请定好菜单，并在前一天晚上准备好；可以在孩子的背包上留张纸条，提醒孩子从冰箱里拿餐盒。确保孩子每天晚上睡觉前已将完成的家庭作业和所有必要的学习用品装进背包，不要指望孩子在早上刚起床的半睡半醒状态下能迅速整理好自己的东西。

- 创建待办事项检查表，让孩子在完成任务时可以一项一项核对。对忙碌的父母来说，这是一个很好的策略！检查表可以包括需要完成的各种任务。例如，如果你和孩子经常为做好上学准备而争吵，那么就一起做一个待办事项检查表，列出孩子出门前必须完成的事，包括自我清洁（刷牙、洗脸等）、穿衣服以及背上书包。对于年龄较小的孩子，可以用图片表示一天应做的事情，例如吃早餐（麦片碗）、补充维生素（维生素瓶）、刷牙（牙刷）、穿衣服（衣服）、梳头发（梳子）、洗手并擦干（水龙头和手）、背上书包（背包）、去幼儿园（巴士）。如果你打算让孩子花一天的时间做家务或周末去拜访亲戚，那么就制订一个新的待办事项检查表，加上"去奶奶家"及"和亲戚家的孩子们在奶奶家吃晚饭"

等活动。

你们可以为孩子在家里、学校或任何他需要提示的情境准备检查表。

以下是一个四年级学生的检查表示例：

艾米的检查表

英语、历史等	数学
☐ 写名字和日期了吗？ ☐ 写文章时，标题加上了吗？ ☐ 语法是否正确？ ☐ 字母书写与大小相同吗？ ☐ 字词是否书写整齐了？ ☐ 单词拼写是否正确？ ☐ 有没有漏词？ ☐ 单词之间是否留有空格？ ☐ 真的尽全力了吗？	☐ 写名字和日期了吗？ ☐ 数字书写是否大小相同？ ☐ 数字书写是否整齐？ ☐ 是否使用了正确的符号 (+, −, ×, ÷ 等)？ ☐ 完成所有题目了吗？ ☐ 仔细检查数学作业了吗？ ☐ 真的尽全力了吗？

针对经常忘记带东西或丢三落四的孩子

● 如果孩子老是丢东西，请准备好替换的物品。例如，如果孩子经常把铅笔放错地方，确保孩子有足够的铅笔可用（请提前削好）。

● 如果孩子经常忘记带东西去学校，忘记把需要的东西从学校带回家，或者经常在路上丢东西，请试着给孩子在家里准备另一套物品。

● 如果孩子总是丢东西，那么就不要给孩子用昂贵的物品——比如你最喜欢的木柄雨伞，它是你在豪华商场里花大价钱购买的——否则会增加孩子的

负罪感。确保孩子不要随身携带超过他需求的现金。你必须配合孩子一起好好练习，帮助孩子更好地记住他自己存放重要物品的地方，比如裤子口袋、背包等。

● 如果孩子的老师愿意配合，请提前拿到孩子的家庭作业——但仍然要求孩子把作业清单和家庭作业带回家。你只是做好备用计划，而不必打电话询问老师或其他学生。与其让老师在做事情是否条理的问题上评判孩子，不如把重点放在培养孩子的技能上。如果孩子说出自己在做事情条理性方面出了什么问题，并且可以独立分析下次如何改进，请给孩子奖励。

● 建立一个简单的奖励制度，明确完成某项任务的要求。例如，如果孩子连续一周坚持每晚都倒垃圾，那么到周末时你就带他去看场电影。

埃迪每周需要完成的任务

	周一	周二	周三	周四	周五	周六	周日
放学后喂狗	✓	✓	✓		✓		
自觉地完成家庭作业		✓					
在餐桌旁吃饭	✓		✓		✓		
不打弟弟	✓	✓	✓		✓	✓	✓
自己整理好书包	✓	✓					

一开始，你可能需要采取一些过渡性的奖励，例如，如果孩子当天独立完成了一项任务，就可以奖励给孩子一张星星或者笑脸贴纸，一周只要有三天坚持完成任务就可以给他奖励。随着时间的推移，孩子只有每天都完成任务，才能获得奖励。

● **奖励示例**

- 看一场电影。

- 和爸爸妈妈一起骑自行车。

- 获得一个小玩具。

- 得到一本新书。

- 选择晚餐吃什么。

注意力和学习能力的提升。作为拥有感觉智慧的父母，你已经知道当孩子冷静又警醒时，他的状态是最好的。当孩子太过悠闲时，除了电视，他似乎什么都看不见；而当孩子太过于兴奋时，他就会变得像疯狂蹦跶的小蚱蜢一样。如果孩子在整个上学期间都难以集中注意力，那么他就需要从有包容心的老师和学校治疗师那里获得额外的帮助。你的目标是让孩子最终也拥有感觉智慧，并有足够的自我意识，能够认识到自己的精神状态，并进行自我调节——也就是说，知道如何给自己提供所需的感觉输入，以保持自己的生活处于正轨。

你可以教孩子一些技巧，比如深呼吸以保持冷静，或者在卫生间用水洗脸以保持清醒，这样就不需要找老师帮忙了。本书第 6 章"准备日常活动的感觉饮食"列出了许多方法来帮助孩子保持冷静警醒的状态，从而促进其学习能力的提升。以下是一些其他需要考虑的方面。

● 在早晨就规划好一整天的活动安排。你和孩子很容易在早晨感到忙碌、慌乱。即使你们早晨过得很糟糕，你也要试着真诚地告诉孩子你爱他（即使你几乎气疯了），你希望他今天能过得开心，以及你期待放学时见到他（即使你内心特别想休息一下）。

* 人常常在饥饿或疲倦时无法正常学习或工作。在做功课之前，请让孩子吃一些富含蛋白质的零食来增强脑力。如果孩子的精力在上学期间有下降倾向，请在他的书包里备好零食。如果孩子回家时已经筋疲力尽，那么就让他在做作业前休息片刻。你还要确保孩子每晚都有充足的睡眠，有关睡眠的更多信息，请参阅本书第12章内容。

* 难以坚持完成任务的孩子需要额外的帮助，来避免一些干扰因素的影响并专注于做重要的事情。首先，你需要教孩子如何利用好时间，不是靠简单的一句"睡觉前你得先把作业做完，然后整理书包，再然后洗漱等"，而是必须有一个专门针对学习的明确时间规划。如果孩子在杂乱的厨房桌子上学习，而他的兄弟姐妹在隔壁房间玩电子游戏并大声喧哗，那就别指望孩子能集中注意力。请为孩子准备一个安静的学习区域，最好是在安静的房间里放一张桌子，配备所有需要的学习用品，如铅笔、橡皮、订书机、便笺和字典。如果孩子需要站起来并找到完成作业所需的物品，就容易分散他的注意力。在孩子做家庭作业的时候不允许有人打扰他。请关闭电脑、电话等设备上的通知和提示音，更不

要让孩子的兄弟姐妹或者其他人进出孩子的学习区域。

* 有些孩子需要额外的帮助才能找到功课的重点。教孩子用荧光笔勾出关键词和关键概念。如果孩子对数学方程式的说明感到困惑，让他先把一些重要符号标出来。教教孩子在家庭作业或试卷时用笔标出关键字或短语。例如，对于多项选择题"下列哪个答案不正确"的问法，如果孩子漏掉了"不"这个字，即使孩子对该题的做法了如指掌，他也会给出错误的答案。可以在家里让孩子逐字逐句地大声读出题目，以确保孩子能完全明白题目的意思。

* 让孩子大声朗读他的作业内容，这可以帮助他发现默读时漏掉的内容。

* 如果孩子经常忘记在做家庭作业和考试时写上自己的名字，请为孩子准备他的姓名印章。

* 有视觉问题的孩子很容易被页面上的大量信息弄得混乱。可以让孩子使用尺子或书签来确保一次只阅读一行或一段文字。孩子可能会在回答第一个问题时就遇到困难，因为他会被其他题目分散注意力。你可以让孩子先盖住该页面上的其他题目，这样就能够一次只读一两道文字。你也可以让孩子每完成一定数量的作业后就休息一下。

* 有的练习册可能在视觉上很吸引人，但这种练习册往往导致孩子阅读困难。

请和孩子的老师一起努力，确保讲义上的图表清晰，并和孩子谈谈他很难看清或注意到的部分。比如，孩子是否能阅读蓝色纸上的字体？或者能否注意到页面底部旁边带有箭头的单词？

● 孩子在做家庭作业时，请确保照明良好，可以为孩子选择一款正规厂家出产的儿童护眼灯。

● 使用孩子熟悉的旋律、特殊的短语等，来帮助孩子记忆学习内容。例如，要了解一周有几天、如何称呼每一天，可以让孩子学唱《我亲爱的克莱门汀》（*My Darling Clementine*）这首歌："哦！我亲爱的克莱门汀，哦！我亲爱的克莱门汀……一周有七天、有七天、有七天——周日、周一、周二、周三、周四、周五、周六"。这类供孩子学习的音频和视频资源很多。

参加考试和写文章。孩子们要参加大量的考试，但很少有人教他们如何考试。你可以教孩子一些简单的应试技巧：

● 如果试卷上有多项选择题，请在圈出正确答案之前划掉错误答案。

● 在做作业和参加考试时，在关键说明或短语处画圈或画下划线。

● 在长时间的测试中，让孩子先完成会做的题目，然后再返回去做有困难的题目。这样，他就不会在不确定的题目上苦苦纠缠，浪费宝贵的时间并变得神经紧张，而是跳过这类题目继续作答。两点提醒：如果是在试卷上直接作答，应把跳过的题目圈起来，以便回过头来完成答题；如果是在答题纸上的方框内作答，则应在跳过某个题目时，确保在答题纸上也跳过相应的方框。

● 如果孩子读不懂题目的含义，鼓励他举手提问而不要感到难为情。其他孩子很有可能也有同样的疑问，但都不好意思发问。

● 和学校沟通孩子在测试中可能会遇到的困难。

● 教孩子在写文章之前，先草拟出提纲，即使是在考试时也应如此。

● 教孩子制作知识记忆卡片，可以随时进行复习。

● 经常和孩子讨论他在学校里学到的内容。在纠正孩子记错的部分之前，先表扬孩子记住了哪些知识。向别人介绍学到的知识，可以帮助孩子加深记忆。你也可以和孩子一起上网搜索或在孩子的书中查找信息，让你们之间的对话继续下去。不要问孩子类似"在学校里发生了什么"这样笼统的问题，要问得更具体，比如正在学习哪个单元的课程或者你所知道的孩子正在学校里做的事情："今天科学课上你们学了什么？""你们现在学到天文学了吗？"

让整个家庭变得井井有条

有感觉问题的儿童（和成人）经常会遇到做事条理性的挑战。如果家里有不止一个做事没条理的人，那么整个家就会变得很混乱并且所有人都会很沮丧。如果你有一个或不止一个有感觉问题的孩子，并且你自己做事也没什么条理，这时你需要有耐心和保持乐观。你们可以选择一个全家人都感到有挑战的任务（例如整理客厅）去完成，在做任务的时候播放有趣的音乐，然后至少花一个星期的时间来维护你们的劳动成果，以便帮大家建立起"我们都能将其保持得井井有条"的信心。

请记住，家里每个人都变得有条理要比一个人"单打独斗"好得多。

- 指定好每件东西摆放的位置。你可能需要用文字或者图片来标记放置的区域。如果你有需要临时放置的物品（例如学校发的通知单），那么可以先找个地方放一放。

- 留出一个特定的时间比如周日下午，整理家里被随处乱放的东西。让每个人都参与进来，注意哪些物品似乎永远无法被摆回原来的位置。跟大家谈谈"为什么洋娃娃总是出现在浴缸里"，或者"为什么衣服被丢在好几个地方"。你要让大家认识到"为什么东西的主人没有把东西放在它应该放的地方"。

- 根据每个人的实际需求来设计整理方法。如果孩子的洋娃娃每隔一天就重新出现在浴缸里，也许它就应该被放在浴室而不是走廊尽头的房间里。如果你的女儿在房间里做作业时总是脱

掉鞋子，也许就应该把她常穿的鞋子放在房间里。

- 把同类物品放在一起，并把可能同时用到的物品也放在一处。额外多准备一些经常用到的物品，这样当你需要时，随手就可以拿到。准备一个洗漱用品包并装满你可能用到的各类物品，这样当你去度假时就不用再买各种物品并打包了（你可以在电脑上保存一份主要用品清单，打印出来作为旅行时用的物品清单）。夏天，在门口、车里和后院各放一瓶驱蚊剂，这样当蚊子叮咬孩子时，你就可以立刻给孩子喷洒驱蚊剂，而不用跑来跑去寻找唯一的那瓶驱蚊剂。

- 清理房间时，一次只收拾一种类型的物品。可以让孩子先把所有的玩具汽车都放在装玩具车的箱子里，然后再把所有的书收起来放回书架上。在厨房里，让大家一起合作准备晚餐，饭后先收拾好餐桌上的食物，再清洗用过的盘子。一次只做一件事可以帮助孩子专注于更大的任务，并获得成就感。如果你发现了应该放在其他地方的物品，请先堆放起来，然后再将它们一一归位，否则你会因为一直跑来跑去而筋疲力尽。

- 向孩子演示你是如何决定先清理哪种物品的。比如，先把地板上的玩具清理干净，这样你就可以轻松自由地在房间里走来走去，方便收拾其他物品。向孩子解释为什么在清洗新的一批碗

碟之前，需要先清空洗碗机的餐具。在演示的过程中，你实际上是在教孩子如何有条理地做事。

● 如果你或孩子总是迟到，那么你就拿个秒表，计算一下完成特定任务（比如早上穿衣服）实际需要多少时间。此外，如果知道孩子只有在时间充裕并且不着急的情况下才能够忍受洗头、吹干头发和梳头，你能提前做好计划并留出完成所有的事所需的足够的时间。

● 按照待办事项清单来做事。如果是电子清单，请在完成任务后使用删除线模式，而不是简单地把已经完成的任务从清单上直接删掉，这样你会看到自己的做事进度从而受到激励，直到看到清单上一片划痕，可以让你收获满足感。如果给孩子制作待办事项清单，他通常更容易集中注意力，能更轻松地完成家务、家庭作业和早晨的"例行公事"。即使是还不会说话的孩子，也可以根据照片或图片式待办事项清单完成任务。

● 不要觉得必须使用科技手段才能有条理地做事。如果你更习惯简单的方式，那么就一直坚持这样做，而且别让其他人安排你的日程，除非他们会立即将日程安排写在厨房或走廊的大挂历上。请务必定期与家里的其他人核对，确保你们都知道日程表上列出的新项目。

● 学会安排事情的优先次序。如果锻炼身体、和孩子玩亲子游戏对你来说是重要的事情，那就把它们排在前面。学会说"不"，或者至少在被逼着参加一项你没时间参与的活动时说"我那天可能有别的事情，等我查看一下再给你回复"。

● 灵活应对家庭中其他人的习惯。如果你的伴侣需要把牙刷和牙线放在水槽边上才能记得使用，而你却更喜欢整洁的台面，那么你可以找一个小的收纳盒来装伴侣的牙刷和牙线。

*一些有用的整理技巧。*整理专家朱莉·摩根斯特恩和她十几岁的女儿在她们共同撰写的《为青少年从内到外做规划》（*Organizing from the Inside Out for Teens*）一书中提供了让生活变得井井有条的方法。她们指出，起初可以使用奖励制度，鼓励孩子有条理地做事并坚持下去，但奖励制度只是手段，最终目的是帮助孩子养成保持事物井然有序的习惯，不再浪费宝贵的时间去寻找各类物品，享受物品整洁有序而带来的宁静，更好地掌控时间。作者建议应该对孩子强调条理性的积极作用，而不是跟孩子喋喋不休地说缺乏条理性会导致哪些消极后果。例如：

● 使用"幼儿园模式"来规划空间，将所有与某个活动相关的物品分组放在该活动发生的地点。例如，你女儿早上梳妆用的所有东西都应该放在靠近镜子和水槽的同一个地方，而不是把梳子放到卧室、化妆品放在背包里、牙刷放在水槽边。

- 帮助孩子整理他的储物柜和背包并进行分区。例如，在储物柜的架子上放一个存放个人物品的篮子，将个人物品和学校用品分开。

- 避免采用过于复杂的整理方法，这样会耗费太多精力。尽量简化归置物品的步骤，否则孩子可能会回避整理任务。

找出正确的策略和方法来帮助孩子学习和保持条理性，一开始确实有很多的工作需要做。幸运的是，你能收到巨大的回报，只要把策略和方法贯彻下去，就会自然而然地帮助孩子专注于需要完成的工作，孩子不用再担心究竟应该如何做才能提高自控力并开启有条理的生活。

帮助孩子改变糟糕的字迹

书写，是一项具有挑战性的复杂任务，要求手部和上半身具有良好的肌肉张力、力量和耐力；需要本体感觉能力去正确握笔，控制手指的微小动作；需要记忆和复制字母的视觉感知能力；需要在抄写时有重新聚焦的能力；以及长时间集中注意力的能力。许多感统失调的孩子在书写方面都有困难。

书写潦草是学生在学校被推荐给作业治疗师的最常见原因之一。以下是一些作业治疗师给有书写问题的孩子提出的建议，请与你孩子的作业治疗师讨论这些活动是否适合你的孩子，并向作业治疗师询问其他具体的建议。

• 确保孩子坐姿端正，并且灯光有利于孩子进行书写。

• 为了提高孩子抓握书写工具的能力，请让孩子尝试使用铅笔握笔器。作业治疗师可以选择一款适合矫正孩子铅笔握姿的握笔器。最终目标是教会孩子在不用握笔器的情况下正确握笔。

• 练习在倾斜或垂直的表面书写，例如将纸放在倾斜的木板、画架上书写或者在黑板上书写。

• 通过玩黏土、使用握力器来加强手部力量。

• 用镊子和钳子玩捡东西的游戏。

• 让孩子用不同的方式写字：用振动笔或水枪写字，挥动大臂在空中写字，用手电筒在墙上写字，把白色胶水挤在纸上再撒上闪光粉或鸟食形成字等，还可以用手指在布丁、剃须膏、沙子或者地毯上写字。

• 在孩子的背上写字，也可以让孩子在你的背上写字，互相猜猜都写了些什么字。

• 让孩子通过玩纸上走迷宫和连点成线的游戏来练习对铅笔的控制能力。

充分利用孩子的天赋和优势

如果孩子在学习、集中注意力和条理性方面存在问题，那么你就很容易陷入思维陷阱，"哦，他只是不够聪明"，或是"他就是懒"，或者"他是有感觉问题的孩子，我不能指望他能跟得上"。是的，很多孩子在学校都能表现得很好，回家的时候都面带微笑，手持一幅漂亮的手指画，或者把得了 A 的试卷交到家长手里。许多孩子在特定的学习环境中都能茁壮成长，尽管也会遇到困难，但都挺过来了。然而，有些孩子却需要接受特殊教育。

虽然我们通常都受到同样方式的教导，但我们每个人的学习方式不尽相同。请记住，孩子是通过感官去学习的，所以针对一种或两种以上感官的多感官教学方法效果最好。这适用于所有的孩子，对有感觉问题的孩子而言，多感官教学方法更有效。例如，一个有听觉问题的孩子如果仅靠听讲来学习就会有学习障碍，而一个有视觉问题的孩子很难通过自行阅读来提高学习效率。一些孩子会屏蔽某些感官通道，以便让其他 1 ~ 2 个通道的感觉信息最大化。天宝·葛兰汀曾表示她自己不是通过语言获取信息的，是一个视觉思考者。她解释道："用语言和文字思考对我来说十分陌生，我完全是通过图片来思考的。我的记忆中没有任何基于语言的信息，为了获取语言信息，我会在脑中'重播'看到的视频。"

许多教育家认识到多感官学习的价值。全方位课程设计（Universal Design for Learning，UDL）是可以帮助课堂上所有学生学习的教学方法。UDL 使用多种方式来表达概念，让学生参与到学习过程中，并给他们机会展示自己所学的知识。例如，个人和小组项目可以让孩子们以动手的方式学习，让孩子在课堂上做演示、写论文、制作海报或使用电脑软件制作视频，以便向他人展示他们的知识。学生们可以通过口述的形式完成读书报告，而非通过手写或者键盘输入的形式。地理知识主要是通过播放生活在不同地方的人的视频来教授，孩子可使用地图和应用软件来完成作业，还可以通过与来自其他国家的孩子通信来促进学习。如果可以展示一只真的蛹，让孩子在教室里观看蛹变成蝴蝶的整个过程，孩子将永远不会忘记从毛毛虫到蝴蝶的蜕变。有触觉防御的孩子可能会在美术课上拒绝接触黏土，但通过参观博物馆，他可能会对雕塑产生兴趣，从而再也不讨厌黏土了。亲身的体验和经历是最好的学习方式，这或许就是一些人所谓的"实境学习"。

在过去，人们普遍认为智慧（智能）只有一种衡量标准——对书本知识的掌握程度。现在人们已经认识到，智能有多种类型。《智能的结构：多元智能理论》（*Frames of Mind: The Theory of Multiple Intelligences*）一书的作者霍华德·加德纳介绍了六种智能：语言的、音乐的、数学逻辑的、空间的、身体运动的和人际沟通的。你可能会发现，孩子处理感觉信息的方式与他人不同，甚至可能有学习障碍，但当以适合孩子的独特的多元智能的方式教学时，孩子会学习得很快，而且更有动力。以下是你和老师可以使用的一些方法。

语言智能

拥有语言智能的孩子有很强的文字能力，无论是书面语还是口语，他们喜欢讲故事、写故事、讲笑话、猜谜语、阅读、玩文字游戏等。

驾驭语言的力量。 语言智能的孩子可能最擅长解决文字类问题或通过故事来学习数学概念。如果他们读历史小说，他们能更好地记住一些历史事件。在理解和记忆人体是如何工作时，给语言智能强的孩子打个比方或讲个故事可能会帮助他记忆，比如把身体内部的运转描述成像繁忙的餐厅的厨房，而不是仅仅让他去记各种器官的名称。

作家、编辑一般都有很强的语言智能。

音乐智能

具有音乐智能的孩子对音调、旋律和节奏有很强烈的感觉。他们喜欢听音乐、演奏乐器、唱歌、跳舞和自己创作歌曲。

驾驭音乐的力量。 有些孩子会唱歌，但说话有困难，口吃或言语迟缓的孩子通常就是这种情况。对节奏和音调的敏感可以用于学习语音的音乐性。这类孩子小时候可以通过在耳边数节拍来学习数学，之后可以分析音乐作品，他们可以用旋律来帮助自己记忆事实并且给活动排序。

音乐家一般都有很强的音乐智能。

数学逻辑智能

具有数学逻辑智能的孩子很容易进行逻辑推理，喜欢秩序感。他们可能喜欢与数字打交道，善于提问题。

驾驭逻辑的力量。 需要一些创造力才能够激发有数学逻辑头脑的人去探索其他学科。学习绘画技巧和色彩理论可以帮助这类孩子欣赏艺术作品，学习乐理可以激发他们对乐器的兴趣，用数字形式概述想法可以帮助他们组织文字进行写作，纸牌游戏、多人电子游戏可以帮助他们进行社交。

科学家、数学家、计算机程序员和许多音乐家都拥有很强的数学逻辑智能。

空间智能

具有空间智能的孩子有良好的视觉感知能力，他们会去寻找物体之间的联系和规律。他们喜欢绘画、研究地球仪、看图片和照片、玩拼图和搭建积木等游戏。

驾驭空间的力量。 给孩子一张图片或者图表，而不仅仅是口头解释，孩子可能更容易掌握新概念。如果允许孩子通过把自己观察所得绘制成图片来进行

运动与学习的联系

运动对学习的重要性从胎儿还在妈妈肚子里的时候就开始了。待出生后，婴儿通过转动眼睛来学习；通过移动和啃咬手脚来探索；在翻身、坐起、爬行、走路和跑步的过程中，他们会学到更多。运动和学习之间的联系贯穿人的一生。研究表明，运动能激活大脑，加强神经连接并为学习做好准备。如今，大量的研究表明，常运动的孩子注意力更集中，也会学得更好。然而，前庭反应过度、肌张力低下、运动规划能力差或耐力差的孩子可能不愿意参加运动，从而影响到学习效果。

说明，以代替书面表达，他们可能更有动力上科学课。具有空间智能的孩子可能对几何学更感兴趣。

艺术家、建筑师、木匠、外科医生和电脑程序员都有很强的空间智能。

身体运动智能

拥有身体运动智能的孩子会利用身体，通过触摸和动作来学习知识。他们喜欢很多类型的活动，例如体育运动、跳舞、表演、用手操作物体，以及使用肢体语言来帮助自己与人交流。

驾驭身体运动的力量。 对这样的孩子来说，很有必要采取亲力亲为、边做边学的方法，例如，在学习书写字母时，用黏土制作字母，用剃须膏书写，或者用手指在有纹理的字母上描画……对这类孩子来说，学习数学概念最好的方法是量一量自己能跳多远。他们可能会在拼写单词之前，通过表演来展示这个单词的意思。比起从书本或说教中汲取知识，实践更能使他们找到对学习的兴趣。

舞者、运动员、演员和雕塑家都拥有很强的身体运动智能。多动症儿童通常在这方面也有优势，但他们可能需要外界的帮助，引导他们以积极的方式运动或行事。

人际沟通智能

具有人际沟通智能的孩子往往会有很多朋友，喜欢和小伙伴组队玩游戏并扮演领导角色。擅长内省的孩子能够觉察以及体验他人的情绪、情感，做出适当的反应，他们可能不是健谈之人，但却是安静的倾听者和观察者，且更喜欢独自工作和学习。

驾驭人际沟通的力量。 这类孩子可能会受益于学习小组等小组项目以及倾听对各类主题感兴趣的人的发言或与其交流。当话题与亲身经历相关时，他们

会觉得这个话题很生动。例如，如果另一个数学成绩较差的同学向这类的孩子请教数学问题，他们可能会更有学习数学的动力。如果向这类孩子展示数学在现实生活中的作用，他们可能会觉得数学更有趣。如果请他们与同学分享数学笔记，那么他们的笔记可能会记得更好。如果他们要与他人通信并分享故事，他们的写作技能可能就会提高。

教师、治疗师、医生和政治家通常都拥有出色的人际沟通智能。

孤独症儿童的典型表现之一是在人际沟通智能方面有严重困难，导致社交技能低下，比如读不懂他人的情绪以及无法捕捉社交语言中暗含的意思。人际交往能力受损的人可能会记住构成微笑或悲伤表情的面部特征，或者记住人们如何使用特定手势来交流特定的内容，通过"下载"这些图像，更好地读懂他人的想法并与之互动，以此来弥补缺陷。

在现实生活中的应用

我们来看看七岁的克丽丝塔，她彻底放弃画出一个方正的正方形。她画的正方形总是歪斜得像椭圆形，主要因为她总是坐不住。她更喜欢聊她的新的宠物——一只小猫，以及她最好的朋友艾米丽一只脚穿着粉色袜子而另一只脚穿着紫色袜子去上学。克丽丝塔利用身体运动智能，将图钉插到一块泡沫塑料的四个标记点上。然后当她将纱线从一个图钉连接到另一个图钉时，她就能了解到四条直线和四个角的概念，并且意识到必须改变四次方向才能得到一个正方形。克丽丝塔还利用人际沟通智能，教艾米丽如何用图钉和纱线做一个正方形，而艾米丽也向她展示了如何在地上画跳房子的图形，然后她们一起玩了几个小时。

推荐阅读

Armstrong, Thomas. *Neurodiversity in the Classroom: Strengths-Based Strategies to Help Students with Special Needs Succeed in School and Life.* Alexandria, VA: Association for Supervision and Curriculum Development, 2012.

Dalgliesh, Carolyn. *The Sensory Child Gets Organized: Proven Systems for Rigid, Anxious, or Distracted Kids.* New York: Simon & Schuster, 2013.

Dawson, Peg, and Richard Guare. *Smart but Scattered: The Revolutionary "Executive Skills" Approach to Helping Kids Reach Their Potential.* New York: Guilford Press, 2009.

Eide, Brock, and Fernette Eide. *The Dyslexic Advantage: Unlocking the Hidden Potential of the Dyslexic Brain.* New York: Penguin, 2011.

Rief, Sandra F. *The ADHD Book of Lists: A Practical Guide for Helping Children and Teens with Attention Deficit Disorders.* San Francisco: Jossey-Bass, 2015.

第12章

营养、睡眠和压力

到目前为止，你已经拥有足够的感觉智慧，你知道必须在一些事情上放松对孩子的要求。例如，要求孩子立即服从你的命令而不给他任何过渡的时间就是一个巨大的且不必要的压力源，它可能会成为压垮孩子精神的最后一根稻草，导致其停止思考甚至突然崩溃大哭。不要只是因为孩子不能很好地适应家庭聚会和特殊活动就采取回避的方式，你可以采取相应的措施，减轻孩子应对这些活动的负担。有时，生活中的压力源是你根本无法避免的，比如，父母调至外地工作；爷爷奶奶突然搬来一同居住，打乱了原有的家庭互动方式；朋友搬走了；心爱的宠物死了。你的孩子可能会发现，除了应对日常生活中的感觉统合失调问题，他还得应付这些变化，实在是太困难了。幸运的是，你可以帮助孩子对付一些大的"压力怪兽"，它们其实很容易被忽视，比如营养不良和睡眠不足。

为孩子提供健康的饮食

必需的营养物质帮助人体正常运转，缺少任何一种营养元素都会严重影响孩子的健康。这些营养物质为孩子的生长发育提供了必要的"燃料"。

蛋白质是组成人体一切细胞、组织的重要成分，在各种生命活动中起举足轻重的作用。

良好的蛋白质来源包括肉类、海鲜、鸡蛋、坚果、豆类及豆制品、牛奶及乳制品等。如果孩子有乳糖或酪蛋白不耐受，可以使用非乳制品替代。早餐时，给孩子补充蛋白质可以使他一整天都感觉良好，并且表现得更好。但要让孩子多吃富含蛋白质的食物可能需要一些创造力和耐心。你需要多尝试，虽然孩子早上可能不愿意吃炒鸡蛋和煎培根，但是他也许会喜欢添加了调味蛋白粉的美味奶昔。

碳水化合物为人体提供了能量，它

必须与蛋白质结合才能保持稳定的能量转化率。良好的碳水化合物来源包括蔬菜、全谷物和水果，其他来源包括精制面粉产品（如白面包和白面食）、糖果等。这些精加工的食物会给身体带来过多的能量，虽然这些能量很快就会被消耗掉，但不适当的摄入无益于孩子的身体健康。尽量让孩子少喝果汁，多吃新鲜的水果，因为后者含更多的纤维素。

维生素和矿物质是我们的身体保持健康并正常工作所需的营养物质。均衡饮食，吃新鲜蔬菜和水果，定期晒太阳，能提供大多数人身体所需的维生素和矿物质。我们中的许多人尤其是儿童和青少年，吃的食物种类有限，请考虑添加优质的维生素和矿物质补充剂，以确保摄入足够的 B 族维生素、维生素 C、维生素 D 和钙、铁、镁、锌等矿物质。

水是生命必不可少的营养物质，约占身体的 60%。水有助于分解和运送营养物质，调节体温，排除毒素和代谢产物等。脱水的症状包括记忆力变差、注意力受损、产生饥饿和"空虚感"。当孩子感觉不适时，先试着给他喂点水。

脂类（脂肪）有支持神经系统，保护神经，为内脏提供缓冲，帮助身体隔热及调节体温，构建细胞膜并促进其正常发育，维持皮肤健康，帮助调节情绪等作用。它也是某些激素（例如皮质醇、雄激素、雌激素）的基本组成成分。沙丁鱼和某些野生鲑鱼中含有必需脂肪酸，牛油果、橄榄油和亚麻籽油、深绿叶蔬菜（如甘蓝和菠菜）以及鹿肉也富含必需脂肪酸。孩子爱吃的饼干、纸杯蛋糕、薯条和薯片中含有最不健康的脂肪，并且会干扰身体利用脂肪酸的能力。

多项研究表明，患有诵读障碍、孤独症和注意缺陷多动障碍的儿童体内往往缺乏必需脂肪酸，及时补充必需脂肪酸可改善孩子的症状。许多父母表示，当孩子通过食物或者补充剂（如鱼油或亚麻油）摄入更多的必需脂肪酸时，孩子的感觉问题得到了改善。因为鱼油补充剂必须接受纯度检查，所以比起直接食用鱼肉，使用鱼油补充剂可以尽量避免摄入汞和其他污染物。请注意，对感觉统合失调的孩子来说，鱼油胶囊可能颗粒太大，难以吞咽，你可以为孩子选择口感不错的液态天然鱼油。

营养建议

我们如何为孩子选择更健康的食物呢？以下是一些有用的建议：

* 用全麦面包、粗粮饭代替白面包、白米饭。对于有感觉问题的孩子来说，口感往往是一个很重要的问题，所以你得尝试不同品牌的面包、大米和面食，才能找到孩子愿意接受的产品。

* 尽量吃新鲜水果或冻干水果。用果酱代替果冻，用水代替果汁，或者至少将果汁用水稀释。美国儿科学会（AAP）建议不要给小于 12 个月的婴儿喝果汁，1～6 岁的孩子每天喝的果汁不超过 4 盎司（约 113 克），7～18

岁的孩子每天喝的果汁不超过 6 盎司（约 170 克）。儿科学会还表示，过量饮用果汁会导致营养不良、腹泻、胃病和蛀牙。

- 让孩子吃蔬菜通常是一个大挑战，但如果你能把蔬菜变着花样地烹饪，孩子说不定就愿意尝试了。一些孩子喜欢嚼冷冻蔬菜，因为冻过的蔬菜又凉又脆，嚼起来咯吱作响，并且能提供很多感觉信息的输入。你还也可以把蔬菜剁碎，混进煎饼、比萨或意大利面酱中。南希说，科尔最喜欢的主食之一是用杂粮粉混合南瓜泥做成的华夫饼。你可以尝试给孩子蒸或炒蔬菜吃，找到最适合孩子的口感，新鲜的农产品往往味道更好，另外适当添加调味料可能会让有感觉问题的孩子喜欢吃蔬菜。你也可以将花菜泥混入意大利面或比萨饼皮，或者用面条机把西葫芦之类的蔬菜泥压成面条的形状然后给孩子吃。

- 如果你想要让孩子吃肉，请确保你准备的食材没有经过深加工，不含大量的化学物质。早餐可以选择无添加的香肠、培根，而不是用加工过的午餐肉做三明治给孩子吃。

- 避免摄入高脂肪乳制品。营养学家尼玛利·费尔南多博士提醒，儿童每日需要摄入牛奶、酸奶、奶酪和其他奶制品来补充钙质，保证骨骼和牙齿生长所需。你可以逐渐地减少孩子脂肪的摄入量。大多数一至两岁的孩子需要喝全脂牛奶，如果孩子有肥胖问题或有心血管疾病家族史，则建议喝低脂牛奶。对于所有两岁及以上的儿童，通常推荐喝脂肪含量为 1% 的低脂或无脂（脱脂）牛奶。当然，如果孩子有乳糖不耐受或牛奶过敏问题，应向儿科医生或营养学家咨询可以摄入什么代乳食品。你也可以通过阅读营养学家凯莉·多尔夫曼的著作《用食物治愈孩子》（*Cure Your Child with Food: The Hidden Connection between Nutrition and childhood Ailments*）来了解代乳食品。

- 烹饪时使用健康的油，在煎炒食材或调味时用肉汤代替食用油，避免吃油炸食品。做烧烤时，使用优质肉类，适当用点香料调味会让食物味道更好。与其买炸薯条，不如自己在家里用烤箱来烤薯条，或者买用橄榄油做的冷冻薯条。与其将鸡肉油炸，不如将其烤制了来吃。

- 避免吃太多的糖。虽然许多有感觉问题的孩子喜欢汽水里的气泡，但请不要给他们喝汽水，而是给他们喝添加了味道或无味的无糖苏打水，或者只在水里加一点柠檬、酸橙或橘子汁。不要给孩子买含糖麦片。如果孩子已超过两岁，可以用糖蜜、枫糖浆、红糖、甜叶菊或蜂蜜来代替精制糖。避免摄入果葡糖浆和其他人造甜味剂。

- 注意食物的分量，如今很多食品的含糖量都超标。给孩子偶尔吃点零食是可以的，但电影院里出售的巨大巧克力棒、松饼或饼干所提供的脂肪、糖大大超过了孩子身体所需，即便是大量运动的青少年也消耗不了，所以要尽量少吃或不吃。

儿童和成人都需要一顿富含蛋白质的早餐，这样即便在数小时不进食的情况下，他们仍能保持体力、注意力和精力。他们还需要不时吃些富含蛋白质的零食来保持专注并补充精力。当孩子连续几个小时不吃东西时，他的血糖就会降低。如果两餐间隔时间很长，吃饭时孩子又狼吞虎咽地吃下太多精制白面制成的食物，那可就不太妙了。

有感觉问题的孩子可能感觉不到血糖下降和进食的冲动。如果他们对现有的食物不感兴趣，他们可能会不愿意吃饭。孩子极低的食欲和有问题的饮食模式可能是由多种因素造成的，包括抑郁和焦虑、耳部感染、过敏或者贫血。如果你注意到孩子有食欲下降的状况或担心孩子营养不良，请务必咨询儿科医生或营养学家。

营养师的角色

如果你经常阅读关于营养方面的新闻，你可能会注意到个别研究取得的成果，但重要的是，你需要进一步地阅读，以了解应该如何将研究成果结合已知的营养知识进行应用。

营养学家擅长跟踪最新的营养研究成果，并且可能会知道对你孩子有帮助

的补充剂和饮食干预方法。当你自己在做这方面的研究时，请务必注意分析信息的细微差别。例如，天然酶和补充酶之间存在细微的差别；并非所有的必需脂肪酸都是 ω-3 脂肪酸，它的摄入量需要与 ω-6 脂肪酸成一定比例；如果你摄入某种矿物质或维生素过多，会对身体不利；某些形式的维生素比其他形式的更容易被代谢，维生素的吸收经常会受到一起摄入的其他食物的影响，如镁可以增强钙的吸收。虽然你可能会看到其他父母大获成功，他们声称通过营养干预已经"治愈"自己孩子的 ADHD 或触觉敏感了，但请记住，没有两个孩子是一样的，对其他孩子有效的方法可能对你的孩子根本不起作用。更糟糕的是如果"治疗"你孩子实际上没有的营养问题，可能会造成他的身体营养元素失衡，从而导致其他问题。

我们的建议是，通过给孩子更好的营养或者补充剂来增强孩子的治疗效果，但你需要与专业的营养师合作，最好是熟悉并且曾与有感觉问题的孩子合作过的营养师。询问孩子的儿科医生、作业治疗师或其他治疗师，看他们能否推荐合适的营养师。

当然，给有感觉问题的孩子补充营养并不容易。很少有孩子会高兴且主动地吞下大粒鱼油胶囊，或者会享受撒在食物上的不熟悉的食物碎和气味浓郁的鱼油。维生素补充剂制造商已经注意到了这个问题并且做了改进，现在你可以

买到多种形式的儿童复合维生素，其中包括咀嚼片和饮品，口味多样。另外，你还可以购买维生素喷剂，将其喷在孩子口腔内靠脸颊的部位。

甜蜜的梦

睡眠的作用已经成为儿童健康讨论的焦点，市面上有很多关于儿童睡眠的优秀的图书。可以肯定的是：儿童需要充足、持续的高质量睡眠，以获得充分休息，促进身心健康发展。休息好了的孩子注意力更集中，情绪更稳定，学知识也更快。大多数专家一致认为，三至五岁的孩子通常每天需要 10 ~ 12 小时的睡眠，六至十二岁的孩子每天需要 9 ~ 10 小时的睡眠。即使孩子睡眠时间充足，但如果有睡眠呼吸暂停或频繁醒来的情况，他们睡眠质量也不好。还要记住，某些药物可能会影响孩子的睡眠质量，如中枢兴奋性药物、抗抑郁药物、麻醉性镇痛药、平喘药等。如果孩子正在服药期，而睡眠习惯发生了变化，请咨询孩子的儿科医生。

持续的睡眠紊乱会导致应激激素水平升高，生物节律不规律，注意力和认知能力下降，以及唤醒水平升高（作为身体对抗困倦做出的补偿）。长期疲倦的孩子会饱受压力、怒气、疾病、疲劳、神经衰弱、体重增加以及抑郁的折磨。更重要的是，一旦孩子处于异常的睡眠 - 觉醒周期，他们在夜晚可能常常难以入睡或保持持续睡眠状态。经历了白天的过度兴奋，夜晚孩子可能会躺在床上辗转反侧数小时也睡不着，即使身处黑暗、安静的房间里也无法放松下来。

有感觉问题的孩子通常无法获得充足的睡眠，这是有原因的。孩子可能很难不受房子内外声音的干扰，无论是外面的车流声、蟋蟀的叫声，还是隔壁床上兄弟姐妹的呼吸声。他们可能会发现难以应对睡袍、床单、枕头、毯子和床垫触碰身体的感觉。他们甚至可能无法降低自己的唤醒水平，以达到入睡所需的平静状态；或者他们可能难以从白天的小睡中醒来，导致白天睡过了头，直到深夜才能再次入睡。焦虑等情绪因素也会影响睡眠质量。

特殊儿童尤其是孤独症儿童，可能会有严重的睡眠问题，他们更有可能出现失眠、磨牙、睡眠呼吸暂停和呼吸困难，他们体内的褪黑素常分泌不足。褪黑素是由大脑松果体分泌的激素等，可以帮助身体调节睡眠 - 觉醒周期。有特殊需要的孩子经常服用的某些处方药物会干扰褪黑激素水平，导致睡眠方面出现不良反应。众所周知，手机、平板电脑等电子屏幕发出的蓝光也会干扰褪黑素水平。如果孩子有睡眠问题，晚上请尽早让他放下电子产品，并督促他白天也少看电子屏幕。防蓝光眼镜、屏幕保护膜有一定程度的过滤蓝光的作用。

如果孩子睡眠不好，请咨询孩子的儿科医生、作业治疗师或睡眠专家，解决睡眠呼吸暂停和磨牙等问题，并再次检查孩子服用的药物。通常只需做一些相当简单的改变就会产生很显著的效果。

当孩子进入青少年时期，睡眠问题就会变得更严重。最近，美国疾病控制与预防中心建议高中生从早上 8:30 开始上课，以便适应青少年的自然睡眠节奏，因为他们天生就爱晚睡晚起。即使不让孩子在睡觉前看屏幕，要求你家的青少年在晚上 9:30 或 10:00 睡觉可能也非常困难。睡眠不足可能导致青少年患抑郁症的概率上升，还有可能导致青少年成绩下滑，因为在没有得到所需的睡眠时，孩子很难保持头脑清醒。请帮助孩子调整作息，确保他每天都能有足够的睡眠。生活毕竟不是一场比赛，过多地给青少年和学龄前儿童安排学习课程，会给孩子带来太多的心理健康问题，学校和家庭都应该优先考虑孩子的全面发展及身体健康。密切关注孩子的睡眠习惯，尤其是在其进入青少年时期之后，这样你就可以确保孩子获得高质量的睡眠，从而帮助孩子学得更好、精力更充沛。

改善睡眠的策略

● 确保孩子养成每天都在固定时间入睡和起床的好习惯。周末孩子也许喜欢睡个懒觉，但这会扰乱身体的自然生物钟，导致失眠和入睡困难。

● 避免给孩子提供含咖啡因的食品、饮料以及药物。尤其生活中常见的咖啡、可乐、奶茶、巧克力等都含有咖啡因，父母可能会忽视，即使是微小剂量的

咖啡因也可能导致孩子头痛、易怒、颤抖和紧张。

● 尽量不要让孩子在睡觉前喝太多水或吃太多东西。在睡觉前喝过多水可能会导致孩子需要起床排尿，这样孩子可能就无法再次进入深睡眠。

● 不要让孩子躺在床上学习。床是孩子用来休息和睡觉的地方，不要把它和学习联系起来。

● 入睡前不要让孩子玩电子产品。

● 鼓励孩子经常锻炼身体，有助于调节孩子的睡眠周期。锻炼可能需要在白天早些时候进行，因为晚上活动会让孩子难以放松和入睡。

● 如果孩子在应睡觉的时间前还不困，可以让孩子听一些舒缓的音乐，在昏暗的房间里坐片刻，或是泡个热水澡来引发睡意。有香味的乳液可以促进睡眠，还可以使用薰衣草精油和香薰机，给孩子听白噪声机和播放着杂音的收音机，以及鱼缸、冒泡的喷泉或风扇的声音（但你可能需要确保风不会直接吹到孩子身上）。

● 限制小睡的时间。如果你家的学步儿已经不再需要一天小睡几次，请尝试限制小睡的时间。如果孩子在下午晚些时候就开始打瞌睡，尽量让他保持清醒，坚持到晚上再早些入睡。

● 确保孩子的睡眠环境光线较暗，且安静舒适。有的孩子可能需要开着一盏小夜灯才能安然入睡，而有的却会被

窗帘透进来的光亮影响到无法入眠。

- 孩子体内缺乏镁会影响睡眠，请咨询医生或营养师，确认孩子是否摄入了足够的镁。

- 振动有助于孩子的睡眠。试试振动枕头或可以铺在床垫下面的振动垫，也可以在孩子的床上放一个振动玩具，或者将其固定在婴儿床的栏杆上。

- 对一些孩子来说，在睡前淋浴或泡澡会受到过度刺激。如果孩子有这种情况，请将洗澡时间移至下午或更早的时间。

- 睡前吃含糖食物，可能会让一些孩子兴奋得难以入睡。虽然有证据表明，睡前喝热牛奶可以帮助孩子入睡，但如果这可能导致孩子半夜起床去排尿，就不建议这么做了。

- 保持睡前的固定流程。穿睡衣、刷牙、洗脸、讲故事和准时熄灯，这样的流程能帮助孩子坚持养成好的入睡习惯。

- 睡前花几分钟时间躺在或坐在孩子的身边，与他讨论一下今天发生的开心的事情和期待明天可能发生的事情，让孩子以放松的心态进入睡眠。

- 加重毛毯可以帮助需要感觉输入的孩子入睡并保持良好的睡眠状态。请与作业治疗师讨论加重毛毯是否适合你的孩子使用。切记不要让年幼的孩子在无人照看的情况下使用加重毛毯，

以及切勿用毛毯遮住孩子的脸。

- 在孩子入睡前，试着给他按摩一下背部、脚、腿、手和手臂等。

- 有的妈妈反映，她的感统失调的孩子睡觉前听重金属音乐更容易入睡。

- 若孩子需要深度压力输入，可以让他在沙发或床上打滚。用被子紧紧地裹住他，拥抱他，或者用枕头压住他。

- 让孩子自己决定穿紧身的还是宽松的睡衣。尊重孩子对温度的感觉，即便是在冬天的晚上，只要孩子愿意，也可以只穿一件 T 恤衫入睡。在睡觉前用烘干机烘热孩子的睡衣。

- 即便孩子坚持要喝一瓶牛奶或果汁才睡觉，也只能给他的瓶子里装水。另外为了防止孩子蛀牙，也不要在孩子睡前给他喝果汁或牛奶。大点的孩子如果夜间有喝水的需求，可以在他的床头柜上放一杯水，方便孩子喝到水。

- 允许孩子带着具有安慰作用的物品睡觉，例如他最喜欢的毯子（提示：需要准备一条换洗的毯子）、洋娃娃或毛绒玩具。

- 尽量避免让孩子在一个地方（比如沙发或者你的床上）入睡后，再把他转移到另一个地方（他自己的床上）。孩子可能会因为突然意识到自己置身于陌生的环境而感到不安，这使他难以放松并重新入睡。

- 不要等到孩子累得筋疲力尽时才让他

去睡觉。当你看到他有诸如动作变慢、眼皮下垂、打哈欠、变得安静以及对周围环境不感兴趣等困倦迹象时，就马上让孩子上床睡觉。你需要快速行动，否则孩子可能又清醒了，且变得挑剔、易怒、暴躁，且难以入睡。此外，过度疲劳的孩子往往很笨拙，并且比精力充沛时更容易伤害自己。

● 如果孩子和其他家庭成员发生了矛盾，尽量在睡前解决冲突，并向孩子保证明天又会是崭新的、美好的一天。

压力因素

*压力*是人们常用的一个词，以至于大多数人都忘记了它的真正含义以及它可能对身体和精神造成的伤害。人在感知到挑战或威胁时会产生压力，从而导致自身发生一系列生理和情绪上的变化。并不是所有的压力都源于坏事，比如结婚、生子、交友、升职等喜事，也会给你带来一定的压力。

心理学家汉斯·塞里最先对身体的压力反应进行了描述。

警觉阶段。在遇到带来巨大压力的强烈事件时，身体会产生"战或逃"的反应，这是身体内部一系列生物化学变化的结果，以便应对来自现实或想象中的威胁。此时大脑会发出警报信号，让所有感官都变得敏锐，并使整个身体系统处于高度戒备状态。身体会分泌肾上腺素等激素以提高心率和呼吸频率，提升血压、肌肉张力和新陈代谢水平。腺体会释放β-内啡肽，它可以提升积极情绪，并减少疼痛感；同时皮质醇能提升人体的血糖水平，提供即时能量。对感觉输入高度敏感的儿童可能会持续处于警觉状态，容易被"触发"，随时准备"战斗"或逃跑。

适应阶段。在下一个阶段，身体开始从高度的生理唤醒中恢复。生活中压力很大的人，以及那些倾向于将日常事件视为威胁的人，很难回归正常状态。过度兴奋且副交感神经系统功能不良的孩子可能不容易使自己平静下来。

力竭阶段。警觉阶段发生的神经生理变化会消耗身体的大量能量。只要大脑认为需要保持警惕，身体就会保持过度兴奋和高度警惕的状态。无法远离压力源或生理上无法得到充足的休息，会导致孩子长期处于疲惫的状态，身心俱疲甚至情绪崩溃。

许多研究将压力与心脏病、持续性头痛、背痛和其他肌肉骨骼问题、消化系统和呼吸系统疾病、抑郁、注意力和学习能力受损以及免疫力低下联系在一起。

当压力和营养不良导致孩子体内某些腺体功能发挥异常时，肾上腺就会主动充当"救援人员"，释放激素，为身体提供能量以应对压力。但随着时间的推移，肾上腺的工作效率也会降低，从而导致整个人有一种"被掏空"的感觉：

因太疲惫而无法思考；因太紧张而无法入睡。青少年尤其容易使自己的身体过度紧张，然后试图用咖啡因或糖果来缓解困倦的感觉，但这只会加重肾上腺的负担，是一种恶性循环。

多重压力来源

孩子所经受的压力的来源，有的很明显，有的却可能不那么明显。

外部环境压力。日常的压力来源包括交通堵塞、噪声、空气污染、通风和照明不良，以及狭窄拥挤的空间。对感觉敏感的孩子来说，环境中的诸多事物皆可带来压力，袜子线头、荧光灯和手提钻的噪声都可能让他们备感压力。

生理压力。身体状态异常可能成为压力的一大来源。身体发育、体内激素水平的变化、过敏、身体不适、运动过少、营养不良和睡眠不足都会对身体造成损害。对那些难以处理身体内部感觉的孩子来说，困难会被放大许多倍，甚至早上洗脸穿衣这样的活动都会令他们身心俱疲。

社会压力。社交是常见的压力来源。完成家庭作业、注意每一个"截止日期"、担心学校生活，以及与父母、朋友或兄弟姐妹产生分歧，都会给孩子的生活带来压力，而感觉问题往往会放大这些压力。例如，新学年伊始对大多数孩子来说都不容易，但对有感觉问题的孩子来说尤其如此，因为所有的未知因素如面对新老师、新同学、新的学习要求以及去厕所和餐厅的新路线，都可能加剧他们的压力。

思想压力。你的大脑会感知外界并分析是否有潜在威胁，这里的关键是感知。有些人的适应能力强，会认为变化是积极的、令人振奋的，感觉可以控制自己和周围的环境，大多数时候能顺势而为。而另一些人则将变化视为一种威胁，感到失控和迷茫，一次又一次地反应过度，他们更有可能遭受压力。

你能做些什么？

显然，面对压力，没有简单的解决方案。然而，在你能真正处理孩子的压力问题之前，你需要先学会驾驭自己。如果你感到疲惫、易怒、沮丧、不知所措，那么就去找出真正困扰自己的因素。请把你负责的事情按优先顺序排列，尽可能地减轻自身的压力：如果经济宽裕，就雇个人帮你打扫房子；如果志愿者活动已经开始让你感到厌烦，就申请退出；如果家庭环境让你难以忍受，那么就找个朋友帮你重新规划生活空间。

如果是更大的压力，可能不太容易应对。请尽自己所能地寻找缓解压力的方法，可以加强锻炼，步行去街角商店而不是开车，走楼梯而不是坐电梯，以帮助自己清醒头脑，让身体充满活力；重新考虑自己的饮食，查阅营养健康方面的书籍，或者在必要时咨询营养师；听舒缓的音乐，做一些可以帮助自己放松的事情，比如在大自然中漫步、做园艺或读书，而不是刷社交媒体上的信息；关掉手机上的大多数通知，退出社交媒体网站，把手机放在一个不易拿取的地方以改掉不停查看手机的习惯。每天有一段自己独处的时间。

充分利用外部资源。 朋友、家人、互助小组和类似情况的家长在线论坛，都可以为你提供帮助。咨询师或治疗师可以帮你理清头绪、设定目标，并采取具体行动来解决源自生活的压力。许多感觉饮食活动，例如本书第 6 章中介绍的深呼吸和冥想，也非常有帮助。经常做有氧运动、身体按摩等，也能帮助缓解压力。

帮助孩子应对压力。 经常和孩子谈谈他生活中的压力源，多使用孩子能理解的语言和例子。对于蹒跚学步的孩子，他们不开心的原因常常是遇到了困难的游戏。大一点的孩子更有能力表达出自己所承受的压力，也更善于识别自己的情绪。不过，青少年往往会认为父母是世界上最难以理解自身痛苦的人，你可能需要多费些心思才行。拥有感觉智慧的父母是世界上最有理解力的人！请尽量抽出时间与孩子一起进行彼此都喜欢的活动，你会发现孩子比坐在餐桌前被你质问时更容易敞开心扉。

随着孩子长大，压力源自然会增多，他们也需要承担起更多的责任。幸运的是，年龄大一些的孩子更能阐明困扰自己的问题，并采取积极的行动来管理压力。同时，请帮助孩子识别和确定压力源的优先顺序。作为拥有感觉智慧的父母，你将有能力识别、管理甚至消除孩子的许多压力源。

下面是一些减轻孩子压力的建议。

- 让孩子参与到一项有意义且令人愉快的活动中，比如球类游戏、制作拼贴画、绘画、烤饼干等。试着让孩子全身心地投入到活动中去，忘掉时间和所有忧虑。深度沉浸在活动引起的体内生物化学的变化可以增进孩子的幸福感。

- 让孩子参加瑜伽、游泳、舞蹈、武术或其他类型的课程。运动可以改善孩子的情绪。如果孩子不喜欢人多的团体课，你可以陪伴孩子进行一些运动，比如跑步、骑自行车或游泳。这样你们都会感觉更好。

- 深度压力和重体力活可以帮助人感到平静。给一个大大的拥抱，用枕头或沙发垫挤压，推车行走，提、推或拉重物，都可以安抚压力过大的孩子。

- 研究儿童压力的管理技巧。可以多让孩子听一些轻音乐或者练习能帮助平静下来的呼吸技巧。

我们应了解，考虑如何减轻压力的同时也可能会带来压力。在面对很多事情要完成时，你需要考虑事情的优先级。先把重要事情做完后，你可以多留一些时间和孩子进行缓解压力的活动。你和孩子一旦开始采取行动，将获得很大的回报。

推荐阅读

Davis, M., E. R. Eshelman, and M. McKay. *The Relaxation & Stress Reduction Workbook.* 6th ed. Oakland, CA: New Harbinger, 2008.

Guistra-Kozek, Jennifer. *Healing without Hurting: Treating ADHD, Apraxia, and Autism Spectrum Disorders Naturally and Effectively without Harmful Medication.* Howard Beach, NY: Changing Lives Press, 2014.

Lapine, Missy. *The Sneaky Chef: Simple Strategies for Hiding Healthy Food in Kids' Favorite Meals.* Philadelphia: Running Press, 2007.

Potock, Melanie. *Adventures in Veggieland: Help Your Kids Learn to Love Vegetables with 101 Easy Activities and Recipes.* New York: The Experiment, 2018.

Weissbluth, Marc. *Healthy Sleep Habits, Happy Child.* New York: Ballantine Books, 1999.

第13章

补充疗法等其他方法

作业治疗是治疗感觉统合失调的标准方法，你可能听说过各种特殊的疗法和方法已经帮助了一些有感觉问题的孩子。作业治疗师或者听力矫正师可能会建议孩子参加治疗性听力项目。还有人可能会建议你调查一下孩子对食物的不耐受性。或者，你也可能在网上读到过一些内容，宣传通过补充某种营养补充剂或者锻炼身体来解决孩子的感觉问题。

作为拥有感觉智慧的父母，你也许对那些可能帮到孩子的方法持开放包容的态度，但请确保你在行动之前了解了全面的信息。你可能会找到一种辅助做法，对孩子的治疗有很大的帮助，也可能会发现一些可以缓解孩子症状的物品或帮助孩子感觉自己有能力应对日常生活挑战的物品，但你也要提防任何"奇迹疗法"，不要因为某种疗法在别的孩子身上产生神奇的疗效，就觉得必须让自己的孩子也去尝试。

本章所描述的方法有民间现实案例

作为证据支撑，其中一些疗法还进行过科学疗效的研究。值得一提的是，某些内容虽然尚未被精心设计的科学研究证明，但并不意味着这些内容是毫无价值的。由于有感觉问题的孩子情况各不相同，而且很难从这一人群中收集到统计学上有效的样本以严格测试干预措施，所以目前还没有充足的科学研究成果。好消息是很多方法正在被研究，你可以期待在未来几年读到更多经过科学验证的信息。

我们需要知道的是，每个孩子的体质都不同。即使有的妈妈声称无谷蛋白和无酪蛋白饮食大大改善了她女儿的感统失调问题，这种方法也未必适合你的孩子。

我们既不赞成也不反对这里讨论的任何治疗方法。我们在章节标题中使用了"补充疗法"而不是"替代疗法"，因为我们认为这些方法并不能替代作业治疗。对补充疗法的权威性探索远远超出了本书的范畴。在开始尝试任何补充疗法之前，请务必咨询孩子的医生和治疗师。

药物

如前所述，没有药物可以治疗感觉统合失调本身。然而，正如本书的第4章讨论的那样，许多有感觉统合失调的儿童同时有注意缺陷多动障碍、抑郁、焦虑，药物可能有助于治疗这些并存的问题。在你开始考虑给孩子用药之前，请先咨询专业人士，首先从根本上解决孩子的感统失调问题，同时，对孩子的环境进行改造，以帮助孩子更有效且更快乐地学习和生活。你可能会发现抗抑郁类药物对孩子是有帮助的，但通常建议先尝试非药物治疗。

如果你决定选择药物治疗，请务必咨询孩子的医生，并观察服药后孩子是否有不良反应、有无其他禁忌证，以及是否会对孩子的健康产生长期影响。

视觉训练

很多视力问题都可以通过佩戴眼镜来矫治，特别是我们最熟悉的近视、远视和散光等。然而，并不是所有的视力问题都可以通过佩戴眼镜来治疗，有些需要用到视觉训练的方法。

视觉训练可用于各种视觉疾病的治疗，例如功能性障碍、运动障碍和视觉障碍等。

在对孩子的视力进行深入评估后，验光师会根据孩子的需要设计治疗方案。根据孩子的视觉问题的类型和严重程度，验光师可能会为他配制具有特殊镜片的眼镜，医生可能会建议你和孩子一起进行视觉训练。医生也可能建议你定期带孩子到诊所，使用特殊的医疗仪器进行视力治疗。

有大量的研究表明了视觉训练在治疗孩子各种视觉障碍方面的有效性。请注意，对于学习障碍、感觉统合失调或者注意缺陷多动障碍等疾病，视觉训练只是补充疗法，但如果使用得当，所起的作用是不可估量的。

伊尔伦滤镜（Irelen Filters）

这是由海伦·伊尔伦发明的一种有色镜片，佩戴者可以改善、减少超负荷的困扰。一些有感觉统合问题的人尤其是孤独症人士，常有视觉敏感的问题，据评估佩戴这种眼镜可能会降低其视觉敏感度。但目前其有效性还缺乏充足的科学研究证明，因此，在选择佩戴之前，最好先请验光师做个全面评估，看看是否可以用更传统的视觉训练方法来改善视力问题。

听觉训练

可选择的听觉训练方法有许多，具体哪种方法对你的孩子有效，取决于孩子的需求。如果孩子听觉过度敏感，你肯定会想要尽可能地让孩子远离恼人的噪声，在强噪声的环境中（比如看烟花表演或乘坐地铁）让孩子使用耳罩或耳塞。同时，你还希望能提高孩子对各种声音的耐受力。如果孩子只有轻微的听觉过敏，并且年纪尚幼，那么随着他的成长，听觉过敏有可能会自愈。孩子的听觉矫正师、作业治疗师或其他专业人士可能会建议你的孩子参加听觉训练计划。一些作业治疗师（以及言语治疗师、特殊教育教师和其他专业人员）接受过相关培训。听觉训练中有的会使用特殊的耳机，内置骨传导装置，来提高使用者对各种声音的耐受力。收听音量应始终设置在安全的低分贝水平，如45 ~ 55分贝。

孩子应该在治疗师的监督下开始听觉训练，然后治疗师可能会让你和孩子在家里或学校继续开展该训练项目。在进行听觉训练的同时，孩子可以进行其他活动，如做手工或拼拼图。如果能进行感觉饮食活动就更好了，如荡秋千和弹跳，以加强听觉输入与其他类型的感觉输入的统合。

孤独症儿童通常有着更严重的听觉问题，他们可能会受益于更密集、更昂贵也更耗时的干预措施，如托马迪斯训练方法[①]。

许多听力训练方法虽然都进行了功效研究，但仍有争议存在。然而，许多家长、治疗师和老师已经提供了正向反馈，表明这种训练方法还是有一定效果的。

如果孩子在课堂上跟不上进度，听觉矫正师、言语治疗师或者作业治疗师可能会建议学校使用FM发射器和接收器。有了这些设备，老师可以对着麦克风讲话，学生可以通过耳机、周围的扬声器接收音频。FM装置有助于将老师的声音送到孩子耳边，让孩子能更好地专注于老师讲述的内容。

请咨询孩子的作业治疗师、言语治疗师或听觉矫正师，弄清听觉训练是否适合你的孩子。

你还可以向孩子的作业治疗师、言语治疗师或其他专业人士求助，以便找到合格的、有丰富经验的听觉矫正师。

营养疗法

如果你怀疑某种食物加剧或导致了孩子的感觉问题，请开始记录孩子吃的食物及吃了食物之后会出现的行为，以便寻找其中可能存在的规律。如果你怀疑某类食物是罪魁祸首，请将其从孩子的食谱中去除几天，看看症状是否有所改善。

[①]　由法国著名医生托马迪斯博士创立，运用"电子耳"及"音波再生"技术，结合专用设备、声音材料进行治疗。它使用特殊设计的耳机，通过特殊处理的音乐声音刺激人体最小的两块肌肉——锤骨肌和镫骨肌做运动，然后再通过它们的收缩和放松刺激内耳的耳蜗和前庭，让孩子的大脑能够迅速接收到信号并做出反应。

如果孩子真的对某类食物过敏，而不仅仅是不耐受，那么无论孩子吃的分量是多还是少，他都会有强烈的反应。例如，有些孩子对坚果过敏，只要食用1～2颗含花生的玛氏巧克力豆就会引发过度活跃的行为。你也可以请过敏反应科的医生给孩子做一个过敏原测试，找出孩子的过敏原。如果孩子对某种食物不耐受，他可能可以少量食用这种食物，但如果大量食用就会出现问题。

最广为人知的食物过敏或不耐受的征兆是皮疹，但也有其他迹象，如头痛、多动、胃痛、吞咽困难、腹泻、流鼻涕或头晕等。

鱼、虾、蟹、贝、肉类、牛奶、蛋类、草莓、番茄、某些食品添加剂是常见的食物过敏原。在有感觉问题的儿童尤其是那些患有孤独症或者广泛性发育障碍的儿童中，过敏或不耐受的情况很常见。

一些营养学家说，如果孩子限制自己的饮食，只吃面包和奶制品，这可能是因为这些食物会令孩子感到平静。严格限制自己饮食的孩子（也许只吃某个品牌的饼干）可能有未被发现的消化系统问题。

酶。有的父母给孩子服用可以改善消化能力的消化酶补充剂，而不是严格地控制孩子的饮食，这是为了让对某种食物不耐受（非食物过敏）的孩子能够少量食用这种食物而不会产生不良影响。

其依据的理论是，如果能采取手段帮助孩子的消化系统分解这些食物，那么孩子的消化系统整体上承受的压力就会减轻，其感觉问题也会相应地减少。一些父母表示，给孩子服用消化酶补充剂可以让孩子吃更多种类的食物，同时还减轻了感觉问题。另一些父母反映，他们的对谷物和酪蛋白不耐受的孩子，在摄入消化酶补充剂后，情况有所好转，尤其在遵循无谷无酪蛋白的饮食规则后，孩子表现最好。

益生菌。健康的肠道需要各种各样的微生物来维持其正常运作。益生菌是一种有益的微生物，常见于发酵食品中，例如酸奶、泡菜、豆豉、味噌酱和康普茶中。你还可能想要给孩子补充益生菌，如双歧杆菌和乳酸杆菌。

无谷蛋白无酪蛋白饮食。一些感觉统合失调儿童的父母，尤其是孤独症儿童的父母，发现当他们去除孩子饮食中的谷蛋白（例如小麦、黑麦、燕麦和大豆制品中的蛋白部分）和酪蛋白（存在于乳制品中）时，或者当他们的孩子服用了消化酶补充剂来帮助消化这些物质时，孩子的感觉问题会有显著改善。

谷蛋白和酪蛋白会分解成肽，并与大脑中的阿片受体相互作用，帮助人镇静、缓解疼痛。一些孩子（尤其是孤独症儿童）不能完全分解吸收这些肽，造成蛋白质没有被正确消化。谷蛋白和酪蛋白可能不会直接导致感觉问题，但如果孩子对谷蛋白、酪蛋白过敏，那么当你从其饮食中去除这些物质时，孩子的身体内部系统将能更好地处理他的感觉问题。

法因戈尔德（Feingold）饮食。 法因戈尔德饮食基于这样一种观点，即某些儿童的高活跃行为或者不良行为是因为其对某些食品添加剂有过敏反应。法因戈尔德饮食排除了食物中的人工色素和香料、防腐剂等，并要求在引入这种饮食的前 4 ~ 6 周，不得食用含有水杨酸盐的食物（某些水果、香料、醋、蔬菜以及天然色素和调味剂）。

泻盐浴。 作为一种低成本的轻松缓解儿童感觉问题的方法，泻盐浴对许多人都有效。泻盐是镁（一种与神经系统健康有关的营养元素）和硫酸盐的结晶，在药店和杂货店中批量出售，一般用于沐浴以缓解肌肉酸痛和排毒。在晚上给孩子洗泻盐浴，可能起到镇静的作用。

重金属中毒的螯合疗法。 重金属中毒是指重金属在人体组织中积累到一定剂量引起的中毒。为了从人体中去除重金属，患者需要接受螯合疗法，包括外用、口服或静脉注射一种药物——螯合剂。这种螯合剂会与重金属结合，然后被身体清除，同时医生会监控这一过程。一些父母声称，通过螯合疗法，他们孩子的感觉问题得到了显著改善。鉴于传统的螯合疗法具有潜在的危险且费用高昂，我们不建议在孩子没有被确诊重金属中毒的情况下，让孩子接受这种方法来辅助治疗感觉统合失调。如果孩子未检测出重金属中毒，但是你有理由担心孩子有潜在中毒的风险，请咨询医生。

躯体疗法

躯体疗法多用于操作，例如按摩疗法、颅骶疗法、筋膜放松疗法、脊椎按摩疗法等。尽管每种疗法都基于不同的理论并使用特定的技术，但这些疗法都通过调节人体组织来提高人的健康水平。例如，颅骶疗法采用非常温和、轻柔的触摸，来巧妙并缓慢地增强颅骶系统（包括脊柱、颅骨和脑脊液）的功能；而深层组织按摩则采用强劲的深度压力来帮助长期深度紧张的肌肉得到放松。

一般来说，躯体疗法的目的是通过促进神经肌肉放松、增强血液流动和淋巴循环、改善身体姿势和身体矫正，最终重新平衡神经系统，帮助患者放松和自我调节，从而缓解疼痛和不适。你需要多做调查，只有了解了多种治疗手法，才能发现适合孩子需求和感觉偏好（特别是关于轻触和深压）的疗法，并找到兼具出色手法和技巧且性格与孩子合拍的治疗师。请注意，一些作业治疗师和物理治疗师已经接受过躯体疗法相关的培训，特别是颅骶疗法和筋膜放松疗法。请询问孩子的作业治疗师或物理治疗师是否开展躯体疗法的业务，或者是否可以给孩子推荐其他符合条件的专业人士。

水疗

被水包围会带来一种非常特殊的感觉体验。水在皮肤上会令人有一种独特的感觉，可以让人感到舒缓和平静。一般来说，温水可以放松身体，而冷水则会激活身体使其充满活力。水的浮力也能给人一种美妙的感觉体验。水上运动也是一种有趣的、令人振奋的活动方式，它可以提高感官的舒适度、提升运动技能并且增强身体素质。

水疗包括游泳，以及利用这种特殊感觉环境的治疗性活动和游戏。一些物理治疗师和作业治疗师利用水作为治疗媒介，来帮助孩子应对感觉问题。但你应该知道，水疗师不一定是作业治疗师或物理治疗师，或是对儿童感觉统合失调有一定了解的人。许多患有感觉统合失调的孩子喜欢水疗，而其他孩子则难以忍受游泳池的气味和室内游泳池的回声。室外游泳池气味可能不那么难闻，但孩子们必须能够忍受阳光和眩光，以及温度的变化和其他的感觉刺激（比如冷水、热空气、风等）。

马术治疗

马术治疗也被称为治疗性骑术，即在骑马的同时进行治疗性活动，如为马梳理毛发。与马共处是一种奇妙的多感官活动：抚摸马和给马梳理毛发可以提供触觉输入，骑马可以带来强烈的运动输入。马术治疗中频繁的前行和止步，多种姿势（如跨骑和卧骑）和不同的步态（漫步与疾驰），可以激活孩子的感受器尤其是触觉、前庭和本体感受器。马术治疗益处多多，包括改善平衡感、肌肉张力、身体的协调性和力量，还可以增强孩子的运动信心和情绪健康。

选择正确的疗法

那么，你应该如何选择正确的方法，或组合不同的方法来帮助你的孩子呢？当然，孩子的作业治疗师、儿保科医生或其他专业人士会推荐他们认为可能对孩子最有效的疗法。但即便如此，你可能还是会试错。在你好心为孩子寻求帮助时，尽量避免同时进行几项治疗，因为这会让你很难判断哪种方法或者哪种组合是有效的。然而，你可能不愿意一次只尝试一种疗法，虽然这是确定哪种疗法有效的唯一方法。你需要仔细观察和鉴别才行。

更令人困惑的是，我们讨论过，许多不同的疾病却有着相同的表现。例如，注意缺陷多动障碍与感觉统合失调、学习障碍和食物不耐受等有相同的病状，于是不同的领域的专家可能给出不同的诊断结果。作业治疗师会认为是感觉问题，验光师认为是学习方面的视觉问题，儿科医生或儿科神经心理学家会认为是注意缺陷多动障碍。那么，你究竟要听从谁的建议呢？

尽管你可能要咨询多位专家，但是充分了解多种可能性是很有意义的，因为孩子表现出的问题可能是多方面的。

首先，在学校和家里对孩子进行作业治疗和开展感觉饮食活动。其次，一定要检查孩子的视力，若有需要，接受视觉训练或者佩戴眼镜。如果你担心孩子的听力或听觉处理有问题，请咨询孩子的听力矫正师、作业治疗师，或许也可以咨询言语治疗师。还要观察孩子是否有营养和食物不耐受的问题，并做出必要的改变。权衡使用任何补充疗法的成本：鉴于孩子独特的问题，是否有证据表明该疗法会对孩子起作用；以及考虑这种疗法给你、孩子和家庭带来的不便和需耗费的精力。请仅与你信任的专业人士合作。如果孩子的焦虑、抑郁、愤怒、冲动或无法集中注意力等问题仍然存在，并严重干扰了孩子的生活，那么你可能得考虑给他进行药物治疗。

推荐阅读

Bock, Kenneth. *Healing the New Childhood Epidemics: Autism, ADHD, Asthma, and Allergies.* New York: Ballantine Books, 2007.

Compart, Pamela, and Dana Laake. *The Kid-Friendly ADHD & Autism Cookbook, Updated and Revised: The Ultimate Guide to the Gluten-Free, Casein-Free Diet.* Lions Bay, BC, Canada: Fair Winds Press, 2012.

Kaplan, Melvin. *Seeing through New Eyes: Changing the Lives of Children with Autism, Asperger Syndrome and other Developmental Disabilities through Vision Therapy.* London: Jessica Kingsley, 2005.

Lewis, Lisa. *Special Diets for Special Kids.* Vols. 1 and 2 combined. Arlington, TX: Future Horizons, 2011.

McCandless, Jaquelyn. *Children with Starving Brains: A Medical Treatment Guide for Autism Spectrum Disorder.* North Bergen, NJ: Bramble, 2003.

Scott, Trudy. The *Anti-Anxiety Food Solution: How the Foods You Eat Can Help You Calm Your Anxious Mind, Improve Your Mood, and End Cravings.* Oakland, CA: New Harbinger, 2011.

第四部分

运用感觉智慧来育儿

第14章

处理纪律、过渡和行为问题

正常发育的三岁孩子早上起床通常就可以很顺利地穿衣服了，而你家五岁的孩子不光要大人连哄带骗才脱下睡衣、穿好衬衫，而且可能会坚持穿破旧、过紧的运动鞋，有时连穿三天的运动裤也不想换。这也难怪你会愤怒、沮丧、悲伤，甚至不知所措。你可能会嫉妒那些不用操心孩子的父母，他们的孩子不用大人照顾就能快乐地冲进操场玩，而你的孩子还需要你在身边耐心地鼓励他，告诉他应该排在其他孩子的后面滑滑梯或玩单杠。

你可能会在给小儿子进行触觉刷训练和关节按压时，琢磨着如何腾出时间去杂货店买点葡萄，因为这是他这些天唯一愿意吃的水果。你还想着今天下午什么时候能挤出时间让他练习用吸管吹泡泡，同时你又想到还得带大儿子去看儿科医生……作为一个有感觉问题的孩子的父母，你必须要做更多的计划，更合理地安排时间，还要有额外的耐心，

这可能会让你喘不过气来。玛丽莎收养了一个感觉统合失调的小女孩，她说："为了满足孩子的感觉需求，我们需要格外花心思，因为今天有用的招数可能明天就没用了。"如果你感觉筋疲力尽、难以坚持，请不要因为没能时时刻刻地满足孩子的需求而自责。毕竟，我们只是普通人，如果太累，就先好好休息一下，你可以在第二天再补做之前没做的事情。

很多时候我们都难以以正确的心态看待事情。我们应该从容应对孩子的感觉问题并专注于孩子的优点。你的孩子可能是你们社区里最善良的孩子，他会对那些被孤立的孩子表示友好，总是满面笑容、礼貌待人，也很愿意拥抱其他人。你的孩子可能是一个有天赋的歌手，他的歌声是你听过的最美妙的。当你被孩子的感觉问题搞得筋疲力尽时，请不要忘记发掘他身上的闪光点。

"恰到好处"的育儿挑战

在艰难的日子里，你可能很难相信事态会好转，但是当你为孩子提供"恰到好处"的挑战，孩子的感觉需求被满足，容忍水平也提高后，孩子的行为和情绪状态就会得到改善。随着时间的推移，你的孩子将学会更好地进行神经调节、处理不适、识别自身的感觉需求，并找到可接受的方式来满足自己的需求。孩子在面对挑战时坚持不懈的精神可能让你大吃一惊。

那么，如何实现呢？你得先接受孩子本来的样子。如果我们对孩子有清晰的认识，那么就能正确引导孩子发展适合的能力。也许你的孩子永远不会成为你想象中的运动员，但他可能会喜欢和家人一起看体育比赛，可能会热衷于参加非体育类活动，从中获得团队合作的经验，并通过其他方式锻炼身体。他可能永远都没办法热爱社交，没办法拥有好人缘，也没办法在家庭聚餐时谈笑风生，但他长大后会成为聪明且自信的人。请敞开心扉拥抱孩子的所有可能性，你就不会把关注的焦点单放在孩子的问题上了。

当你得知孩子患有感觉统合失调后，你会发现治疗这件事说起来容易做起来很难。虽然你的孩子需要付出额外的努力适应环境，但是你要有信心。随着时间的推移，如果孩子的感觉问题得到改善，他将会形成一些良好的行为习惯，也更容易符合社会期望。培养技能需要大量重复的练习，成长可以帮助孩子更好地调动身体机能。如果你觉得你的孩子取得的进步还不够，比如，做不到在乘坐校车时不发脾气，那你要开始帮助孩子减少他在其他方面承受的压力，把对他的要求降低一点。也许你需要在周一早上和孩子一起骑车上学，并坚持一段时间，然后再慢慢地放手；也许一开始你需要先尝试把孩子送到教室里，然后再尝试把孩子和陪读人员一起送到校门口，最后尝试把孩子送到校车上然后就离开。

有时你会强迫孩子，有时你会顺其自然。在任何情况下，你对孩子的理解和接受都非常重要。请不要在焦虑状态下做决定。你要问自己，为什么现在做的这件事对孩子如此重要。为什么要坚持你的行为标准？这些标准是否适合孩子的发展？孩子是否只是需要更多的时间？你是否因为社会希望你的孩子能和其他孩子一样而感到有压力？你知道什么是真正重要的，而什么不是吗？冬天下雪时，你的孩子必须像其他孩子一样穿雪地靴吗？还是他可以因为难以忍受穿雪地靴而直接穿运动鞋踩雪，只要比其他孩子早一点进屋就好？为了孩子，你需要更乐观、更有主见。

在你备感压力的时候，你需要更敏锐地判断孩子的哪些行为是你想要解决的、哪些行为是你可以接受的。混乱的家庭聚会、新学年的开始以及每个上学日的清晨，对孩子来说已经足够有压力且折磨人了，就不要再对孩子提不必要的要求了。也许，在周末早上带着孩子一起学习独立穿衣的技巧是比较合适的，因为这时你们都不会觉得匆忙。请放下不必要的压力吧，让孩子能更好地配合你，你就会少面对你们之间的一些争端和分歧。

纪律：教孩子守规矩

我们都知道孩子需要守纪律，但你知道吗？英文单词 discipline（纪律）来自拉丁语 disciplina，意思是"指导、教学"。从本质上讲，纪律旨在教授孩子重要的社会技能，比如自我控制，以便他们能够与其他人一起在世界上发挥作用。你要帮助孩子了解，他的一些不好的行为会产生什么后果。

如果孩子有感觉处理问题，那么他们的行为存在一定的不可预测性，但孩子仍然需要学习如何用一种可接受的方式满足自身需求。随着时间的推移，社会对孩子的要求会越来越高，你也希望孩子的能力随之相应提高。

教孩子表达自己的需求

即使是感觉处理有困难的孩子也应该学习识别自身的需求，并以可接受的方式满足这些需求。一位名叫迪莉娅的妈妈说，在她一岁大的女儿艾薇开始接受作业治疗的几个月后，有一天，女儿对她说想在一个大球上蹦跳或者躺在毯子里被荡来荡去，因为这些活动能让她保持平静。当你想帮助孩子获得他全天所需的感觉输入时，请指出你或孩子发现的方法："在洗澡的时候玩玩具小船也能让你很平静，不是吗？""如果你先投篮几分钟，再开始写作业，好像更容易进入学习状态。"

有感觉问题的孩子通常有一种本领，即在他们需要的时候找到所需的感觉输入。当孩子在爷爷奶奶家不停地打开、关上滑动玻璃门时，你可能会有些恼火，但是你要认识到孩子可能是在试图获得一种令自身平静的感觉输入。如果你无法接受孩子无休止地推门，那么你可以和孩子一起推手推独轮车或者把石头扔进河里。

孩子还需要学会识别困扰自己的感觉问题，这样他们才能找到应对办法，从理解他们的成年人那里获得帮助。一位名叫艾瑞卡的妈妈认识到，教会儿子能向他人提出自己的要求，以获得处理感觉问题所需的工具是多么重要。虽然艾瑞卡知道在阳光明媚的日子里，戴一顶棒球帽会让孩子在户外活动时感觉更舒适，但孩子的奶奶并不知道这一点。所以当孩子抱怨不想出去玩，因为阳光会损伤他的眼睛时，奶奶并不知道该怎么办。于是，艾瑞卡教儿子要把需求直接讲出来，这样即使妈妈不在他的身边，其他人也可以在他外出时提醒他戴棒球帽。

强化积极行为而非消极行为

孩子们往往想要得到关注，如果他

们觉得只有表现出一些行为才能得到关注，那他们就会这样做，无论行为是积极的还是消极的。请在孩子行动或者大声抱怨之前给予孩子关注，你将教会他，良好的行为可以让他得到他想要的。孩子的消极行为可能会引起你的注意，让你反应强烈，但重要的是不要给予消极行为太多关注。

强化积极行为也很重要。你要养成发现孩子的良好表现并及时表扬他的习惯。在孩子很耐心地等待你排队结完账后，你要告诉孩子，你为他的耐心感到骄傲，而不认为这是理所应当的。请记住，最能够强化孩子积极行为的赞美是具体的赞美。虽然赞美孩子"干得好"和"好女孩"也不错，但是这样的语言不会给孩子留下深刻的印象，像"我看见你很自觉地把盘子放进水槽了，谢谢你"这样的话才能给孩子留下深刻的印象。不要以为过多地夸奖孩子他就会变成"夸夸迷"。孩子会明白你夸奖背后的含义，你会更多地从他嘴里听到类似"谢谢你"和"妈妈，你做的华夫饼真棒"这样的话。

但是，这并不意味着你要赞美孩子的所有日常表现，否则他会怀疑你有其他目的。孩子其实知道什么时候他获得的赞美是因为他确实付出了努力，什么时候他获得的赞美是不真诚、不应得的。

你要赞扬孩子的努力，而不仅仅是他取得的成绩。你可以告诉孩子，你为他在活动中能努力调控自己压力的表现

而感到骄傲，并问他，他难道不为自己感到骄傲吗？你还要和孩子一起庆祝重要的里程碑事件。对一个有感觉问题的男孩来说，第一次在正式场合身着笔挺的西装、系着领带，并坚持一整天，真是一件了不起的大事。赶紧打电话给孩子的奶奶让她多鼓励鼓励孩子吧，无论是用掌声鼓励还是给孩子烤个蛋糕，只要你觉得合适就行。

创建日常活动计划并引导孩子完成过渡

如果你将孩子一天中要做的所有事情详细地列出一份清单，你可能会惊讶地发现，孩子经常要停止正在做的事情，转而去做其他事情（通常是一项他不喜欢的任务）。这对你们俩来说都很有压力。即使孩子上了学，你也经常发现他要调整手头正在做的事情。比如，在孩子把飞船搭好、准备让它起飞时，却发现到了该将玩具收起来的时间了，于是他只好把飞船放下不再玩了。再比如，孩子刚掌握了踢足球或打棒球的窍门，就又到了排队去上音乐课的时间了。

很多有感觉统合失调问题的孩子，都愿意按照一定的计划进行日常活动。有些孩子需要一个非常严格的时间表来缓解他们的焦虑，比如每天按照相同的时间和顺序进行活动。有些孩子则不用这么严格的时间表，只需要知道早餐后是地板游戏时间，然后是吃零食的时间，最后是操场锻炼时间，等等。了解活动的顺序，以及每项活动大约需要多长时

间，可以让有感觉问题的孩子感觉到安心。在作业治疗课程开始时，林赛经常帮助孩子们决定他们要玩哪些玩具，以及按什么顺序来玩。等活动结束后，她会让孩子们帮她整理好，然后再拿出下一个玩具。这有助于训练年龄非常小的孩子，让他们认识到活动有开始、中间和结束，并减少对未知的焦虑。请记住，对因为感觉问题而感到世界充满不确定性的孩子来说，能掌控接下来发生的事情能够平复他们心中的焦虑，所以只要条件允许，就提前让孩子知道什么时候他们需要改变活动或地点，或者什么时候他们所处的环境会发生变化。

许多父母发现，孩子在早餐后做第一件事时注意力最为集中，在上午十点左右需要做运动来保持专注。如果孩子在放学后先看电视或者玩电脑游戏再做作业，有些孩子会表现得很好，有些孩子则会因为过度兴奋而无法静下心来做作业。通常情况下，如果你要和孩子一起完成比较困难的任务，请选择在孩子一天中最清醒的时候，或者至少在孩子平静下来后去做。例如，如果你打算训练孩子的精细运动技能，可以考虑让孩子玩手指减压玩具、硬黏土或者吉他指法练习器（在出售吉他配件的音乐商店有售），来唤醒孩子的肌肉；在做口腔运动前，可以让孩子喝一些苏打水，吃酸的食物如糖果，来唤醒孩子的口腔。

你有五分钟！ 除了使用本书第 11 章"帮助孩子学习和变得有条理"中描述的

技巧来教孩子具备时间意识和掌握管理技巧外，提前告诉孩子什么时间换到下一个活动，也有助于孩子在心理上做好准备。比如，在孩子必须摆好桌子上的物品前，提前几分钟提醒他。但对于时间观念和时间管理能力比较差的孩子，你可能需要提醒得更具体："现在是六点二十分，我需要你在六点半前把桌子摆好。"如果你想在孩子转换活动前再多给他点时间继续进行当前的活动，那就设置一个计时器吧。注意，不要延长和孩子约定好的时间，比如从五分钟延长到十分钟或二十分钟。

帮助孩子理解顺序的含义。 你可以用"首先你需要洗个澡，然后你可以玩你的新游戏"，或者"等你洗完碗后，可以给你的朋友回个电话"等来提出你对孩子的期望。有运动规划和学习问题的儿童可能很难掌握事情的先后顺序，如果反复向他们强调顺序的概念，他们就会慢慢认识顺序是怎么回事。有些孩子甚至会自言自语："今天是星期五，明天是星期六，明天不上学！"或者说："首先我得搭建轨道，然后我就可以把托马斯小火车放上去跑啦。"你还可以每天早上和孩子讨论今天是星期几、今天的日程安排如何以及今天的天气怎么样……来帮助年幼的孩子培养顺序感和时间观念。

准备一个备用闹钟。 如果孩子每天早晨起床有困难，或者需要大人的催促提醒才能起床，你可以使用两个闹钟。

将第一个闹钟放在触手可及的地方；第二个放在房间的另一头，用于提示最后的起床时间，并确保第二个闹钟没有延时按钮。

使用文字任务清单和图片任务清单。 感觉统合失调的孩子需要知道接下来会发生什么，无论是通过看文字任务清单，还是看图片任务清单，都会让他们觉得能掌控自己的生活和时间，也能让他们更容易过渡到新的活动中。你可以在家中醒目的位置贴上任务清单，上面写清楚每个人的家庭任务；或者贴上待办事项清单，并且经常和孩子一起看，这样孩子就不容易忘记。对于还不识字的孩子，可以尝试做一个图片任务清单。你可以在浴室贴一张洗发步骤清单，上面标示正确洗头发的步骤，鼓励孩子独立洗澡。你还可以考虑在网上购买现成的日程安排时间图表，用于呈现家中和学校里常见的任务。

虽然很多事情不能被预测，比如汽车突然发动不了了、狗生病了需要去看兽医，但你可以帮助孩子了解到一天的时间并不是无限长的，帮助他学会提前做计划。

坚持你的日程安排。 对一些孩子来说，不要改变安排好的任务的顺序至关重要。艾瑞卡的儿子里奇患有感觉统合失调和注意缺陷多动障碍，她在谈到儿子时说："其实我们很早就知道，他不能容忍计划有任何改变。如果我们说要先去杂货店，然后去吃午餐，再去塔吉特

百货公司，我们就要确保严格按照这个顺序，否则他就会大发脾气，根本无法接受。后来我们学会了在改变计划之前让他事先做好心理准备。"

在确立新规矩时给孩子留出过渡期。 有时，你必须重新制定家庭规矩或规划日程安排，比如限制孩子课后看电视的时间、限制他食用过多的垃圾食品等。虽然孩子可能会不太情愿地接受你确立的新规矩，但你一定要提前告诉他这个"坏消息"，让他做好准备。选择孩子能够集中注意力倾听的时间，告诉孩子关于严格执行新规矩这件事你是认真的，不要在孩子搭乐高积木或玩电子游戏的时候宣布新规。

尝试多次警告孩子，同时留一些余地。 像"你可以再玩两次，看看能不能打进下一关，但之后我们必须出发了"这样的警告，有助于孩子弄明白自己还能再玩多长时间。很小的孩子在结束喜欢的活动、开始不喜欢的活动之前，可能需要多次提醒。在时间安排上一定要有灵活性，这样当孩子抗拒活动变化时，你也可以保持冷静。

用孩子一定能做到的事情或一定能得到的东西来激励他。 你向孩子承诺一些你本来就会答应他的事情，吸引孩子停止他喜欢的活动的行为是合理的，例如，"好了，我们得回家玩你过生日时收到的那些玩具卡车了"，或者"现在已经一点了，该回家吃午饭了，午饭有你最喜欢的水果——橘子！"。一个专注于

自己喜欢的活动的孩子可能只需要被提醒今天还有其他有趣的活动等着他去做就足够了。当孩子能够顺利地结束手头的活动,进入下一个活动时,请大方地表扬孩子,甚至可以给予他额外的奖励,比如一个小玩具或者多看半个小时的动画片。

在孩子需要时进行能够让他平静或唤醒他的活动。 一个总是懒洋洋地躺在沙发上的孩子可能需要一场枕头大战、玩捉怪物(由你扮演)的游戏或者听一些欢快的音乐来进入状态。大大的拥抱或用枕头挤压带来的深度压力,通常能让吵闹的孩子迅速平静下来(更多内容详见本书第 6 章)。一位名叫迪莉娅的妈妈,把一顶帽子紧紧地戴在正在哭泣的一岁大的女儿头上,她的女儿顿时安静了下来。你也可以试着通过调暗房间的灯光、关闭播放的视频或音频、关闭窗户隔离外界噪声、用更柔和的声音说话、播放舒缓的音乐等方式来帮助孩子舒缓情绪。

巧用幽默。 幽默是一种神奇的"工具",它可以把一个脾气暴躁的孩子变成一个爱笑的孩子。一句夸张的话("你真的不想上车吗?那么让你的小妹妹来开车怎么样?她说不定可以让我们更快到达奶奶家?")、一阵装腔作势的假哭、一边挠孩子痒痒一边发出俏皮声音("也许你需要痒痒怪为你穿上外套?"),都可能会改变孩子的情绪,让他更愿意与你合作。然而,对有的孩子来说,你的

幽默可能会被他视作捉弄,只会让他变得更激动。你可以试着和孩子玩闹,看看是否有效。如果没效果,也不要对孩子产生对抗心理。你可以找到其他的方法,帮助孩子顺利过渡。

正面引导孩子过渡。 南希的丈夫乔治总是打破常规,他经常要求儿子科尔走出公寓,并称之为"一次冒险",比如带科尔去杂货店、五金店、音像店、比萨店等。这种正面引导帮助科尔克服了不愿意穿鞋子和穿外套离开公寓的心理,这要是在以前,科尔很难做到,尽管他一到外面总是会很开心。如果孩子抱怨秋天来了天气突然变凉了,那么就让他去体验一下秋天才能玩的活动,这样孩子就会知道一些有趣的事情只能在这个季节做,也就愿意走出家门了。

提供安抚物品。 如果孩子能随身携带他最喜欢的毯子或毛绒玩具,在口袋里放一辆玩具汽车或一只玩具恐龙,他可能会对过渡(无论是活动还是地点)感到更踏实。

坦诚并详细地描述未来的情况。 如果要去看医生或者面对其他可能引起不愉快的情况,请让孩子提前做好心理准备。请不要直到最后一分钟才告诉孩子真实状况,这会增加孩子的恐惧感。一个尖叫着不想去看牙医的孩子,可能认为看牙医等于打针,就像他在儿科医生那里被安排打针一样。如果可以的话,你可以先通过书籍或视频让年幼的孩子熟悉看牙医是怎么回事,这样孩子才能

寻求感觉输入时要警惕

对寻求感觉输入的孩子来说，冲进车流、穿过停车场或冲到荡秋千的孩子面前，都是相对常见的冲动行为。在兴奋和过度刺激的状态下，他们要调整身体以应对对运动的需求，因此可能会忽视安全问题。最好的应对方法就是，在孩子情绪激动时不要让他去危险区域，比如街道和停车场。同时，鼓励他在原地进行一些感觉输入行为，比如在人行道上跺脚或者靠墙做俯卧撑。

在睡前，孩子为了寻求感觉输入经常会跟家长发生打闹，可能会发生事故。这个时候你和孩子通常都累了，你可能不会像头脑清醒时那样保持警觉、游刃有余地应对突发状况。在这个时候你要特别当心，在保证孩子安全的前提下，可以帮助孩子适当进行一些运动，以获得深度压力输入。

在心理上做好准备。再比如举行家庭聚会，有的孩子想了解全部细节，比如都有谁会来参加家庭聚会、他会睡在哪里……你可能觉得这些细节不重要，但孩子想要了解，因为这样可以缓解他内心的担忧。

发脾气和崩溃

"那孩子没什么毛病，打一顿屁股就能治好。""把他送到我家去。我马上给他改过来！"

是不是所有有感觉问题的儿童的父母都听过这些荒谬的言论？你可能很清楚与一个崩溃的孩子做斗争的感觉，但同时又希望自己真的能找途径发泄一下以纾解心中的郁闷。

当然，每个孩子都有崩溃的时候，这是孩子学习控制冲动和忍受挫折必经的过程。然而不幸的是，与大多数其他孩子相比，感觉统合失调的孩子可能需要控制更多的冲动、忍受更多的挫折，所以他们的情绪崩溃通常会更强烈、更频繁，会在儿童时期持续更长的时间。他们崩溃的形式也可能不那么明显，比如，他们可能会爬到桌子底下或躲在灌木丛后面，拒绝现身；或者无论身在何处都贴近地面，然后躺着不愿起来。与任性发脾气不一样，在孩子崩溃时，哪怕他们得到了想要的东西，崩溃也不会立刻结束。即使你威胁要惩罚孩子或者用奖励诱惑他，他也不具有让自己恢复到平静状态的自我调节能力。

如果孩子还没有学会如何避免自己出现感官超负荷，你准备怎么做？

孩子一崩溃就设法阻止他。 随着孩子自我调节能力的提升，在他刚感到不安时就开始干预是个好方法。如果孩子不太能忍受挫折，请迅速将他的注意力转移到他更容易接受的活动上，或通过深层压力输入、繁重的工作、镇静精油或呼吸技巧等来缓解他的压力。关键是你要知道在孩子崩溃到无法劝慰之前，你应该做些什么。你可以说："我知道你很懊恼，让我们一起来做一个像吹气球一样的深呼吸。"引导孩子和你一起做深呼吸：先深吸气，屏住呼吸数到 3，然后再像往气球里吹气一样慢慢地呼气且数到 10。当场现教孩子平静下来的技巧是行不通的，你必须提前就跟孩子练习。当孩子看起来快要崩溃时，你要提示孩子该采取干预措施了。

利用你的感觉智慧，你可以在孩子压力超负荷之前就采取行动遏制。了解孩子的节奏，你就能预判让他深感不安的变化并提前做好准备。例如，假如在一天快结束时，你知道让孩子做家务可能会让他精神崩溃，那此时你就不要给孩子安排家务了。即使孩子度过了崩溃阶段，如果他还是想自己安静地待在一边或只是"走神"，你也要保护孩子免受打扰。当然，你不可能预料到生活中的每件事，但很多时候你可以对事情有一定预判，以免孩子被意外事件压垮。

表现得冷静。 当孩子表现不及预期时，你有焦虑和愤怒的情绪在所难免，但重要的是你必须保持冷静，不要因自己的沮丧和愤怒加剧与孩子的对立。如果可以，在做出反应之前先做几次深呼吸，这样你就可以表现得冷静一些。如果你或者孩子在自我调节方面有困难，请尝试练习正念冥想。2011 年的一项研究发现，新手每天练习半小时正念冥想，坚持 8 周就可以重塑自己的大脑。本研究的新手参与者练习冥想后，与情绪调节和决策相关的大脑区域的脑容量增加了，与情绪反应相关的大脑区域的脑容量减少了，同时还获得了减轻压力等益处。

避免无效说教。 一个情绪崩溃的孩子是听不进去说教的。玛丽莎说："当我的女儿妮娜表现出无法控制自己的行为时，比如因为过度兴奋而无法控制自己时，我会带她离开当下的环境。等她平静下来后，再和她谈论发生了什么。你不能在孩子表现出失控行为时去约束她，但是你可以在她停止这种行为后跟她讨论她的感受。如果这种行为再次发生，你可以提醒她上次曾发生过类似的情况。妮娜现在五岁了，具备了更好的语言能力和逻辑能力以应对各种情况。在她两岁的时候，我会直接带她回避高风险的情境，或是在她表现得过度兴奋之前离开。现在的她能在感官即将超负荷时及时告诉我，并问我她需要做什么，比如休息一下或暂时离开。对于她那些不属于感觉方面的不良行为，比如粗鲁无礼，我会先用定时器计时，让她调整一会儿，然后再和她一起讨论究竟是哪里出了问题。"

尽可能帮助孩子脱离令他崩溃的境况。带孩子离开当下去到一个安静的地方，需要提前做好计划。例如，在餐馆里，如果孩子变得过于亢奋或者烦躁不安，你可能会决定带孩子出去透透气。有时，你可能需要抱起孩子，把他放在汽车座椅上或婴儿车里，或者把他抱上楼。带孩子去到安静、空旷的房间或户外的自然空间，可以避免孩子情绪崩溃。如果可以，请提前或者在到达之后检查一下该区域的环境。有一次，妈妈南希在带儿子科尔参加一个热闹的家庭聚会时，科尔一直尖叫挣扎。于是她想办法将科尔带到户外，在树下的草地上陪他做了一些安静的体力活动，然后才回到聚会上。当你准备把崩溃的孩子带离现场时，请尽量保持冷静并控制住自己的情绪。

识别孩子何时需要沟通。有时候，你需要停下来给孩子一些感觉输入，并说几句安慰的话。玛丽莎说："有时候，如果我能让女儿看着我的眼睛，她就能与我重新建立起沟通，真正听到我说的话，我就能帮她避免感官超负荷。"你可以蹲下来，让自己和孩子视线平齐，安静地问他是否需要离开一段时间或需要独处。向孩子解释，当他感到有压力、焦虑或过度刺激时，离开一段时间可能有助于他放松，并能更好地控制自己的身体感受。

分享被高估了。其实，大多数孩子都不愿意与他人分享，无论是他的玩具、食物、文具、喜欢的书，还是个人空间，就像你可能不愿意把自己的车借给泛泛之交或者把你最喜欢的、非常昂贵的手镯借给同事戴一段时间一样。因为你要求孩子与他人分享，就指望孩子能够照做，这并不合理。请尊重孩子的意愿，现在他可能需要的是紧抓自己的毛绒玩具不放，他需要知道自己盘子里的大堆饼干是自己一个人的。同样的，请想一想，如果你被不喜欢的人靠得太近或不停地触碰是何感受，你就更容易理解为什么你的孩子不想让另一个孩子侵犯他的私人空间了。

这并不是说你不能要求孩子与他人分享。如果我们希望与他人友好相处，分享是我们都需要学习的功课。请让孩子在感到舒适和自信时与人分享，并确保孩子所分享的物品不是他的安抚物，不会影响孩子的安全感和幸福感。可以让孩子从与最喜欢的人分享开始。尽量把要分享的东西多备一点，这样孩子就不会觉得自己的东西被抢走了。如果只有四块饼干，而你有两个孩子，那就每人分两块。尽可能地让孩子拥有更多的私人空间。如果你带几个孩子开车外出而车后座空间不足，孩子们穿着厚重的冬衣难免会挤在一起，那就开足车内暖气让孩子们脱掉大衣。当你和孩子一起排队时，找一个有足够空间的位置（通常是队伍的头部或尾部）。在你的孩子还很小的时候，你可以给他示范什么是轮流玩。将一个球滚向孩子，说"现在轮到你了，把球滚给我吧"，这样可以帮助孩子学习如何轮流与他人玩玩具。

打人或咬人

打人或咬人是许多有感觉问题的孩子的常见行为，这种行为不仅能让他们表达愤怒，还能带给他们大量的深度压力、可以控制的本体感觉输入，进而让孩子感觉非常平静。为了让孩子不再打人或咬人，你需要教孩子控制冲动、忍受挫折，并给予孩子大量的感觉输入，让孩子从一开始就觉得没必要打人或咬人。

事实上，一些感觉统合失调的孩子在不生气的时候也会打人或咬人。他们感到不安的原因可能是有孩子离他们太近，房间里的噪声让他们心烦意乱，或者他们只是需要一些感觉输入，而打人或咬人可以带给他们这种感觉。

如果你的孩子想要打人，请给他一些玩具或其他物品，如鼓和键盘等乐器、治疗球、拳击袋、沙发垫或豆袋椅，让他可以从中获得和打人相同的感觉输入。如果孩子想要咬东西，那么就给他一些能安全啃咬的东西，比如牙胶或耐嚼的食物。事实上，如果孩子在啃咬东西，也可能是他饿了的迹象。如果你的孩子伤害了另一个孩子，在教育自家孩子之前，先关注受伤的孩子，以免强化你孩子的负面行为（因为他可能想通过打人获得你的关注）。

常见的管教技巧

据调查报告显示，许多对其他孩子有效的管教方式，在有感觉问题的孩子身上并不起作用。或者他们发现，如果修改一些关键之处，某些形式的管教还是很有效的。找到适合孩子的管教方法需要了解并尊重孩子的独特性。

请不要打孩子的屁股

"我小时候父母就打我的屁股，但我现在挺好的啊。"这个想法可能是你认为打孩子没什么问题的原因。但如果有更好、更有效的方法来管教孩子呢？难道你自己的父母不希望你在教育孩子方面比他们做得更好吗？

美国儿科学会的研究表明：即使打屁股在短期内显得有效，但从长期来看也没什么效果。2012年，美国儿科学会发表了一份声明，称打屁股可能与儿童多种心理健康问题有关，因此"强烈反对"体罚儿童。此外，打屁股可能会导致孩子具有更强的攻击性，因为它教会孩子打人也可以解决问题。所以，与其情急之下打孩子，不如好好利用这个机会教授孩子该有的技能。孩子很可能不明白为什么他的行为是不可接受的，而且刚挨了打可能没心思听你说教。请让孩子认识到，当他很难遵守规则时，可以做什么来控制自己的冲动，并以社会可接受的方式来满足自己的需求。

我们应该通过适当的管教培养孩子的情商和对身体的觉察。如果孩子累了，他们需要能够识别自己身体的感觉，并用语言表达出来，这样他们就可以用恰当的方式表达自己的需求，而不是暴躁或者紧张到控制不住自己，导致四处乱跑和攻击他人。如果孩子感到焦虑，他们需要知道自己的身体是什么感受，以及如何让自己平静下来，这样他们就不会因为紧张害怕而通过一些行为比如打、咬、踢、喊等来发泄自己的情绪。

对感觉统合失调的儿童来说，打屁股是一种非常有问题的管教形式，打孩子屁股带来的疼痛感和触感可能会吓坏过度敏感的孩子，对孩子的"警醒"作用也不及预期。如果一个孩子很难控制自己的力度，那你揍他就是在给自己找麻烦。如果前一刻你告诉孩子不要打人，在跟朋友开玩笑时要适度触碰，而下一刻你就揍了孩子，那么你将很难阻止孩子也去打别人。

不要大喊大叫

当你对孩子大喊大叫时，你和孩子都会有压力。这样做等于是在教孩子，如果达不到目的就可以大喊大叫，但是这在现实生活中并不管用。

如果你用坚定、迫切、冷静、尊重的语气和孩子说话，孩子仍不听你的话，那孩子很可能不是故意的。他不听你的话，可能是因为他想专注于手头的事情，不想让你的声音分散自己的注意力。如果孩子在听觉处理方面有困难，他可能很难区分你的声音和背景噪声，或者很难接收到你正在传递的信息。

当你想引起孩子的注意时，试着先叫一两次孩子的名字；你还可能惊讶地发现，你经常对孩子"发号施令"，但他并没有全神贯注在你身上。你可以尝试这样做引起孩子的注意：蹲下来或坐下来，与孩子的视线齐平，在叫他名字的同时，把一只手稳稳地搭在孩子肩膀上，用简单、清晰的语言来表达自己的意思，并请孩子重复你所说的话，以确保他听明白了。

如果孩子养成了对你说"好的"却没有坚持把事情完成的习惯，那么你要考虑一下他行为背后的逻辑是什么。

"1-2-3 魔法"

一位家教领域畅销书作者强调：如果孩子不听话，家长可以大声从 1 数到 3（1 和 2 是警告，当数到 3 时，孩子就要受惩罚了）。作者认为，给孩子的行为设置一个倒计时，能帮助孩子认识到他得收敛些，应该控制冲动并遵守纪律，否则后果自负。

每个孩子，尤其是有感觉问题的孩子，都能从警告中获益。你应该给孩子第二次机会，而不是立即惩罚他的冲动行为。许多感觉统合失调孩子的父母，发现这种方法对他们的孩子很有效。然而，对有冲动问题的孩子进行倒计时，反而会增加孩子的压力。孩子会认为在父母数到 3 的时候自己必须振作起来，那他就可能会不知所措，最终崩溃。

此外，孩子可能会觉得被喊"1-2-3"有些丢人，或是感觉在与父母进行权力斗争。你可能想要证明自己才是那个说了算的人，然而孩子自然也想成为自己的主人。一开始就向孩子表示他必须听你的，不是一个能解决问题的有效方法。

当然，每个孩子都有越界的时候，孩子违抗、不服从命令的确令人恼火，但除了威胁，你还有其他方法。为什么不先承认孩子的言行越界，然后帮他进行改正呢？你可以这样对孩子说："我觉得你应该重说一遍。"或者："停下来，深呼吸，你就是这样跟你哥哥借滑板车的吗？"这样做不仅可以让孩子有机会重新思考并改变自己的行为，还不会让他处于与你敌对的状态，不会为了获胜而与你争论。在孩子纠正了错误的行为后，你可以提醒他，虽然他可以生气或沮丧，但不能像刚才那样做。通过确认孩子的感受，给孩子一个冷静下来的机会，这会让孩子更容易做好道歉的准备。

使用恰当的奖励机制

很多父母发现使用奖励贴纸表对孩子很有效：每次在小马桶里便便就可以得到一枚贴纸，五枚贴纸可以换一个新娃娃；每次按时上学不抱怨就可以得到一颗星星，得到三颗星星后就可以获得半小时看动画片的时间等。当有明确且一致的奖励方案时，对孩子的激励效果最明显。"做个好孩子可以得到一枚贴

纸"这样的指令对孩子来说太抽象了，而"在餐桌旁好好吃饭可以得一枚贴纸"对孩子来说就是很具体的指令。奖励的贴纸或星星的增加可以对孩子起到激励作用。但要注意，如果对多个孩子使用这种方法，可能会造成兄弟姐妹之间的竞争，特别是当奖励贴纸表被张贴在家中的公共区域大家都能看到谁的星星有多少时。在学校也一样，孩子可能会因为难以与同学获得一样多的奖励贴纸而垂头丧气。

使用奖励贴纸表激励孩子还存在另一个问题，就是如果孩子的行为是由于难以抑制冲动或能力还不够（比如尿床或无法在没有帮助的情况下穿好衣服）造成的，赢取贴纸可能会给他带来太多的压力，导致孩子直接放弃。请记住，你想要的是给孩子一个恰到好处的挑战，不要把奖励机制设置得很有吸引力但孩子难以得到奖励。

此外，有些孩子从来没有完成从赢得贴纸、小玩具或零食到没有奖励也能自觉做事的心理飞跃。如果他们一周都没从兄弟姐妹那里抢玩具，却没得到玩具卡车作为奖励，那么他们为什么要继续约束自己呢？还有，孩子们也可能会对收到的贴纸和小玩具感到厌倦，所以在选择激励孩子的奖励方式时要有判断力和灵活性。

合乎逻辑的后果

教导孩子为什么要有良好行为的一

个方法是，你可以向孩子解释，如果他不遵守规则会有什么样的后果。例如，如果你想让孩子理解他应该做家务的真正原因，你需要告诉他，做家务并不是为了避免惩罚，而是因为每个家庭成员都应该分担一定的家务。

当你发现孩子有不良行为时，其行为的逻辑后果并不总是显而易见的，所以最好提前思考如何应对孩子的不良行为。对孩子不良行为的惩罚要有理有据：幼儿园小朋友为玩具争吵不休的结果就是玩具被收走谁也玩不了；未经允许就借走的毛衣如果被人弄坏了，必须由弄坏它的人承担赔偿责任。

"因为这是规则。"

有些有感觉问题的孩子可能会思维刻板、行事黑白分明。当你告诉他不能做某事或必须做某事时，他会很容易接受，因为这是规则。按照规则骑自行车必须要戴头盔，他就会戴头盔。正因为他们对规则严格遵守，所以常常无法容忍他人对规则的破坏。如果你违反了某个规则，你的孩子可能会非常愤怒。比如，你出于礼貌，在晚餐前品尝了别人作为礼物带来的巧克力，但孩子会认为饭后才能吃零食，于是他会对你的行为很生气。

暂停和保持

大多数育儿书的观点是，不应该把让孩子冷静视作惩罚，而应该当成一个重新理清思绪的机会。可是在实际生活中，两者之间的界限可能很模糊。当你看到孩子把玩具卡车扔到你卧室的另一边时，你的第一反应大概率不是用平静的语气说"你需要冷静一下"，而是吼道："马上回你的房间去！"如果你想努力避免孩子压力过大，并在紧要关头及时抑制孩子不良行为的苗头，首先你要保持冷静。

对一些孩子来说，离开现场冷静一下很有效，所以他们会在觉得情绪要失控时主动要求冷静一段时间。科尔经历过一个特别难熬的阶段，每次当他感到受挫、快要情绪失控时，就会让自己待在黑暗且安静的卧室里冷静一段时间。迪莉娅的儿子特雷弗在听到噪声时会立即爬到桌子下面。面对这种情况，父母要考虑为孩子创造一个安全的空间，让孩子在情绪崩溃之前到那里躲避起来。又或者你的孩子可能需要你陪在他身边给他安全感。

有些孩子可能需要被紧紧抱住才能平静下来，有些孩子则需要家长的抚摸。玛丽莎说："起初，我认为我的女儿妮娜的行为（容易冲动、注意力分散和紧张）是可以被管教的，只要我对她说足够多的'坐好'和'不要那样做'。后来我意识到，并不是因为她固执、任性或无法独立，而是她确实没有能力做到，做出改变的应该是我。当妮娜心烦意乱地倒在地板上疯狂地左右摇晃，两只拳头紧紧地攥在胸前时，我学会了通过温柔、充满爱意的抚摸来与她沟通，比如将一只手放在她的胸口，另一只手放在她的脸颊上。我会尽情地拥抱她，给她按摩，并让她做很多运动来释放能量。"

像妮娜这样的孩子，如果你试图在她烦躁时或过度活跃时约束她，反而会让她更紧张。如果孩子有这样的反应，请尊重他。如果拥抱孩子会令他更不舒服，或者会进一步激怒他，那么你就不要这样做。

虽然现在可能是你觉得最糟糕的一段日子，但请记住，随着你和孩子感觉智慧的发展，一切都将变得轻松起来。

推荐阅读

Baker, Jed. *No More Meltdowns: Positive Strategies for Managing and Preventing Out-of-Control Behavior.* Arlington, TX: Future Horizons, 2008.

DeGangi, Georgia, and Anne Kendall. *Effective Parenting for the Hard-to-Manage Child.* New York: Routledge, 2008.

Faber, Adele, and Elaine Mazlish. *How to Talk So Kids Will Listen and Listen So Kids Will Talk.* New York: Scribner, 2012.

Greene, Ross W. *The Explosive Child* Rev. ed. New York: HarperCollins, 2014.

Kurcinka, Mary Sheedy. *Kids, Parents and Power Struggles.* 3rd. ed. New York: Quill, 2013。

Turecki, Stanley. *The Difficult Child.* 2nd ed. New York: Bantam Books, 2000.

第15章

科技与感统失调儿童

随着科学技术的飞速发展，儿童和青少年接触到的科技产品的数量与种类急剧增长。许多孩子和成人都很难做到适度使用科技产品。从某种程度上看，这是因为科技公司和游戏应用程序开发商通过复杂的算法、及时的奖励和通知提醒等方法，"黏"住了用户。

许多成年人每天都"钻"进屏幕不能自拔，你可以想象你的孩子在他的整个儿童和青少年时期及以后的日子里，很可能也要受到科技带来的屏幕时代的影响。大脑中负责执行功能的部分通常要到二十五岁左右才会完全发育成熟，这部分区域的成熟可以帮助人们更容易制订计划、做出正确的判断和决定以及控制冲动，所以要想让青春期的孩子放下让人上瘾的科技设备是很困难的。成年人总是希望孩子能不断取得优异成绩，在方方面面都能跟上同龄人的步伐，这种预期造成的压力，通常会让神经发育正常的孩子产生焦虑。而当孩子面对令人困惑的感觉输入时往往会觉得压力更大，会变得更焦虑。

一些感觉统合失调的孩子发现，通过屏幕来进行社交、放松和自我调节是最容易的。一些有严重言语和语言缺陷的人，尤其是孤独症人士，通过科技找到了自己的"声音"，他们通过屏幕结交朋友甚至是维护工作关系。作为父母，你可能会觉得孩子没有能力管理自己使用屏幕的时间，还可能觉得不让孩子看屏幕是改变他行为的唯一方法。然而，学校正越来越多地将科技融入课堂和家庭作业中。在许多高中，老师们会要求学生提交电子版作业，并且希望孩子们拥有在校使用的电子邮箱。所以，孩子们都会在一定程度上使用科技产品，这是根本无法避免的。此外，主要通过科技产品与他人进行沟通和联系的人，都不能接受有人将科技产品从生活中去除。报纸或者新闻客户端经常有科技和社交媒体给人们带来负面影响的报道，而鲜有关于其正面影响的报道。在以科技为主题的一般报道中，很少关于感觉统合失调儿童的信息。但是，当你在给孩子制定屏幕使用的规则时，不要忽略科技对特殊儿童的积极影响，这一点非常重要。

屏幕可以为孩子提供视觉刺激，让他从社交和感官需求中解脱出来（患有感觉统合失调或者孤独症的儿童，会觉得上学和日常生活很难）。对有感觉问题的孩子来说，屏幕还让他们对自己擅长的事情有掌控感，这与在学校、家里或者操场上完成任务的感觉不同。当我们看到孩子喜欢花很多时间在屏幕前看视频或玩游戏时，我们需要帮助他们找到各种各样的方法来放松、培养掌控力，并获得他们需要的刺激和社交。即使你的孩子还没开始使用智能手机，或者还没被电子屏幕完全吸引，也请你继续读下去，因为你可以学到一些引导孩子用积极、恰当的方式使用科技产品的方法。

先要挣脱为人父母的焦虑

几十年前，很多人都说电视会损害儿童的大脑，影响儿童的阅读能力、人际交往能力和健康生活的能力。很早就有人开始研究科技对人类的影响了，但每项研究都有其局限性，因此很难判断新技术对人的影响是正面的还是负面的。研究的内容和对研究的分析解释往往也带有研究者的偏见。

一些研究表明，对于有感觉统合问题的孩子，使用电子屏幕尤其是玩电子游戏对他们是有好处的。2013年在意大利进行的一项研究表明，花12个小时玩动作类电子游戏能"显著"提高诵读困难儿童的阅读技能。研究还表明，许多诵读困难的儿童在感觉处理方面存在问题。2017年，美国加州大学旧金山分校的一个研究团队发现，有感觉统合失调的儿童容易并发注意缺陷多动障碍，玩电子游戏可以改善他们的注意力。这样的研究提示我们，当我们在探究为什么感觉统合失调的孩子会被屏幕的活动所吸引时，也要考虑孩子可能从中获得了有价值的技能。从某种角度看，对科技的偏见可能会伤害到孩子。一些孩子未来会在科技领域工作，继续发展他们在童年时期花费大量时间与屏幕互动时培养出的技能，并且在工作中需要用到科技产品。

请记住，你可以选择不到万不得已才允许孩子玩教育类电子游戏或拥有智能手机；你可以在孩子还小的时候禁止他们触碰电子屏幕或严格限制使用时间；你也可以用更宽松的方式管理孩子使用电子屏幕，只要你定期评估电子屏幕对孩子的影响就可以了。你家十一二岁的孩子可能会告诉你，他在各种设备上收到的通知提醒让他很紧张，每天使用社交媒体应用程序还需要登录账号让他们备感压力。你要观察孩子的电子屏幕使用情况并与他仔细沟通，你可以问一些问题，听听他的倾诉，便于你了解电子屏幕和移动设备对他有哪些作用。孩子的回答可以让你了解如何帮助他适度地使用科技产品。

让孩子融入大自然

科技产品带来的一个很大问题是，让很多人沉迷于"屏幕时间"，长时间接触有刺激性的图像和信息，花在大自然中的时间越来越少。研究表明，大自然能在几分钟内降低人类的焦虑水平，让大脑得到放松。在大自然中，我们的眼睛会聚焦于或远或近的物体，我们的身体会在行走时适应不平坦的路面，我们的耳朵会接收来自各个方向的不同类型的声音。

研究发现，户外活动时间过少与儿童近视的发生之间存在关联。这可能是因为如果长时间近距离使用电子屏幕，大脑会适应性调节眼轴使其变长，以看清近距离的物体。如果大脑总是不断地视近调节，就使临时调节变成习惯性调节，远处的图像不能在视网膜上聚焦，所以形成看不清远处物体的近视状态。此外，屏幕发出的蓝光会干扰褪黑素的产生。当松果体释放褪黑素时，我们就会收到入睡提示。褪黑素不足导致的低质量睡眠与疲劳、抑郁、体重增加、注意力不集中等问题都有关联。太阳光有助于人体合成维生素 D，维生素 D 对骨骼健康和舒缓情绪至关重要，充足的维生素 D 水平还可能有助于减小患癌风险。

虽然户外活动可能会带给孩子快乐、激发孩子的好奇心，但同样也可能让感觉统合失调的孩子产生焦虑，尤其是那些很少接触大自然的孩子。这些孩子会觉得，在鸟鸣啾啾、蝉鸣不止的公园散步，是一件心烦的事。你需要做大量的工作，采取一些有趣的手段才能让孩子克服这些障碍，去体验户外活动，欣赏自然美景。

虽然你想尊重孩子的敏感性，但你也想把他拉出舒适区，让他走出去。在户外，孩子们会以自然的方式感受声音和景象。试着让孩子在户外聆听歌声和用乐器演奏出的音乐吧，户外的声音效果与室内大不相同。可以带孩子玩用眼睛追踪飞行中的鸟儿的游戏，让孩子倾听周围的声音，将声音与物体的运动联系起来。

你的孩子是否喜欢不停地谈论自己感兴趣的话题呢？当你和孩子一起穿过树林、在海滩或公园漫步时，请让孩子和你详细讲讲，帮助他把在学校学到的知识延伸到户外。如果孩子知道什么是斐波那契数列[①]，请帮他在自然界中找到例子。和孩子讨论太阳落山时云和天空变色背后的物理学原理。当你们一起享受户外活动时，可以即兴创作一首诗。

---

① 又称黄金分割数列，因数学家莱昂纳多·斐波那契以兔子繁殖为例子引入，故又称"兔子数列"。

如果孩子热爱大自然，那么这是一件可喜的事情。除了置身于大自然，也请鼓励孩子把大自然的元素带到室内，比如录下喷泉或植物、动物的声音，用香薰机把植物精油扩散到空气中。孩子可能会慢慢发现，把大自然融入生活会让他获得平静。

支持孩子学习的技术

多感官学习对所有孩子都有益处，尤其对有感觉问题的孩子格外有益。科技为孩子的学习提供了很多便利条件。

随着科技的发展，现如今很多助残设备使用起来非常便捷，不再是以前那种笨重的、看起来有些吓人的大块头设备了。很多教材也有配套的视频和音频材料。此外，你可以在网上、图书馆里找到许多教育视频和音频，这些都有助于孩子的学习。你可以与孩子讨论他觉得哪种阅读方式更容易，是阅读实体书

别让科技进步影响到身体健康

台式电脑、笔记本电脑、平板电脑和手机的应用虽然能给孩子带来一定的益处，但使用不当也会给健康带来危害，例如影响视力、颈椎健康等。

在久坐之前，可以做一些活动来进行躯干肌群的激活。可以靠墙做俯卧撑、在地板上做平板支撑、做开合跳，或者做第6章中介绍的活动。

然后，要观察孩子的坐姿。不良坐姿在肌张力低下、力量不足的人群中很常见，它会造成脊柱弯曲、圆肩，从而迫使人在坐着时过度伸展颈部，同时下巴向上倾斜。你可以通过以下方式改善孩子的坐姿。

• 确保孩子的座椅结构牢固。臀部、膝盖和脚踝应该保持90°角。脚要能够放在地板上，或踩到脚凳上。

• 确保桌子大小合适，孩子的臀部处于座椅中间。如果孩子瘫坐在椅子上，可以加一个充气的楔形坐垫。坐垫应当适度充气，较宽的一端靠向椅背。

• 确保电子屏幕摆放的位置合适。屏幕位置要与视线齐平，这样孩子不需要向下或向上弯曲脖子。如果使用笔记本电脑、平板电脑或智能手机，将其放在倾斜的板子上，这有助于孩子使用时保持肩膀放松。

• 孩子需要适当休息。大约每隔30分钟需要进行颈部、背部、手臂和手的伸展运动，重新激活肌群。还要进行远眺，至少要看距离6米远的地方。

还是阅读电子学习材料，以及他为什么这么认为，这样你才能更好地帮助孩子。

调整电子屏幕的眩光、对比度、字号和字体，可以大大提高孩子的长篇阅读能力，并让他们有更好的考试表现。如果孩子有视觉处理问题，白纸反射的光线会分散他们阅读时的注意力，用电子阅读器阅读可能会比阅读纸质书更容易，因为它眩光少、对比度低，且字体和字号可以改变。就像验光师会问孩子哪种镜片更清晰一样，你也应该询问孩子，确定什么样的阅读方式会让他觉得视觉体验更好。你可以问孩子，阅读一段时间后屏幕上的字母是否会摆动或颤动，调整屏幕后是否有改善；或者孩子更容易接受哪种字体；等等。

现在文字转语音软件非常普遍，通常还有多种不同的机器人声可供选择。孩子可能觉得文字转语音对阅读很有帮助，但是真人带着情感和语调阅读可能效果会更好。有一些教育类的网站有适合孩子观看的教学视频，可以帮助孩子应对感觉处理方面的差异。有的孩子会先关闭声音，只阅读字幕，然后再把注意力集中到视觉图像上。然后，他们会重新完整观看，边听句子边阅读字幕。通过与孩子讨论什么方法对他的学习更有效，你可以最大限度帮助到孩子。如果孩子觉得有必要，你可能需要和学校商量，是否可以录下老师讲课的声音，以及能否获取相关的视频资料和纸质讲义。

使用电子设备社交

很多青少年会通过电子产品比如电子游戏、社交媒体来社交。互联网对网络用语是有规定的，家长应事先和孩子明确，以免孩子犯错。

正常使用社交媒体对你家个性独特的孩子来说大概率是健康的。如果你的孩子想要注册一个社交媒体账户，请不要一口回绝。你要重点关注这个社交媒体账户的使用规则，比如对用户的最低年龄限制，并坚持让孩子遵守规则。你可以和孩子讨论除了发布照片和视频之外的表达自己的方式。如果有必要，可以禁用评论和分享功能。当然，如果你的孩子快二十岁了也不想用社交媒体，也不要强迫他使用。如果你想让孩子成为懂技术的人，但孩子对社交媒体实在不感兴趣，那么你可以通过其他方式让孩子与有相同兴趣的人建立联系，比如加入在线动物救援组织、上机器人课或编程课等。

我们都知道，孩子使用社交媒体是有可能遭遇霸凌的。在将可以上网的设备交给孩子之前，即使是学校发放的笔记本电脑或平板电脑，也请先和孩子谈谈使用规则，问问他对上网和与他人交往了解多少。即便你认为孩子比同龄人更成熟，你也有必要安装监督孩子网络言行的软件，并经常检查孩子的设备使用情况。在你和孩子之间建立信任是他能够安全使用网络与他人交流的基础，因此你需要了解下面列出的一些安全提示。

- 告诉孩子不要在网络上发布任何私人信息。

- 让孩子遵守申请社交媒体账号最低年龄的要求。不要为了让孩子更合群而违反规则。

- 向孩子解释，他在网络上发布的信息很可能被其他人下载，所以要谨慎。

- 鼓励孩子通过电话或者面谈的方式来解决在网络上与人交流时发生的冲突。教孩子在谈论事情时用"我"来描述："你在游戏里用水淹了我的房子时，我真的很生气。""当我看到你对我的照片发表不恰当的评论时，我感到很受伤。"你要向孩子解释，通过文字沟通可能会少传达很多信息，不容易让别人感受到你的情绪，这可能会导致别人对你的误解。你可以问问孩子，他觉得面对面沟通容易还是通过屏幕沟通容易，原因是什么。这有助于帮助孩子更好地理解社交活动。

- 可以和孩子一起看有关儿童和青少年使用科技产品进行社交活动的视频与新闻报道，并展开讨论，问问孩子对此有什么看法，以及他会做什么样的选择。

- 要确保孩子接受到正确的性教育。即使孩子会对这个话题感到尴尬或假装什么都知道，也要与他谈论关于性的知识。确保孩子知道不能传播或下载法律禁止的色情图片或者视频。孩子在某个时刻会有性感觉和性冲动，你要指导孩子以健康的方式处理这些感觉和冲动，以避免他陷入麻烦。

- 请注意你自己在网络上社交时的言行，为孩子树立一个好榜样。

即使你认为你的孩子可以正确使用社交媒体，也不要忽视对他的监督。不过孩子发布信息的时候可能会屏蔽你，你要经常与孩子沟通交流，尊重他的想法和感受，他会感受到你对他的支持。当孩子在使用社交媒体或者与他人在线交流遇到困难时，他会更愿意向你倾诉。如果孩子不想加你为网络好友，请不要生气，但要鼓励孩子将一位值得他信任的成年人加为好友，这个人可以在必要时提醒你孩子的状况。当然，你需要和孩子讨论一下，为什么孩子不希望你在社交媒体上关注他。如果原因是孩子不希望你对他发布的信息发表评论，那么你应该尊重孩子的选择。

如果孩子不愿关闭电子设备

美国密苏里大学心理学家迈卡·马祖雷克和他的团队通过研究发现，与典型发育的同龄人相比，孤独症儿童花在电子游戏上的时间更多，而花在社交媒体上的时间更少。他们还发现，相比普通家长，孤独症儿童家长更容易发现孩子在看视频和玩电子游戏时有行为问题。这些行为问题包括在受到干扰时变得愤怒、玩起来就停不下来，以及更喜欢长时间待在屏幕前，而不是与家人和朋友进行面对面的互动。以下是一些可能会对这类情况有帮助的策略。

- 如果当你试图限制孩子看屏幕的时间时孩子突然变得愤怒和咄咄逼人，请你记住，有感觉问题的儿童本来就在自我调节和时间管理方面有困难。他虽然说"再玩五分钟"，但实际上对时间长短并无概念。不过请别忘了，电子游戏和社交软件设计的初衷就是想方设法"黏"住用户，你可以和孩子一起制定一个关于屏幕使用的家庭协议，这是帮助孩子适度使用屏幕的好方法。同样，你也要以身作则。当你向孩子承诺你只花五分钟查看一下自己的社交媒体或者电子邮件动态时，请确保你自己遵守约定！

- 由于担心电子产品可能会影响孩子的学习，你可能会希望限制孩子使用电子产品的时间，比如在白天或晚上不能使用。你可以在孩子学习的时候把电子产品暂时拿到另一个房间，并寻找电子产品影响孩子学习的原因，比如是否是其发出的提示音或推送信息影响到了孩子。你要告诉孩子，在开始做功课或进行需要集中注意力的活动之前，应该关闭设备的提示音，在适合的时候再开启。

- 陪孩子一起玩电子游戏，让他教你如何使用游戏手柄和具体玩法。找一些新手（比如你）也能轻松参与的游戏。你可以跟孩子做个交换，比如你会认真陪他玩一个小时的游戏，但之后孩子也要跟你一起进行不涉及电子屏幕的活动。

- 抽时间陪孩子一起看他喜欢的视频，并和孩子讨论他喜欢什么、不喜欢什么以及原因。请控制自己想批评孩子的冲动，如果你真的觉得这个视频不适合孩子看，在你表达反对意见之前先鼓励一下孩子。比如，你可以这样说："我知道你为什么想看这个人的视频，因为他在教你如何玩游戏，但他总是说脏话，真的让我很不舒服。你知道有哪个主播不说脏话吗？"

- 如果你的孩子喜欢摄影、动漫或者电子游戏，请鼓励他加入学校社团，或者自己创办一个社团。你的孩子可能会把兴趣发展为今后的职业，他希望用科技去创造新事物并愿意与他人合作。

- 当你想让孩子多进行现实世界的活动而少用电子产品时，请给孩子一些选择的空间，尊重他的独立性。想一想，你的孩子能帮你粉刷书柜或房间吗？有他能参加的风险不高、竞争不激烈，也不需要你指导的体育运动吗？如果孩子选择上自己感兴趣的舞蹈课，能达到锻炼的目的吗？

　　总的来看，"适度"可能是孩子使用电子产品时要把握的最重要原则。你要记住，你的孩子是独特的，感觉处理问题会让他的日常生活变得非常困难，让他感到疲惫和沮丧。如果电子产品有必要使用，就让他用吧，只要适度就好。

第16章

青少年面临的特殊挑战

尽管关于儿童感觉统合失调的理论已经存在了几十年，但许多专业人士和家长直到最近几年才对其有所认识，这也导致了很多有感觉问题的孩子直到青春期都没能被诊断出来。很多青少年是因为有书写问题或者组织能力缺陷、无法按时上交字迹清晰的作业、需要让作业治疗师进行治疗时，才发现长期存在未经诊断的感觉统合失调。还有的青少年因为长期出现反抗、冷漠、注意力不集中等问题才被善于观察的老师或学校的心理治疗师发现可能有感觉统合失调。还有的是因为其父母最近了解到了感觉统合失调的知识，对照自家孩子，才意识到孩子可能有感觉问题。

感觉统合失调的人只要接受正确的帮助，无论多大年龄都能取得明显进步，但是有感觉问题的青少年和他们的父母可能会面临一些特殊的挑战。

正确看待自己的"不同"

多年感觉统合失调的青少年，不知道自己为什么与同龄人不同，也不知道自己的身体出了什么问题，他们很可能会感到不安，也不想在任何方面显得自己怪异或与众不同。正如一名成年患者迈克尔所说："当时我把我的独特之处看作是一种可怕的、不公平的负担，这让我觉得自己仿佛是一个怪胎。我对认识的每个人都隐瞒着这件事。十几岁的时候，我努力控制自己，不让自己看着和周围世界格格不入。但是随着年龄的增长，我决心放松自己、尽可能舒适地融入这个世界，而不是担心别人怎么看我。"

作为父母，你一定想帮助孩子解决他的感觉处理问题，但是每当你告诉孩子需要做什么时，比如"你最好开始写你的作文""你最好做治疗性听力练习，因为作业治疗师说这能帮助你解决对噪声敏感的问题"，他可能会变得易怒并出现自我防御行为。如果你刚发现孩子有感觉统合失调，你可能会意识到自己的职责不仅是为孩子安排好作业治疗课程，因为孩子不会因为这个课程对自己有好处就积极执行计划、严格按照作业治疗师的要求去做。虽然一开始可能很难让青少年意识到作业治疗和感觉饮食活动的价值，很难让他们承认自己有一些问题需要治疗师的帮助，但是至少相比非常年幼的孩子，青少年更善于识别自己身体的感觉并能进行清晰的表达。尽管如此，你和作业治疗师也需要对青少年的需求非常敏感，及时帮助他们处理自己的感觉问题。

你会担心别人如何看待你家十几岁的孩子吗？如果你经常向孩子传达这样的价值观：差异不仅是可以被容忍的，还是值得被欣赏和赞美的，那么孩子更容易把自己的"不同"不当回事。你可以和孩子一起观看一些讲述与众不同的人的电影和视频，由此和孩子展开相关的话题讨论，比如"如何成为群体的一分子，同时仍然保留自己的个性"。

青少年愿意进行的感觉饮食活动

对大多数人来说，承认自己有感觉统合失调并需要帮助是非常困难的。对一个脆弱的青少年来说，试图弄清楚自己的问题以及如何适应这个世界更加困难。如果你的孩子有感觉方面的问题，并且现在还没有得到解决，我们可以保

证，虽然孩子可能无法用专业的语言来描述或解释自己的行为，但他能够意识到自身的问题。你要做的就是配合作业治疗师开展工作，以便向孩子解释他的感觉系统究竟出了什么问题，以及他应该如何摆脱困境。

如果你家十几岁的大孩子在感官健身房接受作业治疗，请尝试将课程安排在家里幼儿不在的时候，以免大孩子因为做治疗活动而感到尴尬。在感官健身房里，大孩子可能会注意到许多设备对他来说太小了，不好用。请确保作业治疗师能注意到这一点，并把适合青少年尺寸的设备（如蹦床）放到孩子面前。

专为高中生服务的作业治疗师史蒂文·凯恩建议青少年参加"健脑运动"（Brain Gym），这是一个通过运动锻炼神经系统的项目，不需要任何特殊设备。健脑运动包括在空中画"8"（像写无限符号一样横着画"8"）、交叉爬行（一种协调身体两侧的活动）、肌肉伸展练习等孩子喜欢的运动。为了鼓励青少年积极尝试，凯恩会从能让学生们兴奋的事情开始引导。如果学生对橄榄球感兴趣，他会想办法把一些活动和橄榄球联系起来，并说："我现在要让你们进行眼球运动，因为在投球时你们需要能看到整个球场。"之后，他会说，"让我们看看这项活动是否会有助于你们投球。"

有时候，作业治疗师也能凭借自身的能力，让本来不怎么有趣的活动看起来更吸引孩子。作业治疗师克劳迪

娅·迈耶会在上课期间为参加治疗的高中生播放能令他们集中注意力的音乐，但这些音乐通常是给学龄前儿童听的，于是她曾开玩笑地将这些音乐称为"迈耶夫人的傻瓜音乐"。学生们笑着听她播放的音乐，并接受她提出的看似"有点傻"的建议，比如和迈耶谈话时坐在治疗球或丁字凳上。让学生们没想到的是迈耶的方法确实有可取之处，能帮助他们保持专注，让身体感觉更自在。

当你和孩子一起解决他的感觉问题时，请与他建立伙伴关系。正如迈耶解释的那样："我对来治疗的青少年说，如果你认为哪项活动有帮助，请务必告诉我，现在让我们体验一下这些活动带给你什么感觉，你要告诉我你觉得自己做得怎么样。"作业治疗师杰瑞·林奎斯特博士说："我认为教给孩子们一些感觉处理方面的知识是非常必要的，这样他们就可以自己决定该怎么做。比如，有些青少年可能想穿一些时髦的衣服，但是穿上后却感觉不太舒服，他们会因此觉得很难过，感到被孤立和不被接受。只有理解导致这种情况发生的真正原因，才能帮助他们接受现状，并想出一些解决办法。"

许多青少年发现，特定的活动和设施可以帮助他们减少周围环境对自身的干扰或者缓解他们的不安。请试着帮助他们探究这些干预措施有效的原因，找到将其融入孩子的日常生活的方法。如果你的孩子无法走路或骑车上学，请和他谈谈其他方法，帮助他找到适合自己的去学校的方式。在上学期间，作为触觉脱敏计划的一部分，青少年可以尝试在卫生间刷牙、戴一顶棒球帽或带檐帽以便提供头部压力、嚼口香糖，或者用耳机听舒缓的音乐。放学后，孩子可能会发现需要进行有趣轻松的体育活动，来提供自己所需的感觉输入，从而使身体更协调、更舒适。上体育课和白天多做运动，可能对帮助孩子保持专注至关重要。

在这个阶段，许多青少年都敏锐地意识到自己不擅长做什么，他们会通过各种方法不让自己陷入尴尬的处境。不要误以为孩子在拒绝做同龄人正在做的事情。你家"笨拙"的大孩子内心可能也渴望打网球或学芭蕾舞，但他会坚持要参加私教课程，以避免与他人一起上课时在众人面前丢脸。帮助青少年发现他们身体的状况以及学习如何应对并非易事。供职于纽约市作业治疗服务特别项目的作业治疗师保拉·麦克里迪指出，青少年通常不愿意关注自身的感觉问题。她说："青少年本来就觉得总有人在观察自己，你还要求他们警惕他人的视线，这可能会让他们感到尴尬。所以，请确保你和作业治疗师一起在帮助孩子进行感觉饮食活动，并且活动不会对孩子造成过多困扰，也不会伤害他的自尊。"

作业治疗师林赛·科斯指出，许多青少年都愿意参加听觉统合训练，因为在这个年龄戴着耳机四处走动是非常普遍的现象。很多孩子会喜欢游泳，因为他们通过皮肤获得了本体感觉和触觉输入。体操也是一项有益且令人愉快的活动，因为体操包含很多跳跃、弹跳、翻滚和旋转的动作。

有感觉问题的青少年可能会发现做一些和动物有关的工作很有成就感，比如在马厩里帮忙、照料农场的动物或是照顾家庭宠物。这可能是因为动物给人的爱是无条件的，不带有评判性，而且能给人带来愉悦的感官体验。

跆拳道也是一个不错的选择。患有感觉统合失调的成年人迈克尔说："我加入了一个跆拳道俱乐部，在接下来的几年里会一直练习跆拳道。这对我而言是一个巨大的挑战，因为我是一个笨手笨脚的人，很难记住所有的动作。跆拳道让我真正意识到自己的身体与其他物体之间的关系，我会做带有控制性的动作，选择是否要与某个物体或者某人接触。虽然我不可能成为跆拳道明星，但我在身体意识方面取得了巨大的进步。这种高度结构化的课程就像治疗一样，能帮助我避免感官超负荷。"还有一些青少年可能会喜欢练瑜伽、打太极、进行力量训练或骑自行车、打保龄球，这些活动都涉及本体感受输入。像烹饪、画画、做手工、做剪贴簿、做木工或缝纫等活动，可以提供良好的感觉输入，同时帮助青少年创造性地表达自己。无论是打鼓、制作手工艺品、制作机器人、搭乐高积木，还是建设一个很棒的网站，只

要掌握所需要的技能，都会增强孩子的自尊。

发展社交

迪莉娅从未因感觉问题接受过作业治疗，她说，即使是成年后，她对光线和噪声也很敏感，除非她主动接触他人，否则她仍然不喜欢被触碰。在她十几岁的时候，她花了很多时间在图书馆读书和学习，而不是去社交。迪莉娅说："在学校我常感觉很糟糕，因为总担心人们会撞到我。我尽量坐在教室里离门最近的座位，这样当下课铃声一响，我就可以立刻冲出去，跑到下一节课的教室（如果要换教室上课的话）。不然下一节课我会迟到，因为我总是在人群中来回穿梭，尽量不碰到任何一个人。"卡尔对噪声很敏感，他发现当学校举办舞会时，他待在旁边的房间和朋友们玩桌上足球，会比在场馆里或者附近跳舞更舒服，因为舞会的音乐对他来说太吵了。另一名有感觉问题的青少年通过在当地图书馆做志愿者找到了适合自己的群体——图书馆志愿者。图书馆志愿者的工作环境通常音量适中，也不会过度拥挤。

如果你的孩子在一大群人身边很容易感官超负荷，那么请考虑让他参加一些非群体性活动。你还可以让孩子参加一些竞技类的活动。

有感觉处理问题的青少年容易遇到社交困难的另一个原因是，与同龄人相比，他们可能不够成熟。请记住，我们

是通过感官来学习的。即使一个孩子没有表现出明显的发育迟缓，他也可能会有轻微的情感和行为发育迟缓。患有感觉统合失调的青少年多年来可能一直在避开能够帮助他们发展某些技能的活动，包括情感技能。患有感觉统合失调的孩子通常没有同龄人成熟，他们表现得好像不在乎别人认为自己很奇怪。如果孩子无法控制自身行为并引起了其他孩子对他的品头论足，那么这种"不成熟"似乎也是一种幸运。

你的孩子可能正在努力地与和他有共同兴趣爱好并且接受他真实样子的孩子建立友谊。此时，他们可能也愿意接受你给他的有关建立友谊的建议。请跟孩子谈一谈你在与他人交谈时，在理解一些不太明显的社交规则时遇到的困难，以及你是如何处理尴尬局面的。这有助于孩子将你视为睿智并能够帮助他的"伟大"的家长。

青少年的父母可能面临的一个挑战是：可能无法完全理解冒险行为的后果。事实上，冒险行为也是青春期个体发展特征的一个重要方面。但对情感上缺乏安全感、身体常常不适、想要寻求感官舒适的青少年来说，酒精、文身、高速驾驶或用自行车和滑板做危险的动作可能格外有吸引力。请帮助你的孩子找到积极的方式来获得所需的感觉输入以及应对痛苦的感觉体验，这对防止孩子消极行为的出现很有帮助。鼓励他接受体能挑战。你还要及时称赞孩子的冒险精神，肯定他取得的成功，鼓励他积极地寻找克服困难的方法。

面对身体的变化

如果普通青少年都很难适应他们不断变化的身体，那么有感觉问题的青少年就更面临极其严峻的挑战了。除了要应对体内激素水平的变化带来的压力，有感觉问题的青少年还要面对治疗粉刺的黏糊糊的外用乳膏、黏稠的剃须膏、湿黏的除臭剂，以及厚重且容易让人发痒的卫生巾（如果是女孩子的话），这些都会让他们抓狂。对宁愿被嘲笑也不愿忍受最新服装款式的青少年来说，穿流行的超紧身或超宽松的衣服可能会感觉很麻烦。父母和作业治疗师可以帮助孩子寻找一些解决方法，比如使用无香型护肤品、喷雾除臭剂、卫生棉条和月经杯，穿莱卡自行车短裤（藏在宽松衣服下，男孩女孩都可以穿）、全棉运动文胸或无标签的内衣等。其他对青少年有益的建议请参见本书第 7 章的内容。

如果你的孩子不经常洗澡，那么可以在他洗完澡后夸赞他闻起来有多香、头发干净时看起来有多棒。许多家长反映，当青少年开始希望自己充满吸引力时，就会突然对打扮感兴趣，会痴迷于化妆或打造好看的发型。为了避免孩子走极端，你可以给孩子定好规矩，制定奖励和惩罚措施，以确保他做好个人卫生。

练习开车

在美国的某些地区，开车是孩子成年后独立自主的表现。一些青少年①迫不及待地想要开车；而另一些（例如有感觉问题的人）则对开车毫无兴趣，还会排斥学习这项技能。有感觉问题的青少年一想到开车就会觉得压力很大，因为视觉和听觉处理方面的问题会让他们很难集中注意力，尤其是周围有来自乘客、收音机、引擎或窗外的噪声时。一些青少年会用戴耳塞来应对听觉问题，开车时这样做是危险的。有前庭觉方面的问题会让青少年司机迷失方向，毕竟他们在课间更换教室都觉得记住方向很难，更何况是要在快速行驶的汽车上弄清楚自己与其他车辆及车道的位置关系。

如果你的孩子（到了可考取驾照的年龄）不愿意开车，你可以鼓励他一步一步来，先通过考试获得驾驶证，再在空旷的停车场练习开车。开车可以帮助他获得本体感觉输入。骑自行车（尤其是在交通流量低的地方）可以帮助孩子在开车前习惯应对交通状况和变道问题。还有的孩子需要上一些课程，练习足够的时间才能舒适地驾驶。对一些有听觉处理问题的青少年来说，在车内播放一些背景音乐，可以帮助他们更好地集中注意力，但要确保音乐不会使他们分心，也不会太吵，以免他们听不清车外的声音。更多的驾驶技巧请参见本书的第7章。

① 在美国，考取驾照的最低年龄为十六岁。

饮食

正如我们在本书第 10 章中讨论的那样，进食涉及的感官活动非常复杂。在美国的文化中，人们对幼儿的选择性的挑食行为有很高的包容性，尽管也有人会强迫他们的孩子吃餐盘里的食物。但是孩子成长为青少年后，如果他们的饮食习惯和周围人有差异，并且给做饭的人带来不便，就会面临很多指责。孩子可能会因为不想被人品头论足而对在人前吃饭感觉十分焦虑，以至于他会主动避免这类社交活动。当孩子尝试在餐桌前坐直身体时，可能会因为肌张力低下或者因为在呼吸、咀嚼、吞咽、对话等方面有困难而感到不适，并为此感到羞愧。或者，孩子虽然知道自己会把食物弄到脸上、把饮料洒出来、笨拙地使用餐具，但是他对解决这些问题持抵触态度。面对这种情况，作业治疗师普鲁登斯·海斯勒给出了他的建议：没有能快速解决这个问题的方案，你必须做出妥协。你需要确定想要改变的事情的优先级。如果你想重点培养孩子的餐桌礼仪，那么就把关注点放在早餐，而非晚餐，因为孩子到了晚上已经很疲倦了，他还有很多作业要完成。所以，晚餐时请放松一些，试着做一顿简单的饭菜，让所有的事情都变得容易些。

与小伙伴一起参加烹饪课和烹饪派对，可能有助于培养孩子对做饭的兴趣，甚至扩大他对食物的选择范围。

第17章

帮助你的孩子融入世界

随着孩子长大，他们必须发展自己的感官智能，并满足自身的需求。他们还要学会应对别人对自己的不尊重甚至是刻薄态度。作为父母，你一定不想让孩子受到伤害，但是我们都知道这是不现实的。你能做的就是，通过你的言行向孩子表明，他是讨人喜欢且值得尊重的人；并且向他解释，有些人就是会出于自身问题而无法善待他人，但是这跟你的孩子无关。

那么，怎样才能增强孩子的自尊心呢？首先，你可以帮助他理解并接受真正的自己，用各种各样的方式提醒他，与众不同也是上天赐下的一件很棒的礼物。其次，尊重孩子的独立性。最后，你需要教孩子如何应对他人的不尊重。

和孩子谈谈他的感觉问题

如何与孩子谈论他的感觉统合失调以及治疗方式取决于孩子的成熟程度、他对自身困难的认识程度以及其感觉问题的严重程度。对于幼儿，他们会因为有一位新朋友（作业治疗师）带着特殊玩具来和他们一起玩而感到高兴。而对于接受过早期干预或者就读于特殊教育学前班的孩子，由于他们的同学都处于不同的发展阶段，其中很多孩子也在接受治疗师的治疗，因此他们会觉得在课堂外接受特殊照顾是一件很正常的事。

然而，随着孩子长大，他们可能会开始注意到，自己上学好像比同龄人更困难。例如，他们可能会注意到，弟弟可以轻松地骑着三轮车或穿上外套；幼儿园的其他孩子似乎不怎么受噪声的干扰，也不需要在讲故事时不断地被告知坐着别动……

有些孩子非常清楚自己与同龄人的差异。一旦他们开始拿自己和其他孩子比较，他们就会怀疑自己是不是出了什么问题。他们可能会问："为什么莎拉在放学后可以和小伙伴一起玩，而我却要去感官健身房？"你可以简单、直接地告知孩子一些信息，以免他误认为自己很奇怪、愚蠢或者懒惰。当然，具体怎么做要取决于孩子思想的成熟程度。

一个意识到自己和其他孩子有差异的孩子，可能已经掌握了一些描述感官体验的词汇，比如他可能会说感到疲倦、兴奋、冷静、自信……这些词你也可以使用，比如你可以向他这样解释：平时多锻炼关节和肌肉，能让人在骑完自行车后感觉更冷静、更自信。你可以帮助他找到更多的方法，让他一整天都能保持这样的感觉。

不管孩子多大，你都要以诚相待。孩子天生就能分辨谎言，所以不要和孩子说："拉娜（作业治疗师）和你玩，是因为她喜欢和孩子玩。"你应该和孩子这样说："拉娜的工作是帮助你变得强壮（或少受噪声的困扰等）。"如果你能在孩子觉得困难的任务上与他达成一致，那么他在治疗过程中以及做治疗性练习时会更有动力、更配合。例如，如果孩子知道并理解自己嘴唇周围的触觉十分敏感，他将更能容忍出于脱敏的目的而触摸自己的下巴和嘴唇的行为，因为他知道这会帮助自己更好地用泡泡玩具吹泡泡。如果孩子知道手部的强化练习能帮助他更好地使用剪刀，即使他不喜欢，也会愿意去做练习。如果你能够诚实地和孩子沟通交流，孩子会感到被理解。

请记住，孩子可能没有意识到他对事物的感受与其他孩子不同。孩子即使已经意识到了自己的不同，也可能会因为理解自己并且认识了许多有相同经历的其他孩子而感到非常欣慰。请向孩子解释他的感觉统合问题，以免他有这样的想法："很多事情我做不了，是因为我很笨。"相反，他可以告诉自己："我的身体非常敏感，太多的视觉和听觉信息会影响我。我正在教我的身体忽略那些烦人的景象和声音。"如果孩子因为太敏感而不愿意聊自己的感觉问题，那么你就试着在做有趣的、放松的活动时提及这个话题，比如你们一起在树林里散步时、踢球时或者一起准备饭菜时。

请多关注孩子的优势，指出他容易学习和掌握的内容，赞扬他的努力、专注和决心，这样孩子可能会更容易谈及他遇到的困难，并找到解决的方法。一位妈妈发现，和自己读六年级的女儿一起观看电影《自闭历程》，并探讨主人公天宝的思维方式，能够帮助女儿认识到，同时拥有动态思维和静态思维是一笔宝贵的财富。这样的认识对孩子而言是无价的。

贝丝的孩子迈克今年六岁了，他有感觉问题，而且整个身体肌张力低下。因为迈克对触觉、本体感觉和前庭输入反应不足，他需要不断寻找感觉输入，以便能更准确地感受事物。迈克对身体如何运作非常感兴趣。贝丝说："我告诉迈克，他的大脑就像一台大电脑，向全身发送信息。这些信息可以让他坐起来、跑动、说话、拿东西、扔东西、接东西。问题是这些信息的声响不够大，信号也不够强，无法被接受和理解。因此，虽然电脑（指着他的大脑）工作得很好，机器（指着他的身体）也工作得很好，但是两者之间在某个地方的连接中断了。

他问我自己是不是生病了。我告诉他不是，这更像是一种常见的状况，就像我不戴眼镜很难看清东西，但是戴上眼镜就能看清东西了一样，他也可以通过治疗获得帮助。治疗人员会一次又一次地检查'电脑'和'机器'之间的连接，让连接更紧密。我们也会重新给'电脑'编程，让它工作得更快、更高效。迈克真的很喜欢自己给大脑重新编程的想法。"

如果你的孩子是一个感觉探索者，那你可以告诉他："你的身体有很多能量，你喜欢做很多事情。这就像一辆非常快的赛车，赛车手有时需要把脚从油门上挪开，然后踩刹车，这样他才能减速。在你需要的时候，我会帮助你放慢你身体的速度。"用这样打比方的方式解释给孩子真的很有效，尤其是在孩子还小的时候。你可以问孩子，他觉得自己是活力四射的跳跳虎还是安静的屹耳①，让孩子用一些词汇来形容自己的状态。如果你的女儿过于精力充沛和热情，且难以控制，那么可以让她自比为《冰雪奇缘》中的艾莎。这个角色虽然天赋异禀，然而难以自控。大点的孩子基本就能够理解感觉统合失调是怎么回事了，甚至可以理解前庭觉和本体觉等术语。一位妈妈说，她六岁的儿子问她，他能不能把她扔掉的一些盒子踩扁。当他兴高采烈地踩盒子时，他大声说道："这是很棒的本体感觉输入！"

获得孩子的认同

当林赛和孩子谈论其感觉和发育迟缓的问题时，她总是会先细述孩子身上的优点。例如，她可能会说："你是一个非常聪明且可爱的好孩子。你很会画画、搭积木，你能细心照料你的猫，会讲有趣的笑话。你的听力很好，简直是超乎寻常的棒！你听到的声音比我多，你会不会有时觉得这有些麻烦呢？我们会让你的耳朵感觉更舒服。"在讨论孩子的缺点时，林赛说得非常具体："你很难做到让眼睛和手同步协调来接住一个东西。"或者："当噪声很多并且有其他孩子跑来跑去时，比如在体育课上，你好像会感觉不舒服。"

告诉年龄较大的孩子作业治疗师或其他治疗师（如言语治疗师）的具体工作内容十分重要。上学的孩子可能会把作业治疗师与学校里帮助同学坐轮椅的人联系起来。而对于上幼儿园的小朋友，林赛经常和他们解释说，虽然她被称为

---

① 跳跳虎和屹耳都是动画片《小熊维尼》里的角色。跳跳虎是一只有着橙黑纹的老虎，有一根弹跳尾巴。它精力旺盛，做事总是凭一时的冲动，急躁鲁莽，常常没搞清楚情况就跳起来了。而屹耳是一头灰色的小毛驴，它悲观、过于冷静、自卑、消沉。

作业治疗师，但她更像老师，可以帮他们更好地完成跳跃动作或教他们享受洗澡的乐趣。大一点的孩子或青少年，可能会把作业治疗师和给自家的"疯子"叔叔看病的心理治疗师联系起来，进而认为如果他们去看治疗师，就意味着他们也"疯了"。林赛发现，年龄较大的儿童和青少年愿意接受作业治疗的简单定义，然后将她称为作业老师（而不是治疗师）甚至是感官老师。你可以向大孩子这样解释作业治疗师——作业治疗师非常擅长帮助孩子应对他觉得困难的事物，比如嘈杂的环境、令他难受的衣物、在课堂上长时间静坐或书写……多用孩子亲身经历的困难来举例。

对十多岁的孩子来说，让他们愿意接受帮助至关重要。初次接触前来治疗的孩子时，林赛可能会让他们做一些困难的事情，比如用竞走的方式走上几十米或用手在纸上写几句话，然后问孩子刚才是怎么做的、感觉如何、是否想做得更好。林赛最后再补充道，她知道很多技巧，可以帮助这个年龄段的孩子。孩子似乎真的对"技巧"有点心动，因为"技巧"会让他们觉得有些事情并不是无法做到，只是需要掌握一些特殊的技巧才能做得好。例如，林赛不会说一个孩子不够坚强，而会说："嗯，你挺强的，但我知道一些方法可以帮助你变得更厉害。"她甚至会承认有些事情自己也无法做好（比如，用棒球棒击球或在滑冰时紧急停下来而不撞到墙壁或其他人）

以表明她也会有弱点，并真诚地希望有人能教她一些技巧。然后，孩子可能会向她展示一些技巧，这会让孩子觉得自己很有能力，并愿意去学习林赛的技巧。

作为父母，你可以与孩子分享一些自己的弱点，帮助孩子减少因需要帮助而产生的孤立感和尴尬。如果你愿意，你可以示范你如何面对和克服自己的无能，比如你是如何学会修理坏了的水龙头的、是如何学会游泳的。你要让孩子知道，很多事他最终都是可以做到的。当然，如果你们能一起学习新事物，很多问题就迎刃而解了。

如果你也有感觉问题

作为父母，也许你自己也有感觉方面的问题，这能让你更好地理解孩子正在面对的挑战。你可能还会发现，在希望能治好孩子的时候，你会回想起自己在成长过程中因与众不同而遭遇的困难。米歇尔笑着回忆说，当儿子的作业治疗师问她，衣服的标签会不会让儿子难受时，米歇尔说："我不知道，因为我把标签都剪掉了！我以为所有人都忍受不了这个。"米歇尔很坦诚地说："儿子的敏感度和我的不同。他在运动和噪声方面有障碍，而我则是有触觉防御。"

如果你自己也有感觉问题，请记住：感觉问题在每个人身上的表现是不同的，甚至每天都会有所不同。你可能觉得盘子里的青豆太黏，孩子不应该尝试，但是你的孩子可能已经准备好提升自己的耐受程度了，他想要试试。也许你的孩子永远不会像其他孩子一样喜欢打篮球，与你不一样的是，他根本不在乎打篮球，因为他正在家长的理解、包容和鼓励下，忙着为成为本地区的国际象棋冠军而努力呢！请记住，你的孩子与你不同，他在很小的时候就了解了自身的感觉问题，接受了作业治疗以及所需的其他治疗。

向家人和朋友解释感觉统合失调

能够花大量时间陪伴孩子成长的人，都需要了解感觉统合失调的相关知识，包括你的配偶、孩子的兄弟姐妹、其他亲密的家庭成员、老师和其他看护人。有些人愿意阅读整本的专业书，或者起码会学习你在书中标注的全部重点内容。你甚至可以在书上写下自己的评论，比如，"这就是玛莉索经常舔东西或把东西放进嘴里的原因"，或者"当布拉德利看起来无精打采的时候，这个活动能让他振作起来"。有些人只适合阅读少量的材料，再多就很难消化理解了，他们可能比较适合浏览介绍基础知识比如感觉统合失调的概念、原因、表现等的网页。还有一些人最容易理解简单的口头解释。

还有一种帮助照顾者更好地了解孩子的感觉问题的方法是，让他们花更多的时间陪伴孩子。如果你和其他照顾者观察到孩子表现出适应性行为，比如戴耳塞或在嘈杂的餐馆前厅将自己压在墙上以感受深度压力，请在孩子听不到的时候告诉其他照顾者："贾里德对声音非常敏感，背景噪声会让他感到非常焦虑和不安，所以我们需要总是帮他随身携带耳塞。"

你的配偶或伴侣

许多作为孩子主要照顾者的父母反映，他们（她们）比自己的配偶更容易接受孩子被诊断患有感觉统合失调，更能理解感觉饮食和便利设施的必要性。这可能是因为他们（她们）花了更多的时间陪伴孩子，所以往往更能适应孩子的感觉问题。通常情况下，一起参加作业治疗并与作业治疗师讨论孩子的感觉问题，有助于你的配偶能够接受孩子的某些"不同"。而这些"不同"，照顾者是可以帮助孩子应对的。有些父母喜欢与孩子进行更多的身体接触，而另一些父母则更擅长与孩子进行情感交流。如果父母观察到某些类型的游戏有助于孩子保持平静和集中注意力，他们（她们）就会直观地认识到感觉饮食有助于孩子提升神经系统的调节能力。你可以鼓励配偶观察孩子跳迷你蹦床；或者让他（她）和你一起给你们两岁的孩子洗澡。你作为主要照顾者，可以这么说："我注意到，如果在给萨曼莎洗发之前先按压她的头部几次，再往她头上倒一大杯水来弄湿头发，她就会非常愿意洗头。"慢慢地可以让你的配偶独自给孩子洗头发。

在学习如何帮助孩子的过程中，一定不要将配偶排除在外，即使他（她）

笨手笨脚地搞砸了好几次。当你提醒配偶不要让孩子太快过渡到下一项活动或者强迫孩子穿令孩子无法忍受的衣服却被配偶漫不经心地忽略时，你可能会非常沮丧，但请你接受配偶可能会用不同的方法照顾你们的孩子。当然，在你分享你认为行之有效的方法的同时，要避免让孩子的其他照顾者感觉自己很无能，无法与孩子建立特殊的情感纽带。孩子的其他照顾者可能会想出一种他认为非常有效但对你不适用的方法。你可能会想不通："为什么爷爷和波波一起刷牙时，波波就乖乖刷牙不闹腾呢？"也许是爷爷会用更低沉的声音，清晰而坚定地告诉波波应该怎样刷牙。总而言之，主要照顾者的工作之一，就是帮助其他照顾者与孩子建立健康的关系。

试着让配偶和你一起照顾孩子吧。比如，一位对家里日常修理等杂事很在行的爸爸，在每个房间都安装了调光开关，这样儿子就可以避开过度明亮的光线了。如果你的另一半拒绝谈论孩子现在面临的挑战，那你就跟他（她）谈谈孩子的进步，以及要怎样做才会对孩子有帮助。如果配偶拒绝承认孩子患有感觉统合失调，那么你可以只和他（她）讨论孩子的行为，非必要情况下不要提及孩子的诊断。你要提醒你的配偶，你们的孩子是与众不同的，当他得到某种类型的感觉输入时，他的神经系统能够更好地忍受这种感觉，也能更有效地停止不恰当的寻求或回避行为。

家里的其他孩子

有感觉统合失调的孩子需要很多关注。你可能需要带他去接受治疗，花更多的时间与他一起解决发育迟缓的问题。在这期间，你必须给予他额外的关注、安慰和陪伴，并和他一起体验感觉饮食活动。由于你没有给家里其他孩子同样多的陪伴和关注，他们自然会感到不满。

很多感觉饮食活动需要多个孩子参与，所以你可以让你的其他孩子一起加入，并让大一点的孩子设计一个有一定难度但很有趣的障碍训练，然后让孩子们一起攀爬、跑动和爬行。你们一家人还可以一起种花、烹饪或在泳池里嬉戏。请你也给予其他孩子相同的关注，否则你将要额外花时间来解决兄弟姐妹之间的争吵。

应对来自家人和朋友的冷漠

你的家庭成员可能愿意，也可能不愿意接受这样的观点：你的孩子与众不同的行为源于他在感觉问题上面临的挑战和发育迟缓。你可以试着向他们普及感觉问题的相关知识，但最终你可能不得不接受一些人就是无法理解，你必须竭尽所能保护孩子不受他们态度的影响。丽莎因为儿子经常大发脾气，而让他做了儿童发育行为的评估。她说："起初我受到了很多批评。大多数人宁愿相信我儿子的行为是教育不当造成的，也不愿接受他有感觉方面的问题。我试着和周围的人解释，但是没有人真心接受，我对他们很生气。很多人因此疏远了我，但至少他们知道了在说话前要三思。我想家里大多数人最后都转过弯来了，因为随着儿子的成长，他的这些'问题'行为还在继续。"

如果你已经尽力解释了你的孩子有感觉问题，但他固执的叔叔依然对他说："你都已经五岁了，还不会自己系鞋带？你究竟怎么了？"你可以这样回答："他正在努力学，他只要尽力了我们就觉得他是好样的！"或者你可以告诉你的孩子："别理叔叔，他对孩子了解得不多。"（最好小声说，免得叔叔听见会不高兴。）当你的儿子不在场时，你可以向叔叔解释为什么你们不接受他的评价，以及他的评价是不恰当的。

应对陌生人的无情

由于人们普遍缺乏对感觉统合失调及其表现形式的认识，这往往会导致你有时不得不忍受来自他人非专业的建议，你的孩子也可能会被不理解的人责骂。

不幸的是，太多人不相信行为背后的神经生物学原因了，所以他们很自然地认为孩子的"问题"行为是因为家庭教育不当，甚至更糟地认为，孩子本身就是个坏孩子。即使很多疾病经常出现在新闻报道中，如注意缺陷多动障碍或孤独症，你也会发现有些人对这些病症有着先入为主的观念——他们倾向于对你说教，和你分析孩子行为背后的原因，以及指导你应该如何应对。

这些情况可能会令人非常沮丧。我们的建议是，当你的孩子在公共场合行为不当时，请先处理孩子的紧迫需求，必要时进行惩罚。如果孩子伤害到他人，请让他立即道歉。不要觉得你得花很多时间为孩子向陌生人解释。例如，当你们一起去鞋店为孩子买鞋时，鞋店的店员只需要听到一句"很抱歉，孩子发出了尖叫，他受不了穿鞋"就可以了。如果你觉得这是教孩子学习如何为自己辩护的好机会，你可以这样说："他有感觉方面的问题，这让他很难忍受某些困难的情况和令人不快的事情。"但如果是面对学校老师、空手道教练和你的亲戚们，就要用另一种应对方式了。你可以简单地解释："麦迪逊患有一种叫感觉统合失调的疾病，他的神经系统与其他同龄人有所不同，所以你可能会发现他有一些不寻常的行为。如果他非常紧张，你可以提醒他在原地拖着脚走路或跳一跳。"随着孩子能够适当地寻求自己需要的感觉输入，或是向人寻求适当的感觉输入，如"我能去一个安静的地方清醒下头脑吗？我现在被噪声和动作压得有点难受"，你就不必经常监督孩子或向人解释孩子的行为了。

戏弄或霸凌行为

在很多人看来，小孩子之间的戏弄玩闹只是小事，但它可能会造成严重的后果。表现与众不同的孩子很可能成为同龄人戏弄的目标。南希记得在她上小学时，一个女孩因为长着红头发而被嘲弄，没有朋友的孩子也更容易被取笑或欺负。当然，一想到你的孩子被人欺负，你的心可能就会怦怦直跳。你可以通过与孩子诚恳地交谈，帮助他树立良好的自我认知，明白只有自身缺乏安全感的孩子才会去欺凌他人，并让孩子不要理会他人的评价。

可以建议孩子站起来，用简单的语言反驳不怀好意的戏弄者，例如回应"是啊，那又怎样"或者反复问"什么"。幽默感是可以让欺负者安静下来的有效工具，如果孩子有年龄稍大一点的朋友，后者只要站在你孩子一旁往往就可以让欺凌者后退。有时，戏弄或霸凌的行为会涉及人身威胁。当孩子长大，开始使用社交媒体与人聊天后，这类行为会经常出现，孩子甚至可能会面临身体上的恐吓和暴力。你和孩子一定不能让遭受的霸凌持续下去，即使这意味着要去找学校沟通。你可能必须对学校采取强硬的态度，以确保校方能采取有效的措施来阻止霸凌行为，有时候还需要警方的介入。你要知道，霸凌归根结底是一个群体问题，而不是个人问题。孩子如果能认识到这一点，就会更有底气说出自己的想法。一位妈妈告诉女儿："如果你明天换学校，那些女孩就会找别人的茬。"然后，女儿学会了为自己设定严格的界限，并告诉那些欺负她的人："如果你们一直对我说话不客气，你们就有麻烦了，辅导员和你们的家长会要你们好看的。"

你可能需要考虑与对你的孩子实施霸凌的孩子的父母谈谈发生的事情。如果你这样做，一定要非常谨慎和客观。因为你的孩子可能会误解或记错发生的事情，而另一个孩子可能有社交障碍，无法很好地遵守社会规则。你可以询问另一个孩子的家长是否愿意谈谈这起事件，并告诉他你的孩子讲述的事件经过，也接受他的孩子可能对此有不同的看法。如果你觉得另一个孩子的家长想要欺负或恐吓你，那就退一步去和学校谈。如果有必要，也可以和有过相似经历的家长聊一聊，他们可能有自己独到的见解。再次提醒大家，霸凌是一个群体问题，如果霸凌发生在你的孩子身上，请向他人寻求帮助。

南希和乔治的故事

在我们家，参加学校会议和预约看医生都由我来负责。我和丈夫乔治很早就意识到，乔治可以在科尔的治疗中发挥非常重要的作用。比如，他可以带科尔去操场玩，并在科尔与别人玩耍时在旁边等待。我们之所以这样分工，是因为这符合我们对自己的定位：我擅长沟通、协调、交流和在线搜索信息；乔治则是一个身强体壮、性格外向的人，他喜欢和科尔一起骑自行车去公园，与操场上的人互动，鼓励科尔在挡土墙上行走或者在单杠上行走。

乔治第一次真正意识到自己角色的重要性是在科尔三岁的时候。那天科尔的老师打电话说她注意到科尔的注意力和自我调节能力有了巨大的进步，问我们在家里跟孩子做了些什么。那段时间工作时间非常灵活的乔治开始定期带科尔去公园玩，他特意选择在崎岖不平的鹅卵石路上骑行（这是科尔恳求他做的），他还带着科尔进行跳跃、攀爬、滑滑梯、挖沙坑等活动。这些活动给科尔提供了大量的触觉、前庭和本体感觉输入。

乔治和科尔在公园玩的时候，也会遇见其他孩子和家长。乔治会安排科尔跟其他小孩一起玩。在乔治陪着科尔玩耍的时候，他帮助科尔学习并练习了很多重要的技能，比如合作玩耍、发挥想象力去玩以及学会分享。他教科尔，当另一个孩子打他的头并拿走他的玩具时该怎么做，以及如何与一个他从未见过的孩子一起玩追逐游戏（科尔原本想的是用力地拍打他人的后背并露出微笑）。

乔治和我对我们各自采取的教育方式感到满意，我们的角色也很灵活。有时候我会带科尔去参加其他人的生日派对，有时乔治会带科尔去看医生。为了让对方了解最新情况，我们养成了在科尔上学后吃早餐时交换信息的习惯。我们都相信自己的付出十分重要，而且都十分感激对方。

上面这些点滴听起来可能很美好，但现实是，抚养科尔需要大量的时间和精力。乔治和我常常忽略了自己，我们几乎忘了休息对我们来说是多么重要。

我喜欢一个人去看电影，和闺蜜一起出去吃饭或者弹吉他；而乔治喜欢去现场看乐队表演，或者到他的艺术音乐工作室去进行创作。当然，我们也需要夫妻相处的时间。这些休整对我们全家人的心理健康都很重要。

父母中一方压力过大会影响家庭生活的幸福。虽然我们喜欢家里随时都能保持得井井有条、整洁干净，家庭成员能迅速完成待办事项清单上的所有事情，但我们知道，家务活会消耗我们的精力，我们宁愿留着力气来满足科尔和自己的需求，所以在有些事情上我们经常就顺其自然了。随着时间的推移，科尔不断在进步，他变得越来越成熟、独立，能自行满足自己的需求了，还会帮忙做家务，生活变得顺利起来。与此同时，我们选择让某些任务无限期地留在了待办事项清单的底部，必要时，我们会雇人来帮忙清理我们的公寓。对那些靠我们自己似乎永远无法完成的任务，我们会向能帮上忙的人寻求帮助。

解决社交困难

一些患有感觉统合失调的孩子在社交方面存在困难。有听觉处理问题的孩子因为难以屏蔽操场上或教室里的背景噪声，可能会认为，他们需要把脸正对着另一个孩子的脸大声地说话才能被听见。他们意识不到保持正常距离并用正常的语调说话，也可以被其他孩子听清。孩子可能不明白，为什么一上来就问刚遇到的人"你知道甲壳虫有多少种吗？"不太合适。

你该如何帮助孩子理解什么是适当的社交行为呢？一种方法是给他讲一个社交故事。你可以编造一个小故事，让一个和你的孩子处于相同境况的孩子当主角，通过故事帮助孩子了解社交规则以及如何解决社交问题。

当孩子从故事里仿佛看到了自己的处境时，他就比较容易谈论自己的社交问题，并认识到自己还存在哪些问题。儿童心理学家劳伦斯科恩博士在《游戏力》（Playful Parenting）一书中描述了父母如何利用游戏场景与孩子重新建立联系，并帮助孩子克服社交焦虑。你也可以和孩子尝试电影疗法和阅读疗法，通过一起看电影和阅读书籍，帮助孩子以恰当的方式识别和克服社交困难。你问问孩子，小飞象因为它的大耳朵而被嘲笑时是什么感觉呢？或者谈谈星月[①]作为巢里唯一想倒挂的动物又是什么感觉呢？请给孩子读一读类似托德·帕尔撰写的《与众不同也没关系》（It's Okay to Be Different）这样的书，帮助孩子积极面对他与别人的不同。

与支持你的社区建立联系

你可能会对那些支持与接受你和孩子的人感到惊讶。在采访父母们的过程中，我们了解到有许多优秀的老师、武术教练，甚至服装销售员，都愿意接受孩子的感官差异，并热情地为他们提供便利。当你的远房表亲称赞你是一位出色的家长时，你可能会感到十分惊讶。因为你只是说起孩子两岁时就进了特殊教育幼儿园，结果亲戚就表扬了你，并且表示如果自己多年前就学习了感觉统合失调方面的知识就好了。

在日常生活中，除了好朋友和家人的支持，与其他有感觉问题的孩子的父母沟通也会对你和孩子非常有帮助。

互助小组

互助小组是一个能够交流信息、提出和接受建议、分享经验的组织或论坛。在这里，你可以和有相似经历的其他父母谈论内心复杂的感受。

如果你能找到或成立一个本地的互助小组，那么这个过程将会让你获益匪浅，你最终甚至会和小组之外的其他人交上朋友。你可以通过在孩子就读的特殊教育学校张贴宣传单，请孩子的作业治疗师告知其他父母你正在组建一个有关感觉问题儿童的互助小组，或者请其他治疗师帮忙宣传。

此外，你可以考虑加入在线互助小组，比如脸书上的一些群组。在线群组可以让你与全世界有感觉问题儿童的父母取得联系。但是，请谨慎地在网上分享图片和信息。我们要注意保护自己和

① 星月是美国知名儿童文学作家及插画家贾妮尔·坎农的第一部作品《星月》（Stellaluna）里的主人公，它是一只误入鸟巢并被鸟儿抚养长大的蝙蝠。

孩子的隐私，也要尊重他人的隐私。

有感觉智慧的孩子长大了

每个有感觉问题的孩子的父母都想知道孩子的未来会怎样。可事实是，没有父母能知道孩子长大后会是什么样子。不过我们可以告诉你，有感觉智慧的父母培养的有感觉智慧的孩子将会是一个有能力为自己的身体以及行为负责的人。许多孩子长大后对感觉输入的强烈反应确实会消失，尤其是在得到了有效治疗和家人支持的情况下。一些孩子还学会了发挥自己的感觉优势，鼓励其他孩子，展示自己的兴趣爱好，这对他们未来职业的发展都是有利的。

无论你的孩子是否会将自己的感觉问题视为一种残疾或是自己的一个标记，你都很难判断感觉问题会对孩子的未来有多大影响。曾经挑食的孩子最终可能会成为美食大厨；无法遵循复杂口头指示的孩子最终可能会成为一位出色的作家；喜欢运动的孩子可能会成为职业运动员；每天瘫在沙发上做着白日梦的孩子，可能会成为成功的艺术家；不擅长社交的孩子可能会成为一名杰出的研究员、计算机程序员、发明家……每个孩子的未来都拥有无限可能！

推荐阅读

Faber, Adele, and Elaine Mazlish. *Siblings without Rivalry*. New York: Avon, 2012.

Gray, Carol. *The New Social Story Book*. Illustrated ed. Arlington, TX: Future Horizons, 2000.

Kranowitz, Carol Stock. *The Out-of-Sync Child Grows Up: Coping with Sensory Processing Disorder in the Adolescent and Young Adult Years*. New York: TarcherPerigee, 2016.

Mucklow, Nancy. *The Sensory Team Handbook: A Hands-On Tool to Help Young People Make Sense of Their Senses and Take Charge of Their Sensory Processing*. Kingston, ON, Canada: Michael Grass House, 2009.

Parr, Todd. *It's Okay to Be Different*. Boston: Little, Brown Books for Young Readers, 2004.

Renna, Diane. *Meghan's World: The Story of One Girl's Triumph over Sensory Processing Disorder*. Speonk, NY: Indigo Impressions, 2007.

Veenendall, Jennifer. *Arnie and His School Tools: Simple Sensory Solutions that Build Success*. Shawnee Mission, KS: Autism Asperger, 2008.

附录　感觉统合训练常用器材

图5　摇枕，常见于感官健身房
（照片由 Southpaw 公司提供）

图6　吊床秋千能提供大量深度压力输
入以及前庭刺激
（照片由 Southpaw 公司提供）

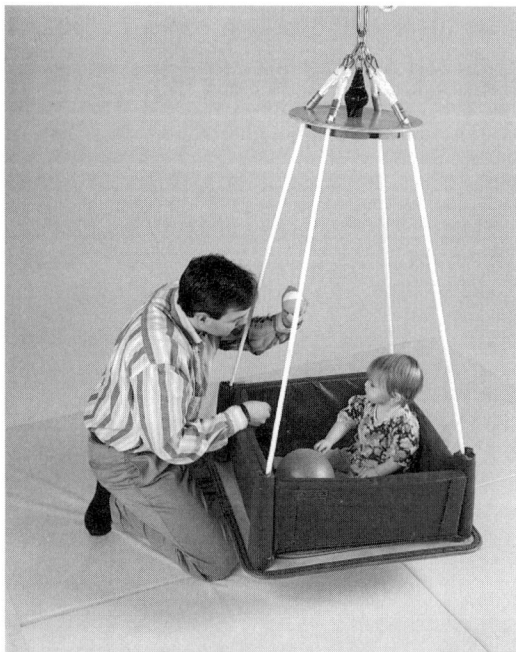

图 7　平台秋千，带有可拆卸的安全靠垫，可供婴幼儿使用，常见于感官健身房
（照片由 Southpaw 公司提供）

图 8　坐式转盘，非常适合锻炼孩子的运动规划能力及提供前庭刺激

图 9　小号眩晕转盘像方便取食的餐桌转盘，能提供大量的前庭刺激

图 10　在带纹理的治疗垫上摆飞机姿势
（照片由 Southpaw 公司提供）

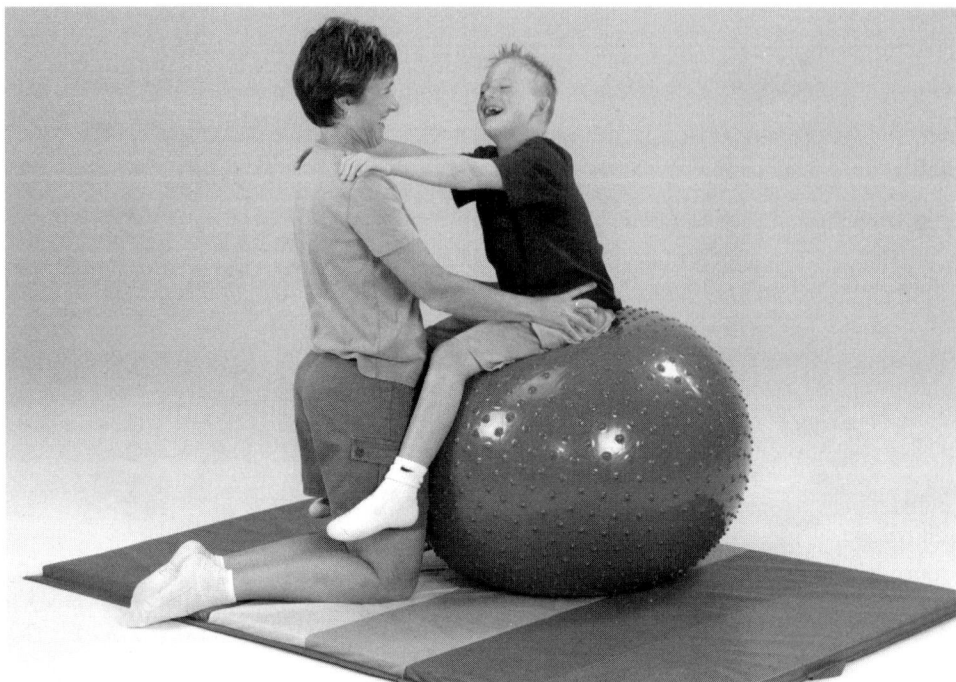

图 11　坐在带纹理的治疗球上的孩子。使用任何治疗球时，请确保孩子和球的稳定
（照片由 Southpaw 公司提供）

图 12　莱卡紧身衣，由弹性莱卡材料制成，能帮助孩子增强身体意识，有多种尺寸
（照片由 Southpaw 公司提供）

图 13　大号身体挤压机
（照片由 Southpaw 公司提供）

图 14　三种咀嚼玩具：从左到右分别是手抓咀嚼条、耐咀嚼软管和咀嚼项圈

图 15　圆形充气坐垫，孩子坐在上面可以移动

图 16　小号楔形充气坐垫，能改善孩子的坐姿，对于核心肌肉力量较弱或情绪低落的孩子会特别有效。使用时将宽的一端朝向椅背

图 17　图中孩子坐的球和独脚凳，均能激活孩子的肌肉，让孩子在保持坐姿时仍然能有运动感，从而更专注于学习

（照片由 WittFitt Learning in Motion 公司提供）

图 18　图中的这种像筷子一样的夹子，可用于夹起小玩具或小的食物，能增强精细运动技能

图 19　计时器可以增强孩子们对时间流逝的意识

（照片由 Southpaw 公司提供）

图 20　三种类型的铅笔握笔器

（照片由 Southpaw 公司提供）

参考文献

1. L. J. Miller, M. E. Anzalone, S. J. Lane, S. A. Cermak, and E. T. Osten, "Concept Evolution in Sensory Integration: A Proposed Nosology for Diagnosis," *American Journal of Occupational Therapy* 61 (2007): 135–40.

2. G. Fisher and A. C. Bundy, "Vestibular Stimulation in the Treatment of Postural and Related Disorders," in *Manual of Physical Therapy Techniques,* O. D. Payton, R. P. DiFabio, S. V. Paris, E. J. Protas, and A. F. VanSant, eds. (New York: Churchill Livingstone, 1989), pp. 239–58.

3. Sheila M. Frick and Colleen H. Hacker, *Listening with the Whole Body* (Madison, WI: Vital Links, 2000), pp. 3:27–39.

4. W. J. Gavin, A. Dotseth, K. K. Roush, C. A. Smith, H. D. Spain, and P. L. Davies, "Electroencephalography in Children with and without Sensory Processing Disorders during Auditory Perception," *American Journal of Occupational Therapy* 65, no. 4 (2011): 370–77.

5. T. C. Ray, L. J. King, and T. Grandin, "The Effectiveness of Self-Initiated Vestibular Stimulation in Producing Speech Sounds in an Autistic Child," *Occupational Therapy Journal of Research 8*, no. 3 (1988): 187–91; and H. Schueli, V. Henn, and P. Brugger, "Vestibular Stimulation Affects Dichotic Lexical Decision Performance," *Neuropsychologia* 37, no. 6 (1999): 653–59.

6. J. H. Foss-Feig, D. Tadin, K. B. Schauder, and C. J. Cascio, "A Substantial and Unexpected Enhancement of Motion Perception in Autism," *Journal of Neuroscience* 33, no. 19 (2013): 8243–49.

7. Helen Irlen, *Reading by the Colors: Overcoming Dyslexia and Other Reading Disabilities through the Irlen Method* (New York: Perigee, 1991); and Stephen M. Edelson, "Scotopic Sensitivity Syndrome and the Irlen Lens System," Autism Research Institute, https://www.autism.com/understanding_irlens.

8. J. A. Veitch and S. L. McColl, "Modulation of Fluorescent Light: Flicker Rate and Light Source Effects on Visual Performance and Visual Comfort," *Lighting Research and Technology* 27 (1995): 243–56.

9. STAR Institute for Sensory Processing Disorder, "Your Eight Senses," https://www.spdstar.org/basic/your-8-senses#f8.

10. John J. Ratey, *A User's Guide to the Brain* (New York: Vintage Books, 2001), p. 24.

11. J. Piven, J. T. Elison, and M. J. Zylka, "Toward a Conceptual Framework for Early Brain and Behavior Development in Autism," *Molecular Psychiatry* 22, no. 10 (2017), 1385–94.

12. G. D. Reeves, "From Neuron to Behavior: Regulation, Arousal, and Attention as Important Substrates for the Process of Sensory Integration," in *Understanding the Nature of Sensory Integration with Diverse Populations,* S. Smith-Roley, E. Imperatore-Blanche, and R. C. Schaaf, eds. (San Antonio, TX: Therapy Skill Builders, 2001), pp. 89–108.

13. T. Grandin, "Calming Effects of Deep Touch Pressure in Patients with Autistic Disorder, College Students, and Animals," *Journal of Child and Adolescent Psychopharmacology* 2, no. 1 (1992): 63–72.

14. B. Bursch, K. Ingman, L. Vitti, P. Hyman, and L. K. Zeltzer, "Chronic Pain in Individuals with Previously Undiagnosed Autistic Spectrum Disorders," *The Journal of Pain* 5, no. 5 (2004): 290–95.

15. D. N. McIntosh, L. J. Miller, V. Shya, and R. J. Hagerman, "Sensory-Modulation Disruption, Electrodermal Responses, and Functional Behaviors," *Developmental Medical and Child Neurology* 41 (1999): 608–15; R. C. Schaaf, L. J. Miller, D. Seawell, and S. O'Keefe, "Children with Disturbances in Sensory Processing: A Pilot Study Examining the Role of the Parasympathetic Nervous System," *American Journal of Occupational Therapy* 57, no. 4 (2003): 442–49; S. A. Schoen, L. J. Miller, B. Brett-Green, and S. L. Hepburn, "Psychophysiology of Children with Autism Spectrum Disorder," *Research in Autism Spectrum Disorders* 2, no. 3 (2007): 417–29; and S. Schoen, L. J. Miller, B. Brett-Green, and D. Nielsen, "Physiological and Behavioral Differences in Sensory Processing: A Comparison of Children with Autism Spectrum Disorder and Sensory Modulation Disorder," *Frontiers in Integrative Neuroscience* 3, no. 29 (2009): 1–11.

16. Y. Chang, M. Gratiot, J. Owen, A. Brandes-Aitken, S. S. Desai, S. S. Hill, A. B. Arnett, J. Harris, E. J. Marco, and P. Mukherjee, "White Matter Microstructure Is Associated with Auditory and Tactile Processing in Children with and without Sensory Processing Disorder," *Frontiers in Neuroanatomy* 9 (2016): 169; and J. P. Owen, E. J. Marco, S. Desai, E. Fourie, J. Harris, S. S. Hill, A. B. Arnett, and P. Mukherjee, "Abnormal White Matter Microstructure in Children with Sensory Processing Disorders," *Neuroimage. Clinical* 2 (2013): 844–53.

17. Maureen Kessenich, "Developmental Outcomes of Premature, Low Birth Weight, and Medically Fragile Infants," *Newborn and Infant Nursing Reviews* 3, no. 3 (2003): 80–87.

18. R. S. Federici, "Raising the Post-Institutionalized Child: Risks, Challenges and Innovative Treatment," Ronald S. Federici, PsyD, and Associates with Care for Children International, 1997, http://drfederici.com/raising-the-post-institutionalized-child-risks-challenges-and-innovative-treatment/.

19. S. L. Judge, "Eastern European Adoptions: Current Status and Implications for Intervention," *Topics in Early Childhood Special Education* 19, no. 4 (1999): 244–52.

20. L. Biel, "Sensory Processing Challenges," in *Optimizing Learning Outcomes: Proven Brain-Centric, Trauma-Sensitive Practices,* William Steele, ed. (New York: Routledge, 2017), pp. 74–94.

21. Stanley Turecki, "The Behavioral Complaint: Symptom of a Psychiatric Disorder or a Matter of Temperament?" *Contemporary Pediatrics* 20, no. 8 (2003): 111–19.

22. Larry B. Silver, *The Misunderstood Child*, 3rd ed. (New York: Three Rivers Press, 1998), p. 77.

23. Judith L. Rapoport and Deborah R. Ismond, *DSM-IV Training Guide for Diagnosis of Childhood Disorders* (New York: Brunner-Routledge, 1996), p. 148.

24. M. Kuhne, R. Schachar, and R. Tannock, "Impact of Comorbid Oppositional or Conduct Problems on Attention-Deficit Hyperactivity Disorder," *Journal of the American Academy of Child & Adolescent Psychiatry* 36, no. 12 (1997): 1715–25.

25. Charles Popper, "Diagnosing Bipolar vs. ADHD: A Pharmacological Point of View," *The Link* 13 (1996), http://www.bipolarchildsupport.com/popperarticle.html.

26. C. G. Jung, *The Development of Personality: Papers on Child Psychology, Education, and Related Subjects* (Princeton, NJ: Princeton University Press, 1954), p. 140.

27. Temple Grandin, *Thinking in Pictures: And Other Reports from My Life with Autism* (New York: Vintage Books, 1995), p. 62.

28. S. M. Edelson, M. G. Edelson, D. C. R. Kerr, and T. Grandin. "Behavioral and Physiological Effects of Deep Pressure on Children with Autism: A Pilot Study Evaluating the Efficacy of Grandin's Hug Machine," *American Journal of Occupational Therapy* 53 (1999): 145–52.

29. L. Marlier, C. Gaugler, and J. Messer, "Airway Obstruction in Premature Newborns: A Missing Link," *Pediatrics* 115, no. 1 (2005): 83–88.

30. Lindsey Biel, *Sensory Processing Challenges: Effective Clinical Work with Kids & Teens* (New York: W. W. Norton, 2014), pp. 100–108; D. L. Schilling, K. Washington, F. F. Billingsley, and J. Deitz, "Classroom Seating for Children with Attention Deficit Hyperactivity Disorder: Therapy Balls Versus Chairs," *American Journal of Occupational Therapy* 57 (2003): 534–57; S. Stevens, and J. Gruzelier, "Electrodermal Activity to Auditory Stimuli in Autistic, Retarded, and Normal Children,"*Journal of Autism and Developmental Disorders* 14, no. 3 (1984): 245–60; N. L. Vandenberg, "The Use of a Weighted Vest to Increase on Task Behavior in Children with Attention Difficulties," *American Journal of Occupational Therapy* 55, no. 6 (2001): 621–28; D. Walker and K. McCormack, The Weighted Blanket: An Essential Nutrient in a Sensory Diet (Everett, MA: Village Therapy, 2002); and Patricia Wilbarger and Julia Wilbarger, "The Wilbarger Approach to Treating Sensory Defensiveness," in *Sensory Integration: Theory and Practice,* 2nd ed., A. C.

Bundy, S. J. Lane, and E. A. Murray, eds. (Philadelphia: Davis, 2002), p. 335.

31. Norman Doidge, *The Brain That Changes Itself* (New York: Penguin, 2007).

32. Molly Harmon, Meghan Fisher, and Brent McBride, "Under-Referrals for Developmental Delays by Pediatricians: A Systematic Review,"poster presented at the University of Illinois at Urbana-Champaign Undergraduate Research Symposium, May 2015, http://hdl.handle.net/2142/77735.

33. Ross W. Greene, *The Explosive Child: A New Approach for Understanding and Parenting Easily Frustrated, Chronically Inflexible Children* (New York: HarperCollins, 2014), p. 10.

34. N. Walker and M. Whelan, "Surveyed Autistic Children and Adults Reported Hypersensitivity to Touch (80 Percent) and Sound (87 Percent), Problems with Vision (86 Percent), and Sensitivity to Taste or Smell (30 Percent)," paper presented at the Geneva Symposium on Autism, October 27, 1994, Toronto; and S. I. Greenspan and S. Wieder, "Developmental Patterns and Outcomes in Infants and Children with Disorders in Relating and Communicating: A Chart Review of 200 Cases of Children with Autism Spectrum Diagnoses," *Journal of Developmental and Learning Disorders* 1 (1997): 87–142.

35. S. A. Schoen, L. J. Miller, B. Brett-Green, and S. L. Hepburn, "Psychophysiology of Children with Autism Spectrum Disorder," *Research in Autism Spectrum Disorders* 2, no.3 (2008): 417–29.

36. A. Ben-Sasson, L. Hen, R. Fluss, S. A. Cermak, B. Engel-Yeger, and E. Gal, "A Meta-Analysis of Sensory Modulation Symptoms in Individuals with Autism Spectrum Disorders," *Journal of Autism and Developmental Disorders* 39, no. 1 (2009): 1–11.

37. A. Zurcher, "'Presume Competence'—What Does That Mean Exactly?" *Emma's Hope Book*, March7,2013,https://emmashopebook.com/2013/03/07/presume-competence-what-does-that-mean-exactly.

38. Temple Grandin, On *Visual Thinking, Sensory, Careers and Medications*, DVD (Arlington, TX: Future Horizons, 2003).

39. Thomas A. McKean, *Soon Will Come the Light* (Arlington, TX: Future Horizons, 2001), p. 63.

40. Luke Jackson, *Freaks, Geeks & Asperger Syndrome: A User Guide to Adolescence* (London: Jessica Kingsley, 2002), p. 71.

41. Donna Williams, *Somebody Somewhere: Breaking Free from the World of Autism* (New York: Three Rivers Press, 1994), p. 96.

42. Melanie Potock, personal communication, September 19, 2017.

43. E. Carte, D. Morrison, J. Sublett, A. Uemura, and W. Setrakian, "Sensory Integration Therapy: A Trial of a Specific Neurodevelopmental Therapy for the Remediation of Learning Disabilities," *Developmental and Behavioral Pediatrics* 5 (1984): 189–94.

44. Temple Grandin, "My Experiences with Visual Thinking, Sensory Problems, and Communication

Difficulties," Center for the Study of Autism, June 2000, www.scribd.com/document/36780160/ My-Experiences-With-Visual-Thinking-Sensory-problems-and- Communication-Difficulties.

45. B. Jacqueline Stordy and Malcolm J. Nicholl, *The LCP Solution* (New York: Ballantine Books, 2000).

46. Sharon A. Gutman and Lindsey Biel, "Promoting the Neurological Substrates of Well-Being through Occupation," *Occupational Therapy in Mental Health* 17, no. 1 (2001): 1–22.

47. M. Scheiman, P. Blaskey, M. Gallaway, E. Ciner, and M. Parisi, "Vision Characteristics of Adult Irlen Filter Candidates: Case Studies," *Journal of Behavioral Optometry* 1, no. 7 (1990): 174–78.

48. B. K. Hölzel, J. Carmody, M. Vangel, C. Congleton, S. M. Yerramsetti, T. Gard, and S. W. Lazar, "Mindfulness Practice Leads to Increases in Regional Brain Gray Matter Density," *Psychiatry Research: Neuroimaging* 191, no. 1 (2011): 36–43.

49. S. Franceschini, S. Gori, M. Ruffino, S. Viola, M. Molteni, and A. Facoetti, "Action Video Games Make Dyslexic Children Learn Better," *Current Biology* 23, no. 6 (2013): 462–66. www.cell.com/ current-biology/fulltext/S0960-9822(13)00079-1.

50. J. A. Anguera, A. N. Brandes-Aitken, A.D . Antovich, C. E. Rolle, S. S. Desai, and E. J. Marco, "A Pilot Study to Determine the Feasibility of Enhancing Cognitive Abilities in Children with Sensory Processing Dysfunction," *PLoS ONE* 12, no. 4 (2017): 0172616, http://journals.plos. org/ plosone/article?id=10.1371/journal.pone.0172616.

51. J. Melke, H. Gubron Botros, P. Chaste, et al., "Abnormal Melatonin Synthesis in Autism Spectrum Disorders," *Molecular Psychiatry* 13, no. 1 (2008): 90-98, www.ncbi.nlm.nih.gov/ pubmed/17505466.

52. University of Missouri-Columbia, "Children and Teens with Autism More Likely to Become Preoccupied with Video Games," *ScienceDaily,* April 17, 2013, www.sciencedaily.com/ releases/2013/04/13041 7130747.htm.